データサイエンス教本

Pythonで学ぶ
統計分析・パターン認識
深層学習・信号処理
時系列データ分析

橋本洋志＋牧野浩二 [共著]

Data Science

Ohmsha

本書を発行するにあたって，内容に誤りのないようできる限りの注意を払いましたが，本書の内容を適用した結果生じたこと，また，適用できなかった結果について，著者，出版社とも一切の責任を負いませんのでご了承ください．

本書は，「著作権法」によって，著作権等の権利が保護されている著作物です．本書の複製権・翻訳権・上映権・譲渡権・公衆送信権（送信可能化権を含む）は著作権者が保有しています．本書の全部または一部につき，無断で転載，複写複製，電子的装置への入力等をされると，著作権等の権利侵害となる場合があります．また，代行業者等の第三者によるスキャンやデジタル化は，たとえ個人や家庭内での利用であっても著作権法上認められておりませんので，ご注意ください．

本書の無断複写は，著作権法上の制限事項を除き，禁じられています．本書の複写複製を希望される場合は，そのつど事前に下記へ連絡して許諾を得てください．

(社)出版者著作権管理機構
(電話 03-3513-6969, FAX 03-3513-6979, e-mail: info@jcopy.or.jp)

JCOPY ＜(社)出版者著作権管理機構 委託出版物＞

序

人は大昔より，言い当てることが好きである．言い当てることには，次のようなものがある．

- 性格判断：あなたは几帳面でしょう，優しい人が似合うでしょう
- 予言：今年の夏の天候は穏やかで秋は豊作でしょう，為替相場は上昇するでしょう
- ギャンブル：次はサイコロの目は6が出るでしょう，プランAとプランBのうち前者がきっとうまくいくでしょう
- 目利き：このスイカは見た目で甘いとわかります，この商品はきっと売れるでしょう

このようなことを実施するのに，科学的方法（第1章1.1節参照）を用いて，何かに役立たせることを目的とするのがデータサイエンスであり，そのような知識とスキルを発揮できる人間をデータサイエンティストと称している．第1章1.1節に書いたように，対象分野が幅広いうえに，目的や課題設定，データの収集法と分析・評価，その結果のまとめをどのように意思決定に繋げるか，これらを考えられるのが真の意味でのデータサイエンティストといえるであろう．ただ，そのような人材があまりに少ないという声が上がっている．読者自身も，あまりに学ぶ項目が多すぎて迷われているのではと拝察する．

　　　言葉のイメージを正しく掴むことが，正しい学習に導く

筆者らは，正しい学習法の第1歩はこのことにあるという立場に立つ．ところが，分野や文脈により，同じ用語でも異なるイメージがある，この逆に，同じようなイメージではあるが，異なる用語を用いている，ということもある．データサイエンスが幅広い分野を扱うということは，多様な分野と，その歴史に基づく文脈（言い回し）が多数あり，これらの概念やイメージの正しい初端を早く知ることが学習にとって大事になるであろう．

同じ用語であっても異なるイメージを有する例として，本文では触れていないが，モデル (model) という用語がある．身近なものでは，ファッションモデル，プラモデルがある．ファッションモデルは，服飾デザイナーの理想化を抽象化して得られたスタイルを体現する職業人のことを指している．プラモデルは，実存するもの，またはSF世界で存在するものを身近に扱えるようにサイズを縮尺してプラスチック性材料で成形したものである．システム工学論では，実存するものをシステムと称し，これを人間が扱いやすくするために

近似したものをモデルと称している。

前者の二つは手に取って触れることができるが，後者は触れることができないので，モデルと聞いただけは，モデルのイメージの取り方は異なる。モデルとは，対象のある一面だけに焦点をあてて，その本質やエッセンスだけを抜き出したものであり，概念的なものであるから，人間がそれを具現化しようとイメージを思い浮かべる段階で異なる解釈が生まれるのは致し方がないことである。ただ，それでは学習には困る。

同じ用語であっても異なるイメージを有する二つめの例として，シミュレーションがある。これは，モデルができたならば，それを何らかの形で動かすことである。これと異なるイメージの代表例が，サッカーの世界での悪い行為を指す。また，先に述べたモデルの種類により，このシミュレーションが実体を扱うもの（航空会社パイロット養成用のフライトシミュレータ），仮想的に扱うもの（コンピュータ上だけで完結するもの）などがあり，分野により異なるイメージをもつ。

これらに対し，同じようなイメージであっても，異なる用語を用いる例を述べる。まず，モデルという用語は，分野や文脈が異なれば，メカニズム，因果性，原因と結果などの用語に変わる。また，本書で触れるものには次のようなものがある。

標本，サンプル，観測値，測定値，データ
sample, observation, measurement, data

これらは，もちろん，その背景までに踏み込めばニュアンスは異なる。ところが，これらをモデルに落とし込む（または定式化ともいう）と，x や y という記号で表され，x と y だけで話を進めても支障がないことから，ある種の共通概念（共通イメージと捉えられても構わない）があることがわかる。

これら用語の違いを通して，これらの共通概念を形成できるというメタ学習が進めば，文脈から判断して，これらのどの用語でも内容を認知し，理解の促進が図られることは教育学の観点からいわれていることである。

このため，本書では第 1 章に「用語の違い」という項目を設けた。これ以外にも，本文中で，日本語の用語（英語からの翻訳された漢字やカタカナ用語も含めている）の背景にはどのような歴史や意味があるのかをていねいに書いたつもりである。これを読むことによって，本書の文章を読み進めるなかで再びその用語に出会ったとき，瞬間的に正しいイメー

ジ（ただし，一つに限定する必要はない）ができるようにすれば，きっと学習効率は向上すると考える。また，分野や文脈により，用いる用語の候補が複数ある場合には，なるべく本文中に"標本（データともいう）"というかっこ付きの注釈を多用している。

データサイエンスが幅広い分野を扱うということは，その分野にある多様な文化に触れることになる。本書を通して，読者の方々に多様な文化に慣れ親しんでいただき，データサイエンティストになるきっかけを得ることができる，このことが本書に込めた願いである。

2018年10月

執筆者を代表して　橋本洋志

目　　次

第 1 章　はじめに 1
1.1　データサイエンス概要 1
1.1.1　読み始める前に 1
1.1.2　データサイエンスとは 1
1.1.3　データサイエンスの領域と役割 2
1.1.4　データを見る眼を養う 3
1.2　Python とパッケージ 4
1.2.1　Python の導入 4
1.2.2　本書で用いるパッケージ 6
1.3　いくつかの決めごと 7
1.3.1　Notebook とスクリプト 7
1.3.2　モジュール名の省略語 7
1.3.3　ファイル名の省略 8
1.3.4　パッケージ関数の使用法の調べ方 8
1.4　クイックスタート 9
1.4.1　インストール 9
1.4.2　Jupyter Notebook・スクリプトの開発と実行方法 11
1.4.3　プログラムとデータの入手方法 13
1.5　Python で日本語を扱う 14
1.5.1　スクリプトに日本語を記述する 14
1.5.2　日本語を含むデータファイルを読む 14
1.5.3　matplotlib で日本語を表示する 15
1.6　用語の違い 16
1.6.1　説明変数 / 目的変数，入力 / 出力 16
1.6.2　サンプルとデータ 17
1.6.3　予測と推定 18
1.6.4　クラス分類 19
1.6.5　トレーニングデータ，テストデータ 20
1.6.6　オーバーフィッティング 20

         1.6.7 分　析 ……………………………………………………………… 21
         1.6.8 変　数 ……………………………………………………………… 21
         1.6.9 相関と共分散 ………………………………………………………… 22
   1.7 数学，数値計算，物理のことはじめ ……………………………………… 22
         1.7.1 数学のことはじめ …………………………………………………… 22
         1.7.2 数値計算の問題 ……………………………………………………… 25
         1.7.3 物理のことはじめ …………………………………………………… 28

第2章　データの扱いと可視化　33
   2.1 データの種類 ………………………………………………………………… 33
   2.2 データの取得 ………………………………………………………………… 34
   2.3 データの格納 ………………………………………………………………… 35
         2.3.1 numpy.ndarray ……………………………………………………… 35
         2.3.2 pandas.DataFrame …………………………………………………… 36
         2.3.3 numpy.ndarray と pandas.DataFrame の変換 ………………… 41
   2.4 グラフの作成 ………………………………………………………………… 41
         2.4.1 matplotlib …………………………………………………………… 42
         2.4.2 複数のグラフ ………………………………………………………… 43
         2.4.3 Titanic（タイタニック号）の pandas プロット ………………… 45
         2.4.4 Iris（アイリス）の seaborn プロット …………………………… 48
         2.4.5 Iris データ …………………………………………………………… 48

第3章　確率の基礎　53
   3.1 確率とは ……………………………………………………………………… 53
   3.2 基本的用語の説明 …………………………………………………………… 53
         3.2.1 離散確率変数 ………………………………………………………… 54
         3.2.2 連続確率変数 ………………………………………………………… 54
         3.2.3 確率密度関数，確率質量関数とパーセント点 ……………………… 55
         3.2.4 母集団と標本 ………………………………………………………… 57
         3.2.5 平均，分散，他の諸量 ……………………………………………… 58
         3.2.6 離散型の期待値と平均 ……………………………………………… 59
   3.3 正規分布 ……………………………………………………………………… 60
         3.3.1 正規分布の表現 ……………………………………………………… 60
         3.3.2 確率変数の生成 ……………………………………………………… 63
         3.3.3 中心極限定理 ………………………………………………………… 64

- 3.4 ポアソン分布···65
  - 3.4.1 ポアソン分布の表現···65
  - 3.4.2 ポアソン分布の例··67
  - 3.4.3 ポアソン到着モデルのシミュレーション·····················68
  - 3.4.4 逆関数を用いた乱数生成···71
- 3.5 確率分布とパッケージ関数···71
  - 3.5.1 ベルヌーイ分布（Bernoulli distibution）······················72
  - 3.5.2 二項分布（binomial distribution）··································72
  - 3.5.3 ポアソン分布（Poisson distribution）····························73
  - 3.5.4 カイ二乗分布（chi-squared distribution）·····················73
  - 3.5.5 指数分布（exponential distribution）·····························74
  - 3.5.6 F 分布（F distribution）···74
  - 3.5.7 正規分布（normal distribution）····································75
  - 3.5.8 t 分布（t distribution）··75
  - 3.5.9 一様分布（uniform distribution）···································76

第4章　統計の基礎　　77
- 4.1 統計とは···77
- 4.2 推　定···78
  - 4.2.1 点推定···78
  - 4.2.2 区間推定···80
  - 4.2.3 母平均の信頼区間···82
  - 4.2.4 母比率の信頼区間···84
- 4.3 仮説検定···86
  - 4.3.1 仮説検定とは···86
  - 4.3.2 片側検定と両側検定···88
  - 4.3.3 母平均の検定···89
  - 4.3.4 母分散の検定···92
  - 4.3.5 2標本の平均の差の検定···94
  - 4.3.6 相関，無相関の検定···95

第5章　回帰分析　　99
- 5.1 回帰分析とは···99
  - 5.1.1 回帰の由来···99
  - 5.1.2 システム論から見た回帰分析·····································100

- 5.1.3 statsmodels ······ 101
- 5.2 単回帰分析 ······ 102
  - 5.2.1 単回帰分析の意義 ······ 102
  - 5.2.2 単回帰モデルの統計的評価 ······ 103
  - 5.2.3 家計調査 ······ 105
  - 5.2.4 シンプソンのパラドックス ······ 108
  - 5.2.5 数学的説明 ······ 108
- 5.3 多項式回帰分析 ······ 111
  - 5.3.1 多項式モデル ······ 111
  - 5.3.2 R データセットの cars ······ 111
- 5.4 重回帰分析 ······ 113
  - 5.4.1 F 検定 ······ 114
  - 5.4.2 多重共線性 ······ 115
  - 5.4.3 電力と気温の関係 ······ 116
  - 5.4.4 ワインの品質分析 ······ 120
  - 5.4.5 数学的説明 ······ 122
- 5.5 一般化線形モデル ······ 122
  - 5.5.1 一般化線形モデルの概要 ······ 122
  - 5.5.2 ポアソン回帰モデル ······ 124
  - 5.5.3 $z = \beta_0$ の例 ······ 125
  - 5.5.4 $z = \beta_0 + \beta_1 x_1$ の例 ······ 126
  - 5.5.5 ロジスティック回帰モデル ······ 129
  - 5.5.6 数学的説明 ······ 133

第6章 パターン認識 ······ **137**

- 6.1 パターン認識の概要 ······ 137
  - 6.1.1 パターン認識とは ······ 137
  - 6.1.2 クラス分類の性能評価 ······ 139
  - 6.1.3 ホールドアウトと交差検証 ······ 140
  - 6.1.4 扱うパターン認識方法 ······ 141
- 6.2 サポートベクタマシン(SVM) ······ 141
  - 6.2.1 クラス分類とマージン最大化 ······ 141
  - 6.2.2 非線形分離のアイディア ······ 143
  - 6.2.3 線形,円形,月形データのハードマージン ······ 144
  - 6.2.4 ソフトマージンとホールドアウト ······ 147

		6.2.5	交差検証とグリッドサーチ ………………………………	150
		6.2.6	多クラス分類 ………………………………………………	154
	6.3	SVM の数学的説明 ……………………………………………………		160
		6.3.1	マージン最大化 ……………………………………………	160
		6.3.2	カーネル関数の利用 ………………………………………	162
		6.3.3	ソフトマージン ……………………………………………	164
	6.4	k 最近傍法（kNN） …………………………………………………		165
		6.4.1	アルゴリズムの考え方 ……………………………………	165
		6.4.2	kNN の基本的使い方 ……………………………………	166
		6.4.3	Iris データ …………………………………………………	167
		6.4.4	sklearn が用意している距離 ……………………………	170
	6.5	k 平均法 ………………………………………………………………		171
		6.5.1	アルゴリズムの考え方 ……………………………………	171
		6.5.2	make_blobs を用いたクラスタリング …………………	172
		6.5.3	卸売業者の顧客データ ……………………………………	174
		6.5.4	数学的説明 …………………………………………………	177
	6.6	凝集型階層クラスタリング …………………………………………		177
		6.6.1	アルゴリズムの考え方 ……………………………………	177
		6.6.2	デンドログラム ……………………………………………	179
		6.6.3	富山県の市町村別人口動態 ………………………………	181

第7章　深層学習　……………………………………………… **185**

	7.1	深層学習の概要と種類 ………………………………………………		185
		7.1.1	深層学習とは ………………………………………………	185
		7.1.2	深層学習の活用例 …………………………………………	189
		7.1.3	用語の説明 …………………………………………………	189
	7.2	Chainer …………………………………………………………………		190
		7.2.1	概要とインストール ………………………………………	191
		7.2.2	実行と評価 …………………………………………………	193
		7.2.3	NN 用スクリプトの説明 …………………………………	196
	7.3	NN（ニューラルネットワーク） …………………………………		198
		7.3.1	概要と計算方法 ……………………………………………	198
		7.3.2	NN スクリプトの変更 ……………………………………	200
	7.4	DNN（ディープニューラルネットワーク） ………………………		205
		7.4.1	概要と実行 …………………………………………………	206

- 7.4.2 ファイルデータの扱い方 ……………………………… 208
- 7.5 CNN（畳み込みニューラルネットワーク）……………………… 210
  - 7.5.1 概要と計算方法 ……………………………………… 210
  - 7.5.2 学習と検証 …………………………………………… 213
  - 7.5.3 トレーニングデータの作成法 ……………………… 216
- 7.6 QL（Q ラーニング）………………………………………… 217
  - 7.6.1 概要と計算方法 ……………………………………… 218
  - 7.6.2 実行方法 ……………………………………………… 221
  - 7.6.3 瓶取りゲーム ………………………………………… 225
- 7.7 DQN（ディープ Q ネットワーク）………………………… 230
  - 7.7.1 概　要 ………………………………………………… 230
  - 7.7.2 実行方法 ……………………………………………… 231
  - 7.7.3 瓶取りゲーム ………………………………………… 234

第8章　時系列データ分析　　239

- 8.1 動的システム ……………………………………………… 239
  - 8.1.1 因果性と動的システム ……………………………… 239
  - 8.1.2 動的システムの線形モデル ………………………… 240
  - 8.1.3 1次システムの時間応答 …………………………… 242
  - 8.1.4 2次システムの時間応答 …………………………… 244
- 8.2 離散時間系 ………………………………………………… 246
  - 8.2.1 離散化 ………………………………………………… 246
  - 8.2.2 サンプリング時間の選定 …………………………… 248
  - 8.2.3 離散時間系の差分形式の見方 ……………………… 248
  - 8.2.4 遅延演算子 z^{-1} …………………………………… 249
  - 8.2.5 離散時間モデル導入の問題設定 …………………… 250
- 8.3 ARMA モデル ……………………………………………… 251
  - 8.3.1 ARMA モデルの表現 ………………………………… 251
  - 8.3.2 可同定性と PE 性の条件 …………………………… 252
  - 8.3.3 入力信号の候補と b_0 項の問題 …………………… 253
  - 8.3.4 ARMA モデルの安定性と性質 ……………………… 254
  - 8.3.5 パラメータ推定 ……………………………………… 259
- 8.4 モデルの評価 ……………………………………………… 262
  - 8.4.1 モデル次数の選定と AIC …………………………… 262
  - 8.4.2 モデル次数の選定と極・零点消去法 ……………… 264

- 8.4.3 残差系列の検定 ･････････････････････････････････ 265
- 8.5 ARMA モデルを用いた予測 ････････････････････････････ 267
  - 8.5.1 予測の仕方 ･･･････････････････････････････････ 267
- 8.6 ARIMA モデル ････････････････････････････････････ 272
  - 8.6.1 トレンド ････････････････････････････････････ 272
  - 8.6.2 ARIMA モデルの表現 ･･･････････････････････････ 273
  - 8.6.3 トレンドをもつ時系列データ分析 ････････････････････ 274
- 8.7 SARIMAX モデル ･･････････････････････････････････ 278
  - 8.7.1 航空会社の乗客数 ･･･････････････････････････････ 279
  - 8.7.2 ほかの季節性データ ･････････････････････････････ 280
- 8.8 株価データの時系列分析 ･････････････････････････････････ 283
  - 8.8.1 移動平均 ････････････････････････････････････ 283
  - 8.8.2 ボリンジャーバンド ･････････････････････････････ 286
  - 8.8.3 ローソク足チャート ･････････････････････････････ 287

第9章　スペクトル分析　　291

- 9.1 基本事項 ･･ 291
  - 9.1.1 周波数とは，音を鳴らす ･･･････････････････････････ 291
  - 9.1.2 スペクトルとは ････････････････････････････････ 292
- 9.2 フーリエ変換 ･･････････････････････････････････････ 294
  - 9.2.1 フーリエ変換とフーリエ逆変換 ･･････････････････････ 294
  - 9.2.2 振幅，エネルギー，パワースペクトル ････････････････････ 295
- 9.3 現実の問題点 ･･････････････････････････････････････ 299
  - 9.3.1 サンプリング問題 ･･･････････････････････････････ 300
  - 9.3.2 エイリアシング ････････････････････････････････ 301
  - 9.3.3 有限長波形の問題点 ･････････････････････････････ 302
- 9.4 離散フーリエ変換（DFT） ･･･････････････････････････････ 303
  - 9.4.1 DFT の表現 ･･････････････････････････････････ 303
  - 9.4.2 サイン波の DFT 例 ･････････････････････････････ 304
  - 9.4.3 ゼロ埋込み ･･･････････････････････････････････ 307
- 9.5 窓関数 ･･ 308
  - 9.5.1 窓関数の種類 ･････････････････････････････････ 308
  - 9.5.2 窓関数の使用例 ････････････････････････････････ 311
  - 9.5.3 数学的表現 ･･･････････････････････････････････ 312
- 9.6 ランダム信号のパワースペクトル密度 ･････････････････････････ 313

xiv 目次

　　　9.6.1　パワースペクトル密度の表現 ･････････････････････････ 313
　　　9.6.2　PSD は確率変数 ･･････････････････････････････････････ 315

第10章　ディジタルフィルタ　　　　　　　　　　　　　317

　10.1　フィルタの概要 ･･･ 317
　　　10.1.1　フィルタとは ･･ 317
　　　10.1.2　フィルタ特性 ･･ 318
　　　10.1.3　デシベル〔dB〕 ･･････････････････････････････････････ 320
　10.2　アナログフィルタの設計 ････････････････････････････････････ 321
　　　10.2.1　バターワースフィルタ ････････････････････････････････ 321
　　　10.2.2　チェビシェフフィルタ ････････････････････････････････ 323
　10.3　ディジタルフィルタの設計 ･･････････････････････････････････ 326
　　　10.3.1　ディジタルフィルタの導入 ････････････････････････････ 326
　　　10.3.2　ディジタルフィルタの構造 ････････････････････････････ 327
　　　10.3.3　FIR フィルタ ･･ 328
　　　10.3.4　IIR フィルタ ･･ 329
　　　10.3.5　正規化角周波数 ･･････････････････････････････････････ 330
　10.4　FIR フィルタの設計 ･･ 332
　　　10.4.1　窓関数を用いた設計法 ････････････････････････････････ 332
　　　10.4.2　設計例 ･･ 333
　10.5　IIR フィルタの設計 ･･ 336
　　　10.5.1　アナログフィルタに基づく方法 ････････････････････････ 336
　　　10.5.2　設計例 ･･ 338

第11章　画像処理　　　　　　　　　　　　　　　　　　341

　11.1　画像処理の概要 ･･･ 341
　　　11.1.1　表色系 ･･ 341
　　　11.1.2　数値としての表現 ････････････････････････････････････ 343
　　　11.1.3　標本化と量子化 ･･････････････････････････････････････ 343
　　　11.1.4　画像データの入手 ････････････････････････････････････ 344
　　　11.1.5　OpenCV のドキュメント ･････････････････････････････ 345
　　　11.1.6　実行方法 ･･ 345
　11.2　画像処理の例 ･･･ 346
　　　11.2.1　2 値化 ･･ 346
　　　11.2.2　エッジ検出 ･･ 348

11.2.3　周波数フィルタリング………………………………350
　　　11.2.4　特徴点抽出…………………………………………353
　11.3　その他……………………………………………………355
　　　11.3.1　カメラからの動画取得………………………………356
　　　11.3.2　オプティカルフロー…………………………………356
　　　11.3.3　顔認識………………………………………………357

参 考 文 献……………………………………………………………358

跋………………………………………………………………………361

索　　　引……………………………………………………………362

第1章 はじめに

　データサイエンスの意味，本書の決めごと，インストールやスクリプト実行の仕方を説明する。さらに，幅広い分野にまたがる本書での専門用語の使い方や，データサイエンスに必要とされる初歩的な数学，数値計算，物理の内容を説明する。

1.1 データサイエンス概要

1.1.1 読み始める前に

本書を読み始める前に次のことに注意されたい。

【注意事項】
- インターネット接続は必須，プログラム実行時にデータをインターネット経由で取得するため。
- Python 文法の説明は行わないので，他書を参照されたい。
- スクリプト記述作法はていねいでなく，実行結果重視の書き方をしている。
- パッケージの関数の詳細（意味，使い方など）は読者自身で調べられるようにしている。
- 早く本題に入りたい人は，最低でも第1章「いくつかの決めごと」と「クイックスタート」を読まれたい。

1.1.2 データサイエンスとは

　科学（science）とは，ある領域を対象にして科学的な方法（問題の発見，仮説の設定，それを測る手段，実験による観察・データなどに対する客観的な分析，考察，結論を導くこと）により知識体系を築き上げる研究活動をいう。

　この科学の意味に照らし合わせて，本書はデータサイエンス（data science）を次のよう

に説明する。

> **【データサイエンス】**
> データサイエンスは「データを科学的に扱う」学問分野である。すなわち，科学的方法（さまざまなデータの収集，可視化，分析と解析，マイニング，評価，考察など）により，仮説発見・仮説検証を通して，データの産み出されたメカニズム（原因，因果性，モデルなども含む）を明らかにして，その知識体系を築くことである。さらに，意思決定や行動に役立たせることも行う。

　本書だけではデータサイエンスの奥義に到達しえないので，本書はこの基礎教養を身に付けることを目的とする。そのため，Pythonを用いた分析手法に関する知識とスキルを学ぶ。この際，確率統計学，システム工学，コンピュータ科学などの観点から，データに対して仮説発見，仮説検証が行えるよう，客観的・定量的評価を行うことのできる資質が身に付けられるような説明を心掛ける。

1.1.3　データサイエンスの領域と役割

　データサイエンスは次の一連の行動を担う。センシング/調査によるデータ（計測/観測/統計などの分野）の取得方法から考えて，分析手法を駆使して意味ある特徴/性質を抽出し，得られたモデルを分析し，仮説を発見/検証を行い，これらの結果を意思決定/行動に寄与する。この概要を**図 1.1**に示す。

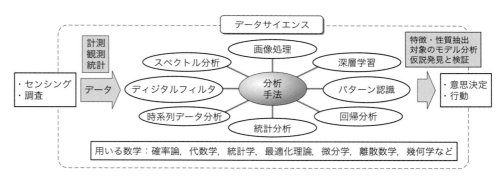

図 1.1　データサイエンスの概要

　本書は，図に示す中心部の分析手法の説明を主とする。この説明の中には次を含む。

- 分析手法が有する特徴と限界（世の中に万能な方法はないので，限界を知ることが大事）
- 結果の見方（これを知らないと誤った結論を導くことになる）

そのため，分析手法の基礎をなす数学を示さざるを得ないが，数学の厳密な展開や証明は他書に譲り，必要最小限な記述に留めている．

ここで示した分析手法を含んだ類似の考え方に機械学習があり，これもデータドリブンの考え方に立脚している．データサイエンスと厳密に区別することはしないが，科学的方法の適用・実施の点でいくつか異なるといえる．

1.1.4 データを見る眼を養う

下記の例は，データサイエンスの課題として有名なものであり，データサイエンスという学問分野は何を学び，何を考えたら良いのかを知る手助けとして掲げた．ここでは問題提起だけを行い，その本質，背景に潜む課題，メカニズムをどのように表現するかは各自で考えられたい．

- 夕張市，病院数を減らしたら市民が元気になった．
  - この文言だけ読むと，病院を減らしたほうがいいのではないか？　と誤解する人がいる．
  - 病院を減らす際に，どのような取組みがあったかというメカニズムを無視すると誤解が生じる．
  - 検索サイトで"夕張"，"病院"，"元気"で調べるとさまざまな取り組みを知ることができる．
- ワインの味のグレード（grade）は化学分析した数値で分類できる．
  - ソムリエは必要なくなる？　（最近の人工知能ブームは，結論ありきでこのようにいう傾向が強い）
  - センシング技術（センサ精度，分析コストなど）が対応できるのか？
  - データサイエンス，人工知能もデータを正確・精密に取得できないと，良い回答を示すことができない．
- TVの視聴率15%，内閣支持率50%，緊急電話調査60%
  - この数字をどう理解する？　誤差をどう考えるのか？
  - 調査対象者の層（年齢，生活層，考え方や価値観などに分類される）に偏りのある層だけを抽出していないか？
- 電力需要や雨を予測する．
  - 予測できることのメリットは，誰がどのように享受できる？
  - このことを考えると何時間先予測がいいのか？　（例：屋外の弁当販売者が1時間先の雨予報を喜ぶか？）
  - 予測するため，どのような種類のデータが必要か？

上記のような問題の考え方の指針を与える書籍は多数あり，例えば，次がある．

- ネイト・シルバー：シグナル＆ノイズ，日経 BP 社，2018
- イアン・エアーズ：その数字が戦略を決める，文藝春秋，2017（注意：第 4 版以降の文庫本には第 1 版単行本の記述論争の注釈がある）
- 伊藤公一郎：データ分析の力　因果関係に迫る思考法，光文社，2017

1.2　Python とパッケージ

1.2.1　Python の導入

　Python の開発の歴史，名前の由来，その特徴などは，さまざまな Web サイトに詳述されているので，それらを参照されたい．また，Python のインストールは 1.4 節「クイックスタート」を参照されたい．

　本書が Python を導入した理由は人気が高いことに尽きる．例えば，

- IEEE（Institute of Electrical and Electronics Engineers，工学系世界最大規模の学会）Spectrum 学術雑誌より，2017 年学術分野で使用言語 1 位であった：
  https://spectrum.ieee.org/computing/software/the-2017-top-programming-languages
- 米国の大学の Computer Science コースの教育用言語として人気が高い：
  https://www.computersciencedegreehub.com/best/computer-science-online/,
  https://www.onlinecoursesreview.org/computer_science/
- 民間指標（Tiobe）でも人気が高い：
  https://www.tiobe.com/tiobe-index/
- Python を使っている製品・商品が豊富：
  https://en.wikipedia.org/wiki/List_of_Python_software

Python というスクリプト言語の説明は他書を参照されたい．ただ，次は述べておく．

- ライセンス内容を参照されたい：PSFL（Python Software Foundation License）：
  https://docs.python.org/3/license.html
- 豊富なパッケージがある．科学技術計算としての，数値計算，数式処理，統計，パターン認識，信号処理，システム制御，機械学習のほかに，サーバ開発におけるサーバシステム開発，クローリング，スクレイピングなどがある．
- 実行速度を上げることができる．もちろん，スクリプト言語ゆえ遅いといわれるが，

numpyを上手に使うと，C/C++よりも速くなる場合がある．また，GPU向けにコンパイルできる．例えば，CUDA（NVIDIA開発）向けにnumba，CuPyなどのライブラリが提供されている．

Pythonに関係するサイトを示す．

- Python 公式 HP[*1]：https://www.python.org/
- Python Japan：https://www.python.jp/
- ドキュメント
  - 公式ドキュメント：https://docs.python.org/3/
  - 日本語翻訳：https://docs.python.jp/3/
- リファレンス：https://docs.python.org/3/reference/
- 標準ライブラリ：https://docs.python.org/3/library/
  - 標準ライブラリ（standard library），組込み関数（built-in function）の使い方の説明がある．
  - 例えば，上記サイトから 2. Built-in Functions → open() を選ぶと次が表示される．
    open(file, mode='r', buffering=−1, encoding=None, errors=None, newline=None, closefd=True, opener=None)
  - これから，open()文の引数パラメータの説明がある．英語に自信のない人は，上記の日本語ドキュメントサイトの「ライブラリーリファレンス」から入ると，同じ組込み関数の使い方の日本語版を見ることができる．

ここで悩ましいのが，用語としてのライブラリ，パッケージ，モジュール，関数の使い方である．次項で紹介するパッケージの各公式HPでも，使い方が統一されていないように見受けられる．そこで，本書では次のように階層的なイメージ（階層の下から上に向けて説明文が並んでいる）のもとで使うこととするが，読者のもつ定義と異なる使い方をしている場合があるので，これにとらわれず読み替えてもらいたい．

- 関数（function）：def文で定義された個々の関数をいう．オブジェクト言語風にメソッドと称することもある．
- モジュール（module）：関数をいくつか（一つも可）まとめて一つのファイルに記述したもの．例えば，import scipy.signal の宣言では scipy.signal がモジュールとなる．
- パッケージ（package）：モジュールを複数まとめたものをいう．Pythonドキュメ

[*1] HP：home page

ントではパッケージを import するという表現がある．この場合，各モジュールに機能分担させて，これら取りまとめたものをパッケージと言っている．ライブラリと同義で使う場合もある．また，chainer はパッケージの代わりにフレームワークと言っている．

- ライブラリ (library)：Python ドキュメントではライブラリという用語が出現する．しかし，scikit-learn などではライブラリは使わずパッケージと称している．本書ではこれらを同義として扱う．

例えば，SciPy.org（https://www.scipy.org/）を見ると，SciPy をライブラリ，scipy.signal をモジュールと称しており，import scipy は import 文の引数パラメータにライブラリを認めていることになる．本書は，これらの用語の使い方を，あまりうるさく区別しないこととする．

1.2.2　本書で用いるパッケージ

本書で用いるパッケージ（ライブラリ/フレームワーク）の概要を述べる．

NumPy　http://www.numpy.org/
- ベクトル演算を利用した高速演算に特徴があり，ほかのパッケージからも参照される．

SciPy　https://www.scipy.org/
- 科学技術計算に関する多様なツールを提供するパッケージである．例えば，補間，積分，最適化，画像処理，統計，特殊関数などがある．
- 次は学ぶに有用である：Scipy Lecture Notes　https://www.scipy-lectures.org/

pandas　https://pandas.pydata.org/
- 多変量の統計や時系列分析に適するデータ形式 DataFrame が有名である．このデータ形式にすれば，基本統計量の計算からデータベース操作（抽出，ソート），プロットなどを容易に行える．

statsmodels　https://www.statsmodels.org/
- 統計分析用のパッケージである．各種統計量を豊富に示すことに特徴がある．

scikit-learn　http://scikit-learn.org
- 機械学習用のパッケージである．本書はパターン認識で用いている．

chainer　https://chainer.org/
- 深層学習用のフレームワークである．日本人が中心となり開発を進めている．

OpenCV　https://opencv.org/

– 画像処理・認識ライブラリの世界的定番である。C++/Python 用のライブラリを提供している。

ほかに，グラフ作成に matplotlib などを用いるが，グラフ関連は第 2 章を参照されたい。

ここで，SciPy と NumPy の関係を述べる。SciPy は，NumPy が名前登録しているすべての関数を import すると述べている。このことは，SciPy の Docstring（ドックストリング，document string の略）に書かれており，次で見ることができる。

```
>import scipy
>print(scipy.__doc__)
```

このことに基づき調べると，SciPy の乱数の初期値は numpy.random.seed() で共通的に設定されることがわかる。また，scipy.polyfit と numpy.polyfit は全く同じものであることもわかる。ただし，すべてが共通または同じという訳ではなく，例えば，numpy.fft.fft と scipy.fftpack.fft は異なるものである（アルゴリズムは同じだが，記述が異なるという意味）。SciPy と NumPy とで異なる関数がある場合は，計算速度の点で SciPy のものを使うほうが優れていることが多い。

1.3　いくつかの決めごと

本書は記載の簡略化を図るなどを行っているので，本書独自のいくつかの決めごとを述べる。

1.3.1　Notebook とスクリプト

本書が提供する Python のファイルは次の 2 種である。

- Jupyter Notebook（拡張子 ".ipynb"）
- Python スクリプト（拡張子 ".py"）

第 2 章以降で前者を Notebook，後者をスクリプトと称する。また，Notobook の中にスクリプトを記述する，という言い方をする（後述）。両方のファイルを総称してプログラムという言い方をする。

1.3.2　モジュール名の省略語

Python モジュールで頻繁に使うものは，その省略名を用いる。例えば，次の省略は代表的である。

File 1.1　Example.ipynb

```
import numpy as np
import pandas as pd
import scipy as sp
import matplotlib.pyplot as plt
```

　これらの省略は本文中では示さず，省略語（np, pd, sp, plt など）を説明抜きで用いる。また，このスクリプト表記の上方に，このスクリプトが記載されている Notebook のファイル名 "Example1.ipynb"（スクリプトのファイル名 ".py" の場合もある）というように表示する。

　本文中を読んで，何の省略語であるか不明の場合には，この Notebook "Exmple1.ipynb"（またはスクリプト ".py"）を見てほしい。

1.3.3　ファイル名の省略

　先のファイル名がスクリプト表記の上に示される，という説明の続きである。スクリプトの説明は細切れに行うので，一連のスクリプトが同じファイルにあり，これが同じファイル名であるとわかるときには，スクリプトにファイル名を省略して表示しないことがある。例えば

```
url = 'https://sites.google.com/site/datasciencehiro/datasets/
    data_Laundry.csv'
df = pd.read_csv(url, index_col='date', comment='#'))
```

のようにファイル名が記述されていない場合には，直前で示された Notebook（またはスクリプト）のファイル名を見られたい。

1.3.4　パッケージ関数の使用法の調べ方

　冒頭で述べたように Python の文法の説明は行わないので，文法は各自で調べられたい（あまり高度なテクニックは使っていない）。各パッケージに含まれている関数の使用法について，一つひとつそのドキュメントのありかの URL を示すと本文が煩雑になる。そのため，URL の代わりに，例えば "pandas.DataFrame を参照" という表記を示す。この意味は，読者自身が検索サイトで，検索キーワード "pandas.DataFrame" を検索されたい。多くの場合，この公式ドキュメントを簡単に探し出すことができる。また，公式ドキュメントの読み方に慣れてほしい。

　ここで，各パッケージのドキュメントは，関数の引数（入力ともいう）のことをパラメータ（parameter）と称していることが多い。しかし，パラメータは確率統計や時系列モデルなどの係数を指す意味でも用いられる。これらと区別するため，関数に渡す値や変数は

引数と称する。

1.4 クイックスタート

早くスクリプトを実行できるようにするため，ここでは次を説明する。

- インストール（深層学習用 chainer だけは，第 7 章を参照されたい）
- Jupyter Notebook・スクリプトの開発と実行

ここに，読者はコンピュータをインターネット接続しているものとして説明を続ける。

1.4.1 インストール

本書でインストールするのは次の 2 種である。

1. Anaconda（**図 1.2**）：Python そのものと，それを取り巻くパッケージ（100 以上）を一括したディストリビューション（配布物）
   - 公式 HP：https://www.anaconda.com/
   - 注意：本書では Python 3 系を用いる。Python 2.7 系は用いない。
2. Anaconda だけでは足りないパッケージ

図 1.2　Anaconda のロゴ

　Anaconda は，Python のほかに，統計・科学計算・プロットなどのパッケージ，パッケージ管理システム（これを Conda と称する），さらに Jupyter 開発環境など，これら 100 以上のパッケージを一括した配布物（distribution）である。このため，インストールを一括して行えるので便利である。

　Anaconda のインストールの説明は PDF に記載し，これを次の筆者の Web サイトにアップロードしてあるので参照されたい。ただし，このインストールの説明は Windows 10 に限定しているが，macOS や Linux でもインストールできる（これは読者自身で調べられたい）。

https://sites.google.com/site/datasciencehiro/
→ "INSTALL AND NOTE"

Anaconda だけでは足りないパッケージ（ライブラリ）として，次をインストールする。

- mlxtend：パターン認識などで結果のプロットを簡単に行う
- rpy2：R のデータセットにアクセスするインタフェース
- pyaudio：音声ファイルの入出力，処理
- mpl_finance：ローソク足チャートのプロット
- OpenCV：画像処理ライブラリ
- chainer：深層学習用フレームワーク（このインストールだけは，第 7 章を参照されたい）

これらのインストールには，conda コマンドや pip コマンドを用いる．この説明は，先の筆者の Web サイトにアップロードしてある別の PDF に記述してあるので，それを参照されたい．

Anaconda をインストールした後に，Anaconda Navigator アプリケーションを起動すると図 1.3 の画面が現れる．

図 1.3　Anaconda Navigator の起動画面

この Navigator には，いくつかのアプリケーションが提供されていることがわかる．ただし，本書はこの Navigator を経由せずに，直接，アプリケーションを用いるものとする．

また，このうちの Jupyter Notebook[*2] を次項で説明する。ほかの内容は読者自身で調べられたい。

1.4.2 Jupyter Notebook・スクリプトの開発と実行方法

Python スクリプトの開発と実行だけならば，適当なエディタを用いてスクリプトを開発して，コマンド入力ができるウィンドウ（Windows ではコマンドプロンプトか Powershell，macOS はターミナル，Linux はターミナルウィンドウ）からスクリプトを実行すればよい。

ここでは，もう少し便利な Jupyter 開発環境の利用を示す。以下に説明する Jupyter は，Anaconda に含まれているので，改めてインストールする必要はない。

Project Jupyter（非営利団体，図 1.4）の公式 HP と活動内容を次に示す。

- 公式 HP：http://jupyter.org/
- Julia + Python + R を指向しているが，ほかの言語もサポート
- ブラウザ（browser）用のインタラクティブインタフェースを複数提供

図 1.4 Project Jupyter のロゴ

Project Jupyter が提供しているものの中に Jupyter Notebook がある。この特徴と留意事項を次に記す。

- ブラウザ上で開発，編集，実行を行い，ステップ・バイ・ステップの開発・逐次実行確認が行えるので開発に適している。
- ブラウザでこれらを完結できるので，ほかのエディタや統合開発環境（IDE）を用意する必要がない。
- 実行結果のグラフのほかに，メモ（HTML ライク）や数式（LaTeX ライク）を記述できるので，あたかもレポート作成しているような感覚で開発が行える。したがって，一つのファイルに，スクリプト以外のコードも含まれることになる。このファイル形式を本書は Notebook と称する。
- Python スクリプトや HTML 形式に変換できる。
- ファイル拡張子は ".ipynb"（IPython notebook の略）である。

本書では触れないが，次を紹介しておく。

[*2] 言わずもがなではあるが，jupiter（木星）とはスペルが異なる。

- Jupyter Lab：Notebook に類似しており，マルチウィンドウやデバッグが可能な特徴がある。ただし 2018 年 1 月現在，まだ開発途中である。起動の仕方はコマンドラインより >jupyter lab
- Spyder：Python スクリプト".py"を開発，実行，デバックできる統合環境である。公式 HP：https://pypi.org/project/spyder/
- 備考：本書では，スクリプト".py"の実行は，コンソールから行う。

Jupyter Notebook を用いた開発例を図 1.5 に示す。この例は，ブラウザ chrome 上で動いている。これを見て，1 番目のセル[*3]の 1 行目にある"正規分布，その計算法を知る"

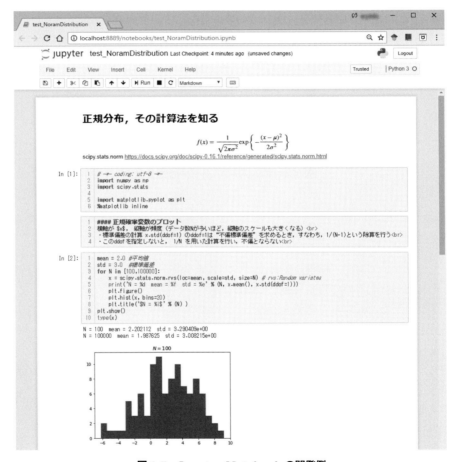

図 1.5　Jupyter Notebook の開発例

[*3] Cell という枠があり，このセルの種類としてスクリプト，メモなどを指定できたり，セル内に出力結果が示されたりする。

はHTMLライクに入力したものが大文字で表示され，この下にある数式はLaTeX風の文法で記述したものが変換されて表示されている。この下の行で，スクリプトの記述，その実行結果である数値やグラフが出力されている。

このファイルは，ほかの形式に変換できる。FileメニューからDownload asを指定すると，Pythonスクリプト（".py"）やHTMLファイル（".html"）などに変換できる。特に後者は，グラフなどがそのままHTMLファイルとして保存でき，レポートそのものとして保存・送付できるので便利である。

Jupyter Notebookの使い方（実行の仕方などを含む）は，筆者のサイトから次を参照されたい。

https://sites.google.com/site/datasciencehiro/
→ "Python 開発環境"

Pythonスクリプト（".py"）について，本書では，ほとんどがNotebookを用いたスクリプト提供であるが，深層学習（ディープラーニング）と画像処理だけは速い実行速度または実時間処理を要するので，スクリプト（".py"）を提供している。

スクリプトの開発は適当なエディタか統合開発環境（先に紹介したSpyderなど）で行え，この方法は多くの解説があるのでそちらを参照されたい。Spyderによる開発・実行，また，コマンドラインからの実行については，上記のサイトの"Python 開発環境"に説明を掲載したので，実行方法の確認をされたい。

1.4.3　プログラムとデータの入手方法

プログラム（Notebook ".ipynb"とスクリプト ".py"）の入手法は，筆者のWebサイトの次から一括ダウンロード（ZIPファイル）できるので，これを展開した生成されるフォルダを読者自身のPCに保存されたい。

https://sites.google.com/site/datasciencehiro/
→ "Download"

使用するデータの入手法について，ダウンロードして読者のPCにいったん保存するという手順ではなく，スクリプト実行時に，インターネット経由で，直接的にクラウドからデータを読み込むという方法を採用している。なお，各データ類は以下に格納してある。

- 深層学習のスクリプトとデータは上記フォルダの中のDeepLearningというフォルダ内にある。
- 画像処理のデータは上記フォルダの中のdataというフォルダ内にある。

1.5 Pythonで日本語を扱う

Pythonで日本語を扱う，とは次のことを述べている。

1. スクリプトに日本語を記述する
2. データファイルに日本語がある
3. matplotlibで日本語表示する

これらを順に説明する。

1.5.1 スクリプトに日本語を記述する

スクリプト中に，print('日本語表示')やコメント行に日本語を書いて，これをファイルとして保存したい場合を考える。問題は，このファイルがどのエンコーディングを用いて保存されたかである。Pythonが用意しているエンコーディング（https://docs.python.org/2.4/lib/standard-encodings.html）のうち，よく使うのが次であろう。

- utf-8, Shift-JIS, EUC-JP

Pythonは，保存したファイルを読み込むときに，明示されたエンコーディングに従って，文字コードを解釈する。明示とは，次に示すようにスクリプトの1行目か2行目に用いたエンコーディングが何であるかを記載することである。

```
# -*- coding: utf-8 -*-
```

または，別の表記として

```
# coding=utf-8
```

この表記の説明は次にある。https://www.python.org/dev/peps/pep-0263/

この表記において，utf-8（unicode transformation format-8）はエンコーディング名であり，この場所にはほかに，"Shift_JIS"，"EUC_JP"などを入れることができる。

また，Pythonはディフォルトでutf-8を指定している（https://www.python.org/dev/peps/pep-3120/）。もし，ファイルのエンコーディングと指定したエンコーディングが異なる場合，Pythonがファイルを読み込んだときにエラーが生じることになる。筆者は，Windows上のエディタ（メモ帳など）を用いて，スクリプトファイルや次で説明するデータファイルのエンコーディングをよく確認している。

1.5.2 日本語を含むデータファイルを読む

これも先と同じように，データファイルに日本語があるか否かは問題ではなく，データ

ファイルのエンコーディングが何であるか？　が問題である。しかし，注意を引くためにあえて「日本語を含むデータファイル」と表記した。

pandas の read_csv() や numpy の loadtxt() でファイルを読み込む場合を考える。このファイルのエンコーディングが utf-8 ならば，何も指定せずに読むことができる。

しかし，例えば Shift-JIS の場合には，パラメータ encoding を次のように指定する。

```
pd.read_csv('file.csv', encoding='shift_jis')
```

これは，numpy.loadtxt() も同様である。

Microsoft 社の Excel で，日本語を含んだファイルを CSV ファイルとして保存すると Shit-JIS で保存されることがあるので注意されたい。

1.5.3　matplotlib で日本語を表示する

これは，まさしく日本語の問題である。まず，次のスクリプトを実行して，読者が使っている PC のフォントリストを出力する。

```python
import matplotlib.font_manager
fonts = matplotlib.font_manager.findSystemFonts()
print([[str(font), matplotlib.font_manager.FontProperties(fname=
    font).get_name()] for font in fonts[:200]])
```

最後の行の fonts[:200]] は 200 行まで出力と言う意味で，この数字は任意に変えることができる。

この出力は次のようなものになる（PC により，出力結果は異なる）。

```
[['C:\\windows\\fonts\\refspcl.ttf', 'MS Reference Specialty'],
 ['C:\\WINDOWS\\Fonts\\segoeuiz.ttf', 'Segoe UI'],
 ............,
 ['C:\\WINDOWS\\Fonts\\yumin.ttf', 'Yu Mincho'],
 ............
```

この出力結果を見て，日本語フォント名を探す。ただし，フォント名は 'xxx.ttf' ではなく，例えば 'MS Reference Specialty' と表記されているものである。ここでは，'Yu Mincho' を用いることとする。

これを用いた matplotlib の日本語出力スクリプトを次に示す。

```python
# -*- coding: utf-8 -*-
import numpy as np
import matplotlib.pyplot as plt
import matplotlib
matplotlib.rcParams['font.family'] ='Yu Mincho'

plt.hist(np.random.normal(50, 10, 1000))
```

```
plt.title('日本語の表示')
plt.show()
```

この plt.title() の日本語表示が確かに行われていることを各自で確かめられたい。

1.6 用語の違い

　データサイエンスは異なる文化をもつ分野を網羅するので，用語の使い方や，同じ用語でも意味やイメージが異なることがある。そのため，複数の成書を読むと混乱することがたまにある。本書は，この混乱を少しでも避けたい。

　このため，多少の意味違いがあったとしても，この用語を使います，ということを説明する。使用する用語は各項の見出しに掲げる。もちろん，すべからくここでの使用法に従うべし，ということは全くないので，読者各位で読み替えてもらいたい。

1.6.1　説明変数／目的変数，入力／出力

　統計，パターン認識分野では，説明変数 x，目的変数 y を用いる。これらは，さまざまな分野で別の表現となる（**表 1.1**，実はこの表の記述はすべての用語を網羅していない）。説明変数/目的変数を採用した理由は，単に使用頻度が高いためである。また，Python statsmodels のドキュメントでは，外生変数，内生変数の頭文字をとって，exog, endog と表現している。

表 1.1　説明変数 x と目的変数 y の別表現

説明変数（explanatory variable）	目的変数（objective variable）
予測変数（predictor variable）	結果変数（outcome variable）
独立変数（independent variable）	従属変数（dependent variable）
外生変数（exogenous variable）	内生変数（endogenous variable）

　一方，システム工学分野（電気電子，機械，情報，建築土木，物理，化学，気象学，宇宙科学，バイオ工学などの理工学分野）では，入力/出力という表現を採用している。ここに，システム（system）とは，何らかの機能（単純機能でも複雑機能でも構わない）を有する要素が組み合わさることで，新たな機能を発現するものをいう。

　システム工学では，**図 1.6** のように，ブロック線図（block diagram）を用いて，システムの入力と出力で表し，組み合わさった要素が内部状態として動いているが，これらは大変複雑なので見なくてもいいように図の四角いブロックで覆ったとして見る。そして，入力 $x(t)$ と出力 $y(t)$ だけを見る（これを信号と称することもある）。

　入力と出力の関係を厳密に表現するのではなく，近似表現できる何らかの**モデル**（model,

図 1.6　システムと入力と出力，システム工学論では入力を u と表記することが多い

メカニズム，因果関係ともいう）で関係付けられると仮定する。このとき，この関係を数学的に表現できるときは関数（function）の意味でシステムを $f(\boldsymbol{x}, \boldsymbol{\theta})$ で表し，入力と出力の関係を $y = f(\boldsymbol{x}, \boldsymbol{\theta})$ とおく。ここに，$\boldsymbol{\theta}$ はパラメータ（係数ともいう）である。

例えば，重回帰分析では，ベクトル $\boldsymbol{x} = [1, x_1, \cdots, x_n]$，$\boldsymbol{\beta} = [\beta_0, \beta_1, \cdots, \beta_n]$ とおき

$$y = f(\boldsymbol{x}, \boldsymbol{\beta}) = \boldsymbol{x}\boldsymbol{\beta}^\top = \beta_0 + \beta_1 x_1 + \cdots + \beta_n x_n$$

と表現する。ここに，係数を $\boldsymbol{\theta}$ でなく，$\boldsymbol{\beta}$ で表現することが多く，経済系ではベータ係数という専門用語がある。また，$\boldsymbol{\beta}$ に偏回帰係数という名称を与えている。さらに，$\boldsymbol{\beta}$ が変数 $\boldsymbol{x}$ の後に位置するのも興味深い。

一方，システム工学分野では，記号はさまざまに用いている。いま，$\boldsymbol{\theta} = [a_0, a_1, \cdots, a_n]$ とおけば

$$y = f(\boldsymbol{x}, \boldsymbol{\beta}) = \boldsymbol{\theta}\boldsymbol{x}^\top$$

というように変数 $\boldsymbol{x}$ が後にくる。これは数学の風習が伝わったものと考える。

システムが動的システムであるならば，$\boldsymbol{x}$ を 1 次元として，また $\boldsymbol{\theta} = [a, b, c]$ とおいて

$$a \frac{d^2}{dt^2} y = b \sin(y) + cx$$

のような表現がある。この表現は時間微分を行っているため，出力 y は時間因子 "t" を含むことになり，これを陽に表現するため $y(t)$ と表記することがある。時間因子 "t" を含み，システムの出力や状態が時間と共に変動するシステムを**ダイナミクス**（dynamics）があるという。また，これを**動的システム**（dynamical system）とも称する。

上記の表現のそれぞれを対応づけると，システム論的には次のように見ることもできる。

説明変数 ＝ 入力，　　目的変数 ＝ 出力

これを見ると，統計・パターン認識とシステム工学も統一的に見ることはできそうである。

1.6.2　サンプルとデータ

標本（sample）の意味で**サンプル**というカタカナ表記が普及している。**標本化**（sampling）と**サンプリング**も同様である。漢字かカタカナのどちらかに統一しようとしたが，見やすさや文脈のわかりやすさを優先させたいため本書では混在させることとなった。

また，**標本数**（**サンプル数**，the number of sample）の同義となる**データ数**（the number of data），さらに，**データセットの数**という表記が現れる．さらに，**観測値/測定値，観測数/測定数**という表記もある．これらの用語を個別に使ったほうがしっくりとくる説明もあるため，あまり神経質にならずに読んでほしい．

1.6.3 予測と推定

"予測する"に相当する英語に predict と foecast がある．predict は，ラテン語の praedicere (prae- 'beforehand' + dicere 'say') を源流とする．現在の意味を英英辞典で調べると，to say that an event or action will happen in the future, especially as a result of knowledge or experience. とある．問題は，文中の "in the future" の解釈が分野により異なることである．

大まかに分けて，ダイナミクスのない対象を扱う分野（統計，パターン認識，機械材料系などのある分野）は，未知のものをこれから（future）探り出して言い当てる（predict には foretell の意味もある）場合に predict を使うことが多いようである．例えば，重回帰分析の分野では，x に基づき y を求めることを predict という．

一方，ダイナミクスのある対象を扱うシステム工学では，対象とするシステム自体に時間因子 "t" を含むため，時間軸を強く意識していて，現在時刻を基準に過去と将来を区別して考える．これは，積分を扱うときに，区間を意識せざるを得ないためである．また，現在と過去は観測値を得ているが，将来の観測値は当然得ていない．この違いのもとでは，システム状態の分析・解析が異なることから，将来（future）の状態（state）を知ることを予測（prediction），現在と過去の観測できない状態を知ることを推定（estimation）と区別している（**図 1.7**）．

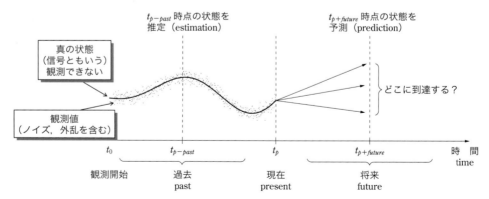

図 1.7 現在，過去，将来における状態の観測に基づく推定と予測

システム工学では，真の状態（state，信号（signal）ともいう）は，観測雑音や外乱の影響があるため，直接的には観測できないと仮定することが多い[*4]。すなわち，真の状態 ≠ 観測値，である。そのため，過去から現在までの観測値を得たとしても，システムの本当の状態がわからないので，これを知りたい（推定）という要求がよくある。

また，時間不変（time-invariant）のパラメータを求めることは，時間軸に関係しないので推定（estimation）という。

ただ，統計分野であっても"推定（estimation）"という用語は使う。例えば，点推定，区間推定がある。これは，慣習らしく，Bret Larget: Estimation and Prediction, Dept. of Botany and of Statistics Univ. of Wisconsin, 2007[*5] によると

- 平均値など母集団パラメータを求めることは estimation
- X に基づき Y を求めることは prediction

とのことである。

最後に，forecast は時間に関する将来の状態を知ることを言っており，これは統計・パターン認識分野でも同じ意味で使っている。この forecast と prediction の使用の違いは，Wikipedia（https://en.wikipedia.org/wiki/Prediction）にも"統計分野では"という断りを入れて言及されている。

以上のような違いは，英語を日本語に翻訳した際に生じたのではないかと推察される。本書は，予測，推定の用語は各分野で用いられている流儀に従って使うものとする。

1.6.4　クラス分類

パッケージ scikit-learn は，用語 classification を用いている。本書は，この用語を**クラス分類**と訳す。

本来，この日本語訳は"分類"だけでいいのだが，単に分類というと grouping, categorization などと混乱することがある。そのため，分類だけでは何をどのように分類するのかが文脈だけからは不明な場合がある。このため，屋上屋を重ねることとなるが，"クラスを分類する"を明示するためにクラス分類という用語を用いる。

この用語と同様に用いられているものに，判別（または識別）（discriminant）という用語がある。判別のもともとの意味としては，違いを認識または知覚するなどがある。したがって，分類したものを判別（識別）するという言い方ができる。この分類と判別（識別）の目的を考えると，クラス分類と判別分析はほぼ同義と考えても良い。判別（識別）には

[*4] 観測雑音がないデータはまれである。筆者が思いつくのは株価や為替などの金融データや人口統計などの社会調査データくらいであろうか？　これらは整数を扱っているという特徴がある。
[*5] http://www.stat.wisc.edu/courses/st572-larget/Spring2007/handouts03-1.pdf

もう少し深い意味が込められている場合もあるが，本書で扱うクラス分類は深い意味での判別（識別）までは行わない。

ただ，こんな用例がある。群衆の中から，いるかどうかわからない犯人の顔を（識別，判別，分類，同定）する。このかっこの中から適当な熟語を一つ選べという問いにはどう答えればよいのだろうか？　この例では，まず，分類は用いないであろう。

1.6.5　トレーニングデータ，テストデータ

英語の training data, test data をそのままカタカナ表記したものを用いる。パターン認識や機械学習分野では，トレーニングデータを学習，訓練，教師データなどと称している。また，テストデータを評価，バリデート（validate），検証データなどと称している。いずれも味わい深くはあるが，本書では，日本語としても通じるため，あっさりと英語表記をカタカナ表記に変えただけの用語を用いることとする。

なお，英語の training の意味には訓練，養成，練習，鍛練，調教，訓練課程がある。ニュアンスとしては，あるスキルを発揮するのに訓練・調教するということである。もともと，train（列車）の原義が，「引っ張る (pull, draw)」であり，これから，所望の形に成長させる，という意味に繋がった。これから考えると，training を学習と言い換えるのは少々気が引ける。

1.6.6　オーバーフィッティング

Overfitting が登場するのは，数値計算分野でルンゲ現象（Runge's phenomenon）が発見されてからである。これは，ある測定点を多項式関数で補間（interpolation, fitting）するとき，次数が高すぎると，測定点の間で大きく振動する現象をいう。この原因として，補間するアルゴリズムが次数分に相当する高階の微分係数を用いるため，この係数が大きくなり過ぎて，振動を引き起こすことが知られている。比喩的な説明として，$10x^4$ の係数は 10，この 3 階微分の係数は $10 \times 4 \times 3 \times 2 = 240$ と 24 倍になる。

ルンゲ現象の解説は Wikipedia（https://en.wikipedia.org/wiki/Runge%27s_phenomenon）に詳しい。また，Overfitting の解説も Wikipedia（https://en.wikipedia.org/wiki/Overfitting）に詳しく，Overtraining という用語も使っている。

日本語では，Overfitting を過剰適合（または過剰学習）と訳していることがあるが，あっさりとカタカナ表記のオーバーフィッティングを用いる。

注意として，オーバーフィッティング現象は，パターン認識，機械学習などでダイナミクスのない場合を対象にしたときに生じることがある。一方，時系列データに対する ARMA モデルでは，次数を高くしても生じない。なぜならば，パラメータ推定アルゴリズムに高次の微係数を使うことはまずないためである。

1.6.7 分析

分析と解析は，どちらも英語では analysis であるが，日本語はそうはいかない。いろいろ調べてみると，次のようである。

分析

- 複雑な事柄を一つひとつの要素や成分に分け，その構成などを明らかにすること（デジタル大辞泉，小学館）。
- 分析化学，リスク分析，ポートフォリオ分析，財務分析，定性分析，というようにデータに基づく行為を指すことが多い。
- これらの用例に示すように，分析は，どちらかというと，対象を数学モデルよりは図表やグラフ，言葉などで表現し，それらの互いの関係を明らかにして対象の特性や特徴を調べる際に用いることが多い。

解析

- 事物の構成要素を細かく理論的に調べることによって，その本質を明らかにすること（デジタル大辞泉，小学館）。
- 解析学/フーリエ解析（数学），ノード解析（電気工学），暗号解析（情報学），流体解析（機械工学），形態素解析（言語学），というように数式，または定理に基づく行為を指すことが多い。
- これらの用例に示すように，解析は，数学的に扱う場合に用いることが多く，「解析的に解く」「解析解」「解析学」などと言う。対象を数学モデル（数式，関数）で表すことが多く，解析の結果は定量的（数量的）なものになることが多い。

この区分けは厳密ではなく，分析と解析が入れ替わっている使い方もある。本書では，データに依存している場合には"分析"を用いることとする。

1.6.8 変数

変数と類似の用語に変量がある。これについて，次の解説がある。「統計集団をなす個体が"担っている"数量を抽象化して**変量**（variate）と呼ぶことが多い。数学の**変数**（variable）の概念に対応するが，個体に応じて変化し，物理的，経済的な意味をもつ量であるとの意識が強い。データは変量がとる**値**（value）である。しかし，変量とデータは変数と変数値のように混同されがちであり，うるさく区別しないほうが便利である。変量と変数も混同されがちで，本辞典内でも区別しない場合が多い。変量と変数も混同されがちで，本辞典内でも区別しない場合が多い。」（竹内啓 編集委員代表：統計学辞典，東洋経済新報社，1.2.1 データと変量より抜粋）

本書でも，うるさく区別しないこととする。

なお，統計分野では「多変量解析」という用語はあるが「多変数解析」はない．これは，数学に「多変数解析関数論」という用語があり，これと混同しないようにしたためであろうか？

1.6.9 相関と共分散

相関には，自己相関（auto-correlation）と相互相関（cross-correlation）がある．これらは統計学と信号処理で若干の違いがある．すなわち，統計学では値を $-1 \sim +1$ に正規化しているが，信号処理では行わないことが多い．したがって，同じ相関といっても，定式が若干異なる．また，統計学の自己共分散（auto-covariance），相互共分散（cross-covariance）は，信号処理ではそれぞれ，相互相関，自己相関をいっていることがある．このことは次を参照した．

- Wikipedia：https://en.wikipedia.org/wiki/Cross-correlation

これらの厳密な区別をここで簡易に説明することは筆者の能力では無理なので，各分野の説明の箇所で式を見てください，としか言いようがない．

1.7 数学，数値計算，物理のことはじめ

数学，数値計算，物理の分野で，データサイエンスに関係するいくつかのことはじめ的な項目を説明する．

1.7.1 数学のことはじめ

本書で用いる数学表現の説明を行う．

ベクトルと行列の表記

アルファベット表記において，太字かつイタリック体（斜体）を用いたもので，小文字はベクトル（vector），大文字は行列（matrix）を表す．例：ベクトル $\boldsymbol{x}$，行列 $\boldsymbol{W}$

数学の本を見ると，ベクトルの定義は，大きさ（magnitude）と方向（direction）をもつものとされており，矢印（→）の絵が書いてあり，このイメージを我々はもっている．その数値的表現は，例えば次のように 1 次元配列で表される．

$$\boldsymbol{x} = [1, 0.5, 3]$$

これは，要素の数に従い 3 次元ベクトルとか $\boldsymbol{x} \in \boldsymbol{R}^3$ と表現される（$\boldsymbol{R}$ は実数空間である）．

パターン認識分野では，特徴ベクトルという用語がある．特徴ベクトルを上記の x とした場合，1番目を色，2番目をサイズ，3番目を質量というように特徴を割り当てておいて，それぞれの数値を入れたものと考える．こうすれば，特徴ベクトルは，定義される特徴空間の中で表すことができるので，立派なベクトルと称することができる．

多項式と総和の表現

$$y = a_n x^n + a_{n-1} x^{n-1} + \cdots + a_1 x + a_0 = \sum_{i=0}^{n} a_i x^i$$

ここに，多項式（polynomial）とは，$+$，$-$ で二つ以上の項を結びつけた式をいう．まさしく，項が多い式である．また，$\sum$ の意味は総和（summation）であり，これをギリシャ文字だからシグマ（sigma）と呼ぶ人もいる．

先のベクトルを用いれば，$\boldsymbol{x} = [x^n, x^{n-1}, \cdots, 1]$，$\boldsymbol{a} = [a_n, a_{n-1}, \cdots, a_0]$ とおいて

$$y = \boldsymbol{a} \boldsymbol{x}^\top$$

という表現もある．ここに右肩上の $\top$ は転置（transpose）を表す．

誤差

誤差（error）の数値的な評価には，大別して次の2種がある．

$$\text{絶対誤差（absolute error）} = |\,\text{測定値} - \text{真値}\,|$$

$$\text{総体誤差（relative error）} = \left|\frac{\text{測定値} - \text{真値}}{\text{真値}}\right|$$

ここに，真値は基準値に代えられる．例えば，測定値に 10 cm の絶対誤差が生じていると言われても，基準値（または真値）が 100 m なのか，1 m なのかでこの誤差評価は大きく変わるので，相対誤差の何％なのかで表現したほうが良いことが多い．

有効数字

有効数字（significant figure, significant digit）は，例えば，4桁の有効数字があると言われた場合，5桁目に不確かさ（または誤差）があるため，確からしさ（と，信じられる）上位4桁を用いた数値をいう．

有理数

有理数（rational number）は，整数 M，N を用いて分数 M/N で表現したもの，例え

ば，$0.125 = 1/8$ や $7/3 = 2.\dot{3}$ は有理数である[*6]。これに対する用語に無理数（irrational number）があり，有理数のように分数で表現するのが**無理**な数をいう。例えば，$\sqrt{2}$, π, e（自然対数の底）などがある。なお，この意味から派生して，分母分子が多項式で表される式を有理多項式という。

ノルムと距離

ノルム（norm）と距離（distance, metric）[*7] は良く似ているので，この違いに留意されたい。

ノルムは，ここではベクトルの長さ（大きさと考えても良い）をいう。長さゆえにマイナスの値はない（体重にマイナスがないように）。いま，ベクトル $\boldsymbol{x}$, $\boldsymbol{y}$ と実数 a を考えたとき，ノルムの性質は次の条件をすべて満足していることである。

$$||\boldsymbol{x}|| = 0 \iff \boldsymbol{x} = 0$$
$$||a\boldsymbol{x}|| = |a|\,||\boldsymbol{x}||$$
$$||\boldsymbol{x}|| + ||\boldsymbol{y}|| \geq ||\boldsymbol{x} + \boldsymbol{y}||$$

3番目の不等式は，三角形の3辺の不等式関係をイメージされると良い。

代表的なノルムとして L^p ノルムがあり，次式で表される。

$$\sqrt[p]{|x_1|^p + |x_2|^p + \cdots |x_n|^p}$$

このうち，$p = 2$，$p = 1$ の場合は

$$L^2 \text{ノルム} : \sqrt{{x_1}^2 + {x_2}^2 + \cdots + {x_n}^2}$$
$$L^1 \text{ノルム} : |x_1| + |x_2| + \cdots |x_n|$$

L^2 ノルムは，よく見かけるものでユークリッドノルムといわれる。L^1 ノルムは，マンハッタン距離などで使われている。

距離は2点間の差をいう。ノルムが身長を表すとき，踵（かかと）の座標から頭頂までの座標が距離となる。すなわち，距離は座標を意識する。ここで，距離がいつも2点間を結ぶ直線とは限らず，マンハッタン距離のようにくねくねした測り方があることにも留意されたい。

パターン認識などでは，マンハッタン距離（L^1 距離，Manhattan distance, taxicab

[*6] rational が合理的という意味から，分数で表現できることが合理的という意味から有理という訳が当てられたと推測される。この意味ならば，"可分数" という言い方のほうがよくわかると思うのは，筆者だけであろうか？

[*7] 距離という値を測るだけならば distance を使い，距離を測る関数が整備されている空間を扱う場合には metric（計量）をよく使うが，あまり厳密に区別しなくても良い。

geometry ともいう），ユークリッド距離（Euclidean distance），マハラノビス距離（Mahalanobis' distance）などが用いられる．マンハッタン距離は，都市の道路が碁盤目にあるとき，その道路に沿って（上下左右だけ，斜めはない）距離を測るものであり，この都市道路から由来してマンハッタンと名付けられた．これらの距離の定義は Wikipedia などに詳しい．

1.7.2 数値計算の問題

数値計算そのものを取り上げるのではなく，数値計算のことはじめ的な限界と問題をいくつか指摘する．コンピュータを用いる計算では，数字が有限桁であること，内部表現が2進数であること，離散データを扱うことなどに起因していくつかの問題がある．

これらに起因して，さまざまな誤差や問題が生じるので，データを扱う際にはこれらの問題をあらかじめ念頭におくことができるよう，問題を以下に列挙する．

0.1 の変換誤差

10 進数の 0.1 を 2 進数に変換すると次となる．

$$（10 \text{ 進数の}）0.1 \Rightarrow （2 \text{ 進数の}）0.0\dot{0}01\dot{1}$$

これは，小数第 2 位から第 5 位が循環小数となって無限に続くことを意味する．コンピュータの記憶領域が有限であるから，どこかで打ち切らなければならない．このことは，10 進数データに 0.1 があり，これをコンピュータに入力した瞬間に誤差が生じることを意味する．

丸め，情報落ち，桁落ちの誤差

丸めは，四捨五入，切捨て，切上げなど，ある桁に対して行うことでその上位の桁に有効桁を揃えることをいう．当然，丸めに伴う誤差が生じる．なお，四捨五入は正のバイアスが生じるため，コンピュータ内部計算ではあまり用いられない．

情報落ちについて，例えば，記憶領域が 4 桁までの変数に 1000 がすでに格納されているとき，0.1 を足しても，これは無視されることである．この事実から，例えば，100 万件のデータを加算したとき，1 件の値が 0.1 のとき，100 万件足しても結果が 10 万に足りなくなることが生じるので，膨大なデータの加算の場合には工夫が必要である．

桁落ちとは，ほぼ同じ値の減算を行った結果，有効数字が減少することをいう．

機械イプシロン（machine epsilon）

コンピュータが扱う実数は浮動小数点数（floating point number）である．浮動小数点

数は，IEEE 754 規格に従っていることが多く，この規格では数の分解能（隣合う離散数の距離）が数の絶対値によって一定ではなく，絶対値が大きくなるほどに分解能は低下し，逆も然りという性質を有する。

機械イプシロンは，二つの定義があり，1 番目は「1 より大きい最小の数」と 1 との差である。少しわかりにくいが，IEEE 754 倍精度の場合，52 ビット仮数部の最小ビット分だけが機械イプシロンとなる。すなわち

$$epsilon = 2^{-52} \simeq 2.2204 \times 10^{-16}$$

2 番目の定義は，$(1 + epsilon) > 1$ が真（true）となる最小の浮動小数点数 $epsilon$ をいう。この場合，浮動小数点数が 2 進数表現されているとして，$epsilon$ の次に小さい数は $epsilon/2$ となり，$(1 + epsilon/2) > 1$ は偽（false）となる。このことを確かめる Notebook を次に示す。

File 1.2　INT_Epsilon_Newton.ipynb

```
a = 1.0
while (1.0+a) != 1.0:
    epsilon = a
    a = a/2.0
print('epsilon=', epsilon)
```

この結果は，epsilon= 2.220446049250313e−16 となり，1 番目の定義とも合致するので，Python は，IEEE 754 規格の倍精度実数を扱っていることがわかる。また，この場合は，1 番目と 2 番目の定義は一致する。

機械イプシロンが言っていることは，有効桁数の数（IEEE 754 では仮数部（mantissa）が相当する）をどんどん小さくしたとき，ある程度より小さな数は扱えませんよ，ということを意味する。この逆も然りである。

この分解能と先の 0.1 変換問題，情報落ち，桁落ちの問題などを含めて考えると，**実数を扱えば何らかの誤差が混入しますよ**，と言われていることがわかる。では，数字をすべて整数で扱えばよいのか？　そうは必ずしもならないことは次の方程式の演算誤差が示している。

方程式の演算誤差

次の方程式を x について数値計算で解くことを考える。

$$3x = 7$$

初歩的な考え方は，例えば $(1/3) \simeq 0.333$ と打ち切った数字で両辺を除算するものであ

る．これは，初めの (1/3) の計算と 2 番目の除算の 2 か所で誤差が混入するので望ましくない．

連立方程式におけるガウスの消去法は，これを避けて，両辺を x の係数で除算する．これならば数値計算上の誤差の混入の機会は 1 回で済む．

この例は，アルゴリズムを注意深くデザインしないと，数値計算そのものに誤算が混入する問題が生じることを指摘している．

収束判定

本書では，尤度関数や分散の最小化に基づくデータ分析の話題がある．これらの計算のほかにも大規模行列計算を行うと，1 回では解ききれないので，反復計算を行って解を求めることになる．このとき，数値計算上のさまざまな要件（無限には計算できないので）により，反復計算を通して"ある程度"まで解に近づいたと判定したら，例え真の解に到達していなくても，それを解として計算を止めるというアルゴリズムがほとんどである．

例えば，反復計算で古典的ではあるが有名なニュートン法で $f(x) = x^2 - 9$ の解を求めることを考える．これを先の Notebook "INT_Epsilon_Newton.ipynb" に示す．このスクリプトでは，初期値 x0 = 1.0 から計算を開始し，収束判定のための eps（イプシロンのこと）= 0.01 と置いたところ，数値解（近似解）= 3.00009155413138 を得た．これは，反復計算において前回の計算と今回の計算で求めた数値解の差が eps 以内に収まれば，計算を止めましょう，として得た結果である．また反復回数は 5 回であった．この結果，厳密解 3（数式を理論的に解いた解と考えてよい）に誤差が加わった値が数値解である．

このように，一般に数値解は真値に誤差が加わった形で出力されることを頭の片隅に置いてほしい．

疑似乱数の性質

コンピュータを用いる以上，さまざまな確率分布に従う確率変数（ランダム変数とも本書では称する）を疑似的に生成する．特に一様乱数，正規乱数の疑似乱数はよく用いられる．

コンピュータを用いた疑似の一様乱数の発生のしくみは，次に詳しい．

一様乱数，（公益社団法人）日本オペレーションズ・リサーチ学会：
http://www.orsj.or.jp/~wiki/wiki/index.php/一様乱数

これによると，疑似的な一様乱数には，メモリのビット長分で定めれる周期性がある．例えば，32 ビットメモリの場合には最大 $2^{32} = 4\,294\,967\,296$，すなわち，約 43 億個の一様乱数を発生すると 1 周するということである．すなわち，この長さでの相関があることになり，確率論で述べている無相関から反することになる．

しかし，我々は，この約 43 億という有限個（これが多いのか少ないかは筆者は判断しかねる）の制約の中でシミュレーションを行わざるを得ない．さらに，正規乱数はこの疑似

一様乱数を利用して，Box-Muller法（Wikipediaに詳しい）の近似計算を用いて生成している。この周期性に加えて，近似計算も行っていることを念頭に置いてもらいたい。

これまで述べてきたように，Pythonパッケージが提供する分析ツール[*8]は，上記の問題を含んだ数値解を示す。そのため，数値解はあくまでも厳密解とは異なるのだから，数値結果をそのまま鵜呑みにしないことが大事である。一方で，数値解はある種の解や知見を見出す貴重な道しるべである。この活用は十分に行いたい。本書の所々で注意喚起するが，データの背景，物理的・社会的メカニズム，因果関係，使用条件などを総合的に考慮して，分析手法の数値結果を上手に評価できるようにされたい。

1.7.3　物理のことはじめ

データサイエンスは，さまざまな物理背景をもつ数値を扱う。そのため，数値を物理的な観点，特に**単位**（unit）を通して見ると，モノの本質を見誤らない手助けとなる。この観点から，次はいくつになるか？

$$1 + 1 = \ ?$$

この問いかけは，本項を読んだ後に読者自身に考えてもらいたい。また，本書の第9章にエネルギーという用語があるので，この説明も行う。

単位系

多くの変量，物理量には単位がある（例：1 kg，1 m/s など）。これらを取りまとめたものが**単位系**（system of units）である。単位の統一がなければ，陸上100 m競技の国際記録認定，ビル・橋の長さの設計，金属・石油の貿易などがスムーズに行われなくなる。

単位系は世界的な統一が図られていて，これを **SI 単位系** という。SIはフランス語のSystème International d'unitèsに由来し，英語ではInternational System of Unitsとなる。この直訳的意味は「単位たち（units）の国際的な（international）系（system）」である。日本語では国際単位系というが，SI単位系と称することが多い。

日本では，1991年よりJIS（日本工業規格）が完全にSI単位系準拠となり，重量系のkgf→質量系のN，体積のcc→mL，熱量のcal→Jの改訂が施行され，商取引や証明行為の書類ではこの改訂に従うことが法律で定められている（計量法第二章計量単位第8条）。したがって，正しい単位をつけた表現は，50 mL[*9]の原動機付自転車，50 kWの給湯器，

[*8] Pythonに限らず，コンピュータ上で実行されるプログラミング言語が提供するすべての計算ツール（ただし数式処理は除く）と言ったほうが正しい。

[*9] リットル（litre, liter）の表記は小文字か大文字のエル "l", "L", しかも斜体は不可で立体とする。さらに，昔の表記 ℓ は不可。

5 kg の箱を 2 m 持ち上げ 100 J の仕事を行ったなどである。

カロリー（cal）は定義がいくつかあるため，現在ではジュール（J）に統一されたが，日本の計量法では「食物または代謝の熱量の計算」のみにカロリーを使用できる。この理由の一つに，1 cal ≃ 4.18 J より，ご飯 1 杯の熱量を約 220 kcal から約 919.6 J に表現を変えると，増えた数字だけが独り歩きして混乱する（ダイエットが過剰に進むなど）可能性をなくしたいことがあった。

単位には，少数に限定した**基本単位**（base units）と，基本単位を組み合わせて作成される**組立単位**（derived units）がある。SI 単位系の基本単位は，**図 1.8** に示すように，MKSA 系の四つに温度〔K〕，物質量〔mol〕，光度〔cd〕を加えた総計七つである。

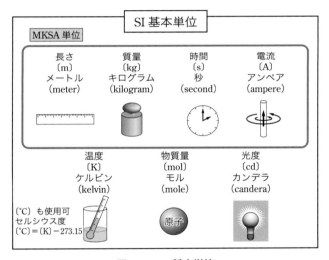

図 1.8　SI 基本単位

組立単位は，基本単位の乗除算によりつくり出された単位をいう。例えば，面積ならば〔m〕×〔m〕＝〔m^2〕，力の単位ならば〔kg·m/s^2〕＝〔N〕の表現である（**図 1.9**）。

単位の組立てで注意されたいことは

- 単位の乗除算（×，/）は新たな物理量を生み出す（図 1.9 参照）。
    - 例：距離〔m〕/ 時間〔s〕＝ 速度〔m/s〕
- 単位の乗除算は異なる単位でも可能。しかし，加減算（＋，−）は同じ単位でなければならない。
    - 100 円の貨幣と 0.2 kg の牛肉を足すことはできない。しかし，100 円/0.2 kg という除算は 1 kg 当たりの価格（比率）を表す。

このことから，物理的背景や社会科学的背景を数式を通して見るときに，等号＝の両辺

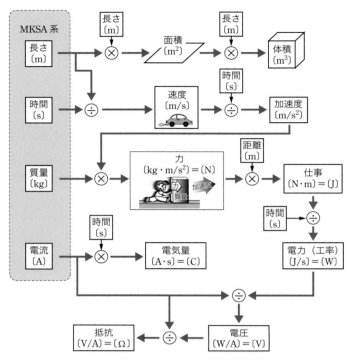

図 1.9　組立単位の例（MKSA 系の例）

は同じ単位であるか？　式中で加減算を行うときに同じ単位であるか？　をチェックすると良いことがある．もちろん，考え方によっては，異なる単位の変数を加減算したいときもあり，これを否定はしない．

エネルギー，仕事と仕事率（パワー）

エネルギー（energy）を比喩的に説明しよう．ただし，理想的な状態を考えて，いかなるロスもないものとする．

大きな桶をイメージされたい．これに蛇口から水を入れ，200 L 溜まったとしよう．この 200 L の水がエネルギーと考える．この水を滝のように上から少しずつ落とし，水車を回したとする．このとき，水というエネルギーは「水車の羽を回す**仕事**（work）をした」ことになる．この仕事をすることで，水を汲み上げ，再度，水を溜めたとすると，これはエネルギーを蓄えたことになる．すなわち，次のことがいえる．

　　　　　　　エネルギーとはある物体が仕事をする能力のことである．
　　　　　　　仕事をするのにエネルギーを同じだけ必要とする．

エネルギーと仕事は表と裏の関係（どっちがどっちということはない）にあり，単位は同じ〔J〕（ジュール，J. P. Joule，英，名前の頭文字をとった）である．また，物理学では，力学エネルギー，電気エネルギー，光エネルギー，熱エネルギーなどすべてのエネルギーは本質的に同じものとして扱う．例えば，電気の分野では，次のようである．

  電気のエネルギーがする仕事
  （＝電荷の位置エネルギーの減少分＝電流のする仕事）
  このことを**電力量**という．

この仕事である電力量を電流を用いて表現すると，（電流）^{2} ×（抵抗の値）となる．抵抗の値は単に定数と見ると，電気の仕事（電力量）は電流の2乗に比例することになる．すなわち，電流の2乗はエネルギーに比例するといえる．

本書の後半に現れる，信号論やスペクトル理論では，この（電流の2乗）に類似して，信号の2乗をエネルギーと称するようになった．また，このように表現することで，理論がうまく体系づけられたこともあり，信号の2乗をエネルギーと称するようになった．

次に，**仕事率**（power，**パワー**ともいう）という用語は，"単位時間当たりに行われる仕事"を意味する．先の桶に水を溜める例で，1時間で溜めるよりは5分で溜めた方が12倍効率が良いという考え方である．これより

$$仕事率 = \frac{仕事}{時間}$$

が定義される．この単位は，ワット（J. Watt，スコットランド，発明家）の頭文字をとって〔J〕/〔s〕＝〔W〕と表記する．この〔W〕は，電力，機械，力学の分野のみならず給湯器などの水の温度上昇能力を表す場合にも登場する．

ここまでの話に関連して，SF映画で"エネルギー充てん"というセリフがあり，この言い方は間違っていない．エネルギーを充てんしてから，それに相当する仕事（レーザービーム発射，宇宙船航行など）を行うからである．しかし，"パワー充てん"という言い方は誤りである．パワーは仕事率のことであって，これを充てんすることはできない．

最後に，単位に関連して，数の接頭語（SI接頭辞）を**表 1.2**に示す．この接頭語を上手に活用してもらいたい．このことは，複数データに関するスケールの不均衡問題などに対処するためである．

例えば，清涼飲料水の売上げは，気温と電力消費量（エアコンの使用度を間接的に見ていて，現代人は気温に影響されないという仮説を立てたとする）のどちらの影響を強く受けるかを調べたいとする．気温が30°Cのときに，電力消費量が40 000 000 000 Wだったとすれば，あまりに電力消費量の影響が大きすぎる，という結果を得るだけである．G（ギガ）を導入すれば，気温と電力消費量は同じスケールとなり，合理的で客観的な分析を行

表 1.2 数の接頭語（SI 接頭辞）

10^n	記号	接頭辞	意味（語源）
10^{24}	Y	ヨタ（yotta）	8（ギリシャ）
10^{21}	Z	ゼタ（zeta）	7（ギリシャ）
10^{18}	E	エクサ（exa）	6（ギリシャ）
10^{15}	P	ペタ（peta）	5（ギリシャ）
10^{12}	T	テラ（tera）	怪物（ギリシャ）
10^9	G	ギガ（giga）	巨人（ギリシャまたはラテン）
10^6	M	メガ（mega）	大量（ギリシャまたはラテン）
10^3	k	キロ（kilo）	1 000（ギリシャ）
10^2	h	ヘクト（hecto）	100（ギリシャ）
10	da	デカ（deca）	10（ギリシャ）
10^{-1}	d	デシ（deci）	10（ラテン）
10^{-2}	c	センチ（centi）	100（ラテン）
10^{-3}	m	ミリ（milli）	1000（ラテン）
10^{-6}	μ	マイクロ（micro）	微小（ギリシャまたはラテン）
10^{-9}	n	ナノ（nano）	小人（ギリシャまたはラテン）
10^{-12}	p	ピコ（pico）	少量，先端（スペイン）
10^{-15}	f	フェムト（femto）	15（デンマーク）
10^{-18}	a	アト（atto）	18（デンマーク）
10^{-21}	z	ゼプト（zept）	7（ギリシャ）
10^{-24}	y	ヨクト（yocto）	8（ギリシャ）

いやすくなる。このように，物理的または社会的背景の合理的説明ができるような接頭語を導入して，複数のデータのスケールを調整することが必要な場面が多々ある。

Tea Break

　　MKSA 単位の中で名称が漢字となっているのは秒だけ（ほかは，キログラムなどカタカナ表記）。秒とは穂先の毛のこと，つまりとても小さなものという意味である。英語の second の語源はフランス語であり，第 2 番目（次）という意味，つまり「分の次」だからという意味だそうである。分の minute は，ラテン語の minutus が語源で，時間の小さな部分を意味する。hour はギリシャ語に由来し，年の四季または 1 日の動きを意味する。これがフランスを経由して広まったので，語頭の h を発音しない。ちなみに，グラム（g）はラテン語の gramma（小さな重さ）が語源である。まさしく，実感どおりの意味である。

第2章 データの扱いと可視化

データの扱い (handling) として,初めにデータの種類を説明し,その後に取得,格納などについて説明する。さらに,データの可視化 (visualization) としてグラフの作成法の紹介を行う。

2.1 データの種類

データの分類法の一つとして次がある。

量的データ(quantitative data):数値として表され,さらに比率データ(比例尺度ともいう)と間隔データ(間隔尺度ともいう)に分類される(**表 2.1**)。

質的データ(qualitative data):定性的に表されるもので,非数値表現となる。このため,何らかの数値が割り当てられる。これはさらにカテゴリーデータ(名義尺度ともいう)と順位データ(順位尺度ともいう)に分類される(**表 2.2**)。

量的データは素直に理解できるであろう。質的データについて少し説明する。表において,例えば電話番号の局番の次にある番号そのものには意味がないため(ランダムに割り振られているため),これは質的データに分類される。また,アンケート(questionnaire)の結果の5段階評価は,例えば5と4の間の距離(距離の意味は第1章参照)が厳密に定

表 2.1　量的データ(数値データ)

データ名	説　明	例
比率データ（比率尺度）	比率や大小関係に意味がある。	身長,年齢など。スカイツリーの高さ (634 m) は東京タワー (333 m) の 1.904 倍である(この例は加減も可)
間隔データ（間隔尺度）	大小関係に加えて加減に意味がある。	試験の点数,年月日など。30 度と 20 度の差は 10 度と 0 度の差と同じ。

表 2.2　質的データ（定性的データ）

データ名	説明	例
カテゴリーデータ（名義尺度）	分類，区分に意味がある．差や比に意味がない．	名前，性別，血液型，電話番号など形式的に数字や記号を当てはめること．
順位データ（順位尺度）	順序に意味がある．成績5と4の差は成績2と1の差と同じという主張は不可．	成績（S > A > B > C > D），アンケート結果（5：非常に良い，4：良い，3：ふつう，2：悪い，1：非常に悪い）

まっているわけではないので，これも質的データに分類される．

カテゴリーデータの例で示したように，数字でないデータを形式的に数字に変換された変数をダミー変数と呼ぶことがある．例えば，次のようなものである．

例：{ 1：はい，2：いいえ }，{ 春：1, 夏：2, 秋：3, 冬：4 }

ダミー変数のスケールは大抵は1桁であるので，ほかの変数とのスケール調整が必要なときがある．

2.2　データの取得

本書では次の2種のデータを用いる．

人工データ（aritificial data）：スクリプト中で数学関数などを用いて発生させたもの
オープンデータ（open data）：2次利用が可能な利用ルールで公開されたデータ[*1]

本書では次のように使い分けている．人工データは，分析手法の原理や特性を知りたいときに用いる．オープンデータは，分析手法を駆使して，そのデータから何らかの意味ある特徴を抽出したいときに用いる．

オープンデータとして多数のデータセット（data set）を提供している有名なサイトの一部を紹介する．

- UC Irvine Machine Learning Repository：カリフォルニア大学アーバイン校（University of California, Irvine）が運営，機械学習やデータマイニングに関するデータの配布サイト
- StatsModels Datasets Package：StatsModelsが提供するデータセット
- scikit-learn Datasets Package：scikit-learnが提供するデータセット

[*1] 参考：オープンデータとは，総務省，
http://www.soumu.go.jp/menu_seisaku/ictseisaku/ictriyou/opendata/index.html

- Kaggle：世界最大のデータサイエンティストコミュニティを形成し，データ分析やモデル開発のコンペティションを行うサイト
- 政府 e-Stat：日本の統計が閲覧できる政府統計ポータルサイト
- 気象庁 国土交通省：気象データを提供
- 富山県人口移動調査：富山県の人口移動に関するデータを提供
- 東京電力：過去の電力使用量データを提供

これらの中には，データをそのまま使うことができず，データ分析に適するようデータ加工が必要なものもある。

上記を含めた多数のオープンデータ提供サイトをまとめた筆者の Web サイトが次である。

オープンデータセット（Open Data Sets）：
https://sites.google.com/site/datasciencehiro/datasets

この Web サイトには，各オープンデータのアクセス URL が記載されているほかに，本書で用いるデータのいくつかがアップロードされている。本書が提供するスクリプトは，上記のオープンデータサイトまたは筆者のサイトに**インターネット経由でアクセス**し，データを取得してデータ分析を行う。このためインターネット環境を必要とするが，事前にデータを取得して読者自身のローカルな記憶装置に保存することで，インターネット不要の実行も勧める。

2.3 データの格納

本書ではデータの格納は，numpy.ndarray, pandas.DataFrame（pandas.Series はこれに含める）というクラスを用いる。各クラスの特徴と，相互のデータ変換の仕方を説明する。

2.3.1 numpy.ndarray

numpy.ndarray（N-dimensional array の略）は N 次元配列を作成するクラスである。

- The N-dimensional array：
  https://docs.scipy.org/doc/numpy-1.13.0/reference/arrays.ndarray.html

高速数値計算を行うため，配列内要素の型はすべて同じ，配列長は固定（固定長配列），配列の各次元の要素数は同じ，という制約がある。この点で Python リストと異なることに留意されたい。

次の例は，numpy.ndarray クラスのデータ作成とその属性を見る。

```
x = np.array([[1, 2, 3], [4, 5, 6]], dtype=np.float64)
print('type(x):',type(x),' x.shape:',x.shape,' x.dtype',x.dtype)
```

```
type(x): <class 'numpy.ndarray'>    x.shape: (2, 3)    x.dtype float64
```

この表示は，変数 x は，numpy.ndarray クラス，shape は (2,3) 次元，データタイプは float64（64 bit 実数型）を意味する．'dytpe=' の与える種類は，Data types（https://docs.scipy.org/doc/numpy-1.14.0/user/basics.types.html）を参照されたい．

numpy は，テキストファイルを読み込む関数を提供している（参照：https://docs.scipy.org/doc/numpy-1.14.0/reference/generated/numpy.loadtxt.html）．

```
x = np.loadtxt('filename.txt',delimiter=',', skiprows=1,comments='#')
```

この意味は，ファイル名 'filename.txt' から読み込み，データの区切り（delimiter）はカンマ ','，skiprows 指定で 1 行目は読み飛ばす，コメント行は '#' で始まる，である．データ区切りは，タブ区切りは '¥t'，スペース区切りは半角スペースを与えて ' ' とするか，この delimiter 指定をなし（ディフォルト）とする．np.loadtxt で読み込めば，x のクラスは numpy.ndarray となる．

2.3.2　pandas.DataFrame

DataFrame と Series

pandas.DataFrame クラスは，データベースライクなデータや時系列データなどを格納するのに用いられる．

- pandas.DataFrame：
  https://pandas.pydata.org/pandas-docs/stable/generated/pandas.DataFrame.html

pandas.DataFrame は 2 次元データを格納するクラスである．numpy.ndarray と異なる点は，2 次元配列であること，データ要素の型は異なっても良い，配列長は可変長，というようにフレキシブルな構造となっている．また，インデックスやラベルを与えて，この名前を参照しながらさまざまなデータ操作（削除，追加，入替えなど）が行える．

pandas.Series は 1 次元データの格納という点で異なるだけで，ほぼ，pandas.DataFrame と同じである．そのため，以下では，pandas.DataFrame を主に説明する．

DataFrame の構造と index/columns

ここでは，CSV（comma-separated values）ファイルから pandas.DataFrame クラス

の変数に格納したときの，様々な項目について説明する．

いま，'data_panda_01.csv' を **図 2.1** のように，単にファイル名を指定しただけで読み込んだとする．ここに，変数名 df は DataFrame の略として用いている．

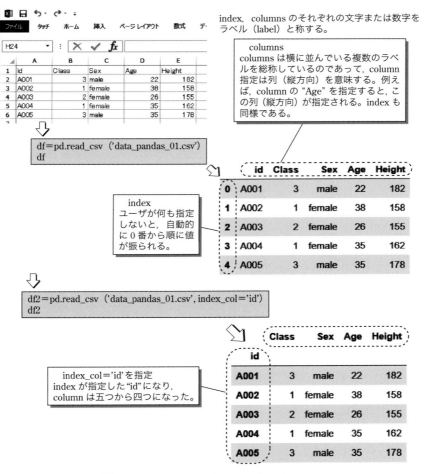

図 2.1 DataFrame の index と columns

DataFrame は必ず index を（左端の列）をもち，これを参照することでデータ操作を行う．このため，index がどの列であるかを指定しない場合には，df の構造には自動的に 0 番から始まる index が付加される．また，columns に関する指定をしなければ，CSV ファイルの 1 行目を columns と認識して，このラベルを各列（columns）に割り当てる．

次に，index となる列がどれであるかを index_col='id' で指定した場合を図に示している．すなわち，df2 では，index を 'id' の列に割り当てている．この結果，columns のラ

ベルの数は五つから四つに減っている。

注意として，columns はもちろん列のことであり，columns='Age' とは，'Age' の列（縦方向）を意味することであり，columns が行（横）を意味していることではない。図を見ると横方向に破線で囲んでいるが，このカラム（縦）のラベル名を総称していることに留意されたい。index も同様である。

なお，この df と df2 の属性を次に示すので，これを見ることも DataFrame の構造理解に役立たせてほしい。

df の属性：
- df.index: RangeIndex(start=0, stop=5, step=1)
- df.columns: Index(['id', 'Class', 'Sex', 'Age', 'Height'], dtype='object')
- type(df): class 'pandas.core.frame.DataFrame'
- df.shape: (5, 5)

df2 の属性：
- df2.index: Index(['A001', 'A002', 'A003', 'A004', 'A005'], dtype='object', name='id')
- df2.columns: Index(['Class', 'Sex', 'Age', 'Height'], dtype='object')
- type(df2): class 'pandas.core.frame.DataFrame'
- df2.shape: (5, 4)

read_csv() は多数の機能を有しており，この一部を次の例で紹介する。詳しくは，pandas.read_csv を参照されたい。

```
df=pd.read_csv('foo.csv', index_col='Date', parse_dates='Date',
    encoding='SHIFT-JIS', names=('Date','Day','Item',' Expense'))
```

【スクリプトの説明】
- 'foo.csv'：読み込むファイル名，CSV 形式である。
- index_col：index の列を指定，ここではラベル名（'Date'）で指定している。
- parse_dates：pandas が経済・金融データ解析に強いため, index に時間（マイクロ秒から年単位で指定可能）を指定することが多い。時間のフォーマットは "2018/05/25"，"30-May-2020" など複数ある。これらのフォーマットを文法的に解釈（parse）する機能があり，解釈すべき時間列を指定している。この例では index と同じにしている。
- encoding：文字コードの中の符号化方式を表すが，文字コードそのものも指定できる。pandas のディフォルトは 'utf-8' である。しかし，日本語を含むファイルの方式は SHIFT-JIS となっていることが多いので注意されたい。

- names：columns のラベル名がデータファイルの中に記述されていないとき，このように，読み込む際に与えることができる．

DataFrame の操作を一部紹介する．

行，列の指定
- loc, iloc：複数要素を選択，取得・変更
- at, iat：単独要素の指定

接頭に "i" がつくと 0 以上の自然数を指定，つかないとラベル名（文字）を指定する．また，現在では，従来からある ix の使用は推奨されていない．

行へのアクセスを次の例で見る．

```
df2.iloc[0:2]
```

```
        Class     Sex    Age    Height
   id
A001      3      male    22      182
A002      1     female   38      158
```

index 番号は 0 からであり，0 から 2 行目の手前まで（0 行目と 1 行目）にアクセスしたことになる．これは Python のスライス規則（python slices）と同じである．

```
df2.loc['A001':'A002']
```

```
        Class     Sex    Age    Height
   id
A001      3      male    22      182
A002      1     female   38      158
```

このスライスは，Python スライスと異なり，df2.loc['start':'end'] で 'end' までアクセスする．

```
df2.loc[['A001','A003']]
```

```
        Class     Sex    Age    Height
   id
A001      3      male    22      182
A003      2     female   26      155
```

この例で，二重の "[[…]]" の内側は Python のリストを表しており，このリストを外側のかっこ内に入れていると見る．指定した index ラベル名の行だけにアクセスしたことになる．

列へのアクセスは，スライス表記（slice notation）を用いる．

```
df2.loc[:,'Age']
```

```
id
A001    22
A002    38
A003    26
A004    35
A005    35
Name: Age, dtype: int64
```

DataFrameのデータ操作には，ほかに，入替え，削除，条件抽出，名前の変更，Columnsの順序入替えなど多数の機能がある。これらの内容は，Indexing and Selecting Data（https://pandas.pydata.org/pandas-docs/stable/indexing.html）を参照されたい。また，ここで詳しく学ばなくても，例題を通して必要に応じて学ぶという学習法もある。

時間系列

時系列データを扱う場合には，indexに時間系列を与える。pandasには，時間系列/日付を与える機能（Time Series / Date functionality）（http://pandas.pydata.org/pandas-docs/stable/timeseries.html）がある。このうち，date_range（pandas.date_rangeを参照）を説明する。

```
nobs = 8
ts = pd.date_range('1/1/2000', periods=nobs, freq='M')
ts
```

【スクリプトの説明】
- '1/1/2000' は時間系列の開始時刻，時間表記のフォーマットには 'Jul 31, 2009'，'2012-05-01 00:00:00' などいくつかある。
- periods は freq で指定した時間間隔で発生するデータ数
- freq は時間間隔を指定する。この種類は，例えば，'N'：ナノ秒から 'H'：1時間，'D'：日，'W'：週，'M'：月，'Q'：四半期（4か月），'Y'：年，などがある。次を参照されたい：http://pandas.pydata.org/pandas-docs/stable/timeseries.html#offset-aliases

```
DatetimeIndex(['2000-01-31', '2000-02-29', '2000-03-31', '2000-04-30',
   '2000-05-31', '2000-06-30', '2000-07-31', '2000-08-31'],
   dtype='datetime64[ns]', freq='M')
```

このように ts に時間系列を作成したら，y0 がこの時間系列に対応したデータとする。これを pd.Series の index に指定する。

```
y0 = np.random.normal(loc=1.5, scale=2.0, size=nobs)
y = pd.Series(y0, index=ts)
y.head()
```

```
2000-01-31   -0.401877
2000-02-29    3.827683
2000-03-31    3.142196
2000-04-30    5.235469
2000-05-31    1.220139
Freq: M, dtype: float64
```

2.3.3　numpy.ndarray と pandas.DataFrame の変換

Python パッケージでは，numpy.ndarray を使用するものと，pandas.DataFrame を使用するものとに分かれており，スクリプトの都合上異なる型を使用することがあるため，この相互の変換を説明する。

numpy.ndarray ⇒ pandas.DataFrame に相互変換

この変換は，単純に**表 2.3**のように行えばよい。

表 2.3

変数の作成	type
x = np.random.normal(size=10)	numpy.ndarray
y = pd.Series(x)	pandas.core.series.Series
df = pd.DataFrame(x)	pandas.core.frame.DataFrame

pandas.DataFrame ⇒ numpy.ndarray に変換

この変換は，メソッド values を用いて，次のように行えばよい。

```
val = df['Height'].values
print(type(val))
```

```
<class 'numpy.ndarray'>
```

2.4　グラフの作成

グラフを作成するパッケージとして次を用いる。

matplotlib Python では代表的なグラフパッケージ
- 公式 HP：https://matplotlib.org/
- ギャラリー：https://matplotlib.org/gallery/index.html

pandas 統計分析のほかにグラフ機能を有する
- 公式 HP：http://pandas.pydata.org/pandas-docs/stable/visualization.html

seaborn 統計用データや機械学習のグラフ作成によく用いられる
- 公式 HP：https://seaborn.pydata.org/

mlxtend パターン認識や機械学習の結果プロットに有用である．別途インストールが必要（第 1 章参照）．
- 公式 HP：https://github.com/rasbt/mlxtend

グラフ作成の仕方は，提供する Notebook のスクリプトを参照して，各自で調べて学んでほしい．ただし，matplotlib と pandas を最もよく用いるので，この二つの概要を主に説明する．また，seaborn は簡単な紹介に留める．

2.4.1 matplotlib

maplotlib を使ううえで，よく参照する Web サイトを次に示す．

The Matplotlib API Application Programming Interface と表記しており，関数名とその引数の説明がされている．
- Web サイト：https://matplotlib.org/api/index.html
- この API でよく参照するものに，cm（color map）：使えるカラーマップ，colors：使えるカラー，markers：使えるマーカー（記号）などがある．

matplotlib.pyplot 多数のグラフ化ツールを提供している．
- Web サイト：https://matplotlib.org/api/_as_gen/matplotlib.pyplot.html
- この Web サイトには acorr, axes, bar, figure, gcf, hist, imread, plot, savefig, scatter, tick_parms, xlim, ylim などの説明がある．

matplotlib を用いたグラフ作成の流儀は複数あり，その宣言にも複数のパターンがある．本書は，混乱を避けるために，一つのグラフ，または複数のグラフを描く場合でも，**plt.subplots()** を主に使用する．この取扱い説明は，matplotlib.pyplot.subplots にある．この引数のうち，figisize などは matplotlib.pyplot.figure にある．

2.4.2 複数のグラフ

matplotlib を用いて複数のグラフを描く場合，**図 2.2** のような概念がある．すなわち，figure は図全体，axes はその内部にある座標軸系を意味する．figure 一つに対して，axes の数は一つ，二つでもよく，またもっと複雑な配置も可能である（このことは読者で調べてほしい）．

次の例を示す．

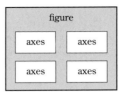

図 2.2 概念図

- 一つのグラフに一つの座標軸があり，複数のプロット
- 一つのグラフに四つの座標軸があり，それぞれ一つのプロット

このスクリプトを次に示す．

File 2.1 PLT_MultiplePlot.ipynb

```
x = np.linspace(-3, 3, 20)
y1 = x
y2 = x ** 2
y3 = x ** 3
y4 = x ** 4

fig = plt.subplots(figsize=(10,3)) # size [inch, inch]
plt.plot(x,y2)
plt.plot(x,y3)

plt.grid()
plt.xlabel('x')
plt.ylabel('y')
plt.title('Exapmle')
```

グラフのサイズの単位はインチ（inch）である．この出力を**図 2.3** に示す[*2]．

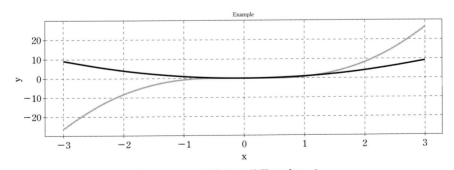

図 2.3 一つのグラフに複数のプロット

[*2] モノクロでわかりづらい図は一部作図しているものもある．

次の例は，一つのグラフに四つの座標軸を描く。これには次の 2 通りの方法がある。

```
#方法 1
fig, axs = plt.subplots(nrows=2, ncols=2, figsize=(6, 4))
axs[0, 0].plot(x, y1) # upper left
axs[0, 1].plot(x, y2) # upper right
axs[1, 0].plot(x, y3) # lower left
axs[1, 1].plot(x, y4) # lower right

#方法 2
fig, ((ax1, ax2), (ax3, ax4)) = plt.subplots(nrows=2, ncols=2,
    figsize=(6,4))
ax1.plot(x, y1) # upper left
ax2.plot(x, y2) # upper right
ax3.plot(x, y3) # lower left
ax4.plot(x, y4) # lower right
```

この二つの方法はいずれも図 2.4 のグラフを示す。

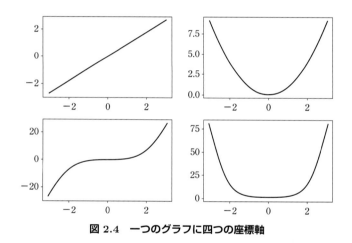

図 2.4　一つのグラフに四つの座標軸

xlabel の欠落を防ぐ方法

　図 2.3 を savefig 関数を用いてファイルに保存したとき，画像ファイルから xlabel が欠落するときがある。これを防ぐ方法は 2 通りあって，次のようにすればよい。

```
#1 番目の方法
plt.tight_layout()
plt.savefig('filename.png')

#2 番目の方法
plt.savefig('filename.png', bbox_inches='tight')
```

2.4.3 Titanic（タイタニック号）の pandas プロット

pandas のグラフ機能を Titanic のデータを用いながら説明する。すべてのグラフ機能を説明しきれないので，足りない部分は次を参照されたい。

- pandas Visualization：
  `http://pandas.pydata.org/pandas-docs/stable/visualization.html`

また，**欠損値**（missing value）の扱いも説明する。

Titanic とは，英国の客船で，処女航海の 1912 年に北大西洋上で氷山に接触し沈没し，犠牲者が多数出た。映画で何度か上映されたため，世界的に非常に有名となった。この乗客に生存に関するデータがあり，これを用いる。ここでは，一つの Notebook “PLT_Titanic.ipynb” を用いて，この中のスクリプトを段階的に取り上げながらの説明を行う。

データはいくつかのサイトにあり，ここでは，次のサイトから得るものとする。

File 2.2 PLT_Titanic.ipynb

```
titanic_url = "http://s3.amazonaws.com/assets.datacamp.com/course/
    Kaggle/train.csv" #read training data
df = pd.read_csv(titanic_url) # df short for DataFrame
# df.to_csv('titanic_train.csv') # for saving file
df.head()
```

	PassengerId	Survived	Pclass	Name	Sex	Age	SibSp	Parch	Ticket	Fare	Cabin	Embarked
0	1	0	3	Braund, Mr. Owen Harris	male	22.0	1	0	A/5 21171	7.2500	NaN	S
1	2	1	1	Cumings, Mrs. John Bradley (Florence Briggs Th...	female	38.0	1	0	PC 17599	71.2833	C85	C
2	3	1	3	Heikkinen, Miss. Laina	female	26.0	0	0	STON/O2. 3101282	7.9250	NaN	S
3	4	1	1	Futrelle, Mrs. Jacques Heath (Lily May Peel)	female	35.0	1	0	113803	53.1000	C123	S
4	5	0	3	Allen, Mr. William Henry	male	35.0	0	0	373450	8.0500	NaN	S

⋮

【データの説明】

PassengerId	Survived	Pclass	Name	Sex	Age
乗客 ID	生存結果（1:生存，0:死亡）	客室クラス 1 > 2 > 3	氏名	性別	年齢

SibSp	Parch	Ticket	Fare	Cabin	Embarked
兄弟，配偶者の人数	両親，子供の人数	チケット番号	チケット料金	部屋番号	乗船した港 *

* C：Cherbourg, Q：Queenstown, S：Southampton

図 2.5 タイタニックデータの見方

このデータについて，データ数は 891，Age はいくつか欠損している。欠損レコードを省くとデータ数が激減するので，補完することとする。補完にはいくつかの考え方（min, max，mean など [*3]）があり，あまり意味はないが中央値（median）を採用する。

[*3] pandas API Reference：`https://pandas.pydata.org/pandas-docs/version/0.18/api.html`

```
df['Age'].fillna(df.Age.median(), inplace=True)
```

ここに，inplace=True は，変数 df のメモリ自身に変更を与える。False の場合（df の内容は変わらず，ほかの新しい変数（DataFrame 型）に代入する）よりは処理時間が短い。

このヒストグラム（histogram）をプロットしたのが**図 2.6** である。中央値で補完したので，20 代後半の人数が突出している。

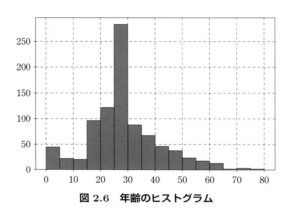

図 2.6　年齢のヒストグラム

次は，乗客の年齢構成を円グラフ（pie chart）で見る（**図 2.7**）。体力的な観点から，子供（child）を 15 歳未満，成年（adult）を 15 歳以上 60 歳未満，高齢者（elderly）を 60 歳以上とした。

```
age1 = (df['Age'] < 15).sum()
age2 = ( (df['Age'] >= 15) & (df['Age'] < 60) ).sum()
age3 = (df['Age'] >= 60).sum()

series = pd.Series([age1, age2, age3], index=['Child', 'Adult',
    'Elderly'], name='Age')
series.plot.pie(figsize=(4, 4))
```

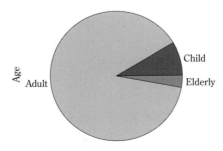

図 2.7　年齢構成の円グラフ

次は，男女別に生存のクロス集計（cross tabulation）を求めて，その棒グラフ（bar graph）を見る（**図 2.8**）。

```
cross_01 = df.pivot_table(index=['Survived'], columns=['Sex'], \
    values=['PassengerId'], aggfunc='count', fill_value=0)
cross_01
```

```
           PassengerId
Sex        female male
Survived
0              81   468
1             233   109
```

```
cross_01.plot(kind='bar')
```

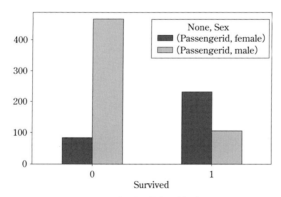

図 2.8　男女別の生存の棒グラフ

この Notebook には，さらに，棒グラフの積上げやほかの分析も行っているので参照されたい。

Titanic データを見ると，女性の生存率が高いことがわかった。また，子供の生存率も高いことも知られている。この原因の一つとして，スミス船長の「Women and children first」の指令があったとされる（この言葉は，これが起源でなく船乗りの矜持として昔からある）。このような生存率が常に生じるのかという疑問に対する調査分析を行った論文が次である。

論文：赤塚：Women and children first, IFSMA 便り, No.23,（社）日本船長協会事務局，`http://captain.or.jp/?page_id=4231`．

これを読むと，多くの船難事故では屈強な男性の生存率が高く，Titanic 事件の生存率は特殊のようである。このことは，ある分析を行うとき，有名な事件や事象の結果に振り回されないような注意が必要であることを教えている。

Tea Break

　Titanic データは，統計分析の例題としてよく用いられている．このデータを説明するサイトは多くあり，例えば次もその一つである．

- R Documentation：
  https://www.rdocumentation.org/packages/datasets/

沈没した RMS Titanic（RMS：Royal Mail Ship または Steamer，郵便船としての機能があった）そのものの調査も行われており，この調査結果は次にある．

- Encyclopedia Titanica：Titanic Facts, History and Biography：
  https://www.encyclopedia-titanica.org/

Titanic を実際に映したビデオやドキュメンタリーがいくつかあり，映画「タイタニック」（1997）の映画監督 James.F. Cameron も実際に科学的調査を実施し，そのレポートを次に示している．

- TITANIC：20 YEARS LATER WITH JAMES CAMERON：
  http://www.natgeotv.com/int/titanic-20-years-later-with-james-cameron

2.4.4　Iris（アイリス）の seaborn プロット

　seaborn の説明を行う．ただ，seaborn 自体が Iris（アイリス）データを用いた例を次に紹介しているので，ここでは，簡単に触れる程度とする．

- 公式 HP：http://seaborn.pydata.org/
- seaborn.pairplot：
  https://seaborn.pydata.org/generated/seaborn.pairplot.html
- Multiple linear regression：
  https://seaborn.pydata.org/examples/multiple_regression.html
- Scatterplot with categorical variables：
  https://seaborn.pydata.org/examples/scatterplot_categorical.html

2.4.5　Iris データ

　Iris データは，フィッシャー（Sir R.A. Fisher，英，統計学者）が多変数の線形判別法などを駆使してデータを分析し，ある関係性を見出したもので，統計学では有名な例である．ただし，この Iris データのもとは Edger Anderson（米，植物学者）が作成した．

・E. Anderson: The Species Problem in Iris. Annals of the Missouri Botanical Garden, Vol. 23, 457-509, 1936：

http://biostor.org/reference/11559
- R. A. Fisher: The use of multiple measurements in taxonomic problems. Annals of Eugenics, Vol. 7, No. 2, pp. 179-188, 1936：
http://onlinelibrary.wiley.com/doi/10.1111/j.1469-1809.1936.tb02137.x/abstract

ここでいうIrisはアヤメ属に属するものである。Irisデータの内容は次のとおりである。まず，種類（species）は3種setosa, versicolor, virginicaがある。それぞれのSepal（がく片）とPetal（花弁）に関して，これらのlength（長さ）とwidth（幅）の数値データがあり，種類によって，SepalとPetalにどのような特徴があるかを見出すことが目的となる。

図 2.9 Iris setosa

Sepal, Petalが花のどの部位を指し，それぞれのlengthとwidthはどこを測っているかに興味ある読者は，検索サイト，特に画像検索を行うと多くの説明を見ることができる。

Irisデータのseabornによる可視化のスクリプトを次に示す。初めに，Iris setosaの画像を図 2.9 に表示する。

File 2.3　PLT_Iris.ipynb

```
from IPython.display import Image
# Iris Setosa
url = 'https://upload.wikimedia.org/wikipedia/commons/a/a7/
    Irissetosa1.jpg'
Image(url,width=300, height=300)
```

ほかの2種も画像表示しているのでNotebookを参照されたい。

```
sns.set()
iris = sns.load_dataset("iris") #type (iris):pandas.core.frame.
    DataFrame
```

【スクリプトの説明】
- sns.set() は，Seabornのディフォルトスタイルの適用を指定。
- Irisデータを読み込んだ変数irisの型はpandas.core.frame.DataFrame，すなわちpandasのDataFrameである。

次は，回帰モデルの作成とグラフ作成を同時に行うためにlmplot()を用いた。このグラフを図 2.10 に示す。

```
g = sns.lmplot(x="sepal_length", y="sepal_width", hue="species",
        truncate=True, size=4, data=iris)
g.set_axis_labels("Sepal length (cm)", "Sepal width (cm)")
```

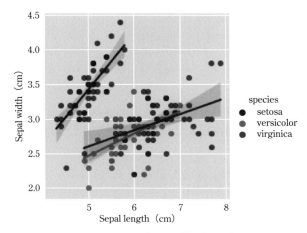

図 2.10 Iris データの単回帰モデル

【スクリプトの説明】
- 横軸を sepal_length(cm),縦軸を sepal_width(cm) とし,3種の iris それぞれに対する回帰モデルを求めている。truncate =True は回帰モデルのプロットをデータの範囲内だけとする,=False は横軸レンジ一杯にプロットする。
- hue は色調,size はグラフのサイズ [inch] を指定する。

多変数のデータ分析を行う際に,各変数の組合せによる散布図を見ることが有用な場合がある。これを一括してプロットするのが,pairplot() で,このグラフを**図 2.11** に示す。

```
sns_plot = sns.pairplot(iris, hue="species")
```

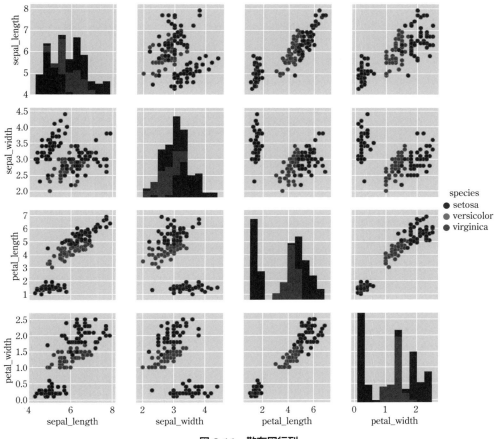

図 2.11　散布図行列

Tea Break

　可視化（visualization）という用語について，いくつか述べる。本章のデータの可視化以外にも作業の可視化という例のように，この用語はよく用いられる。可視化が要求される理由は，可視化されたグラフや図は直感的に概要がわかりやすい，すなわち趣旨を早く相手に伝えることができるという意味合いが一番であろう。これに対して，厳密または緻密な論を紡ぎあげるには記号（変数，数式，専門用語など）を駆使することが多い。緻密な論は相手に全容を伝えるには時間を要する。よって，ものごとの全容を早く理解してもらいたいときには可視化がよく求められる。

　本章の可視化はグラフィックスを用いている。カタカナ用語にはグラフィックという"ス"のない用語もよく見かける。この二つの使い方を見てみると，コンピュータを利用するのが当たり前のこの時代には，それほど厳密に区別していないようである。ただし，英語の原義で見ると，graphic（グラフィック）は，単なる画像や図表を意味し，graphics（グラ

フィックス）は画像や図表の論や学を意味することが多い．これは，語尾の-ics に「〜論」「〜学」という意味があり，この類例に electronics（電子工学），robotics（ロボット工学）などがある．

　グラフで表す（または文字で表す）という意味をもつ語尾に-gram がある．この派生語に histogram, diagram, program, periodogram などがあり，これらはまさしくこの語尾の意味を有している．注意されたいのは，質量を表す単位のグラム（gram）とは異なることである．この gram は，もともとフランス語の gramme が省略されたもの（この原語はラテン語の gramma）であり，グラフ表現の-gram とは異なる．

第3章 確率の基礎

確率論（probability theory）は，裁判の証拠法やギャンブルを起源として始まり，いまではさまざまな学問分野の礎を築いている。確率論は各章の基礎となるため，必要最小限の内容を説明する。ツールとして scipy.stats を用いる。

3.1 確率とは

確率（probability）とは，次式で表される比のことである。

$$\frac{期待するある\textbf{事象}（event）の起こる場合の数}{起こり得るすべての事象の場合の数} \tag{3.1}$$

標本空間（sample space）とは，**試行**（trial）の結果として生じる実現値の全体の集合である。実現値は標本空間の1点であるから，**標本点**（sample point）という。**確率変数**（random variable）[*1] とは標本空間を数値化したもので確率的に定まる変数である。**確率分布**（probability distribution）とは，確率変数の各々の値に対する確率のようす（形状と考えても良い）のことをいう。なお，本章では標本点はすべてわかっているものとして扱う。一部しかわからない場合については次章の統計で説明する。

確率変数には離散確率変数と連続確率変数があり，それぞれ点と面のようなイメージの違いがある。この説明を次項で行う。それぞれの代表的な分布として，ポアソン分布（離散確率変数），正規分布（連続確率変数）については節を設けて説明する。ほかの確率分布は，最後の節に簡潔にまとめて記載する。

3.2 基本的用語の説明

確率論の基本的な用語の説明を行う。

[*1] ランダム変数とも称される。カタカナ用語が目に留まりやすいと考えたとき本書でも用いる。

3.2.1 離散確率変数

離散確率変数 X^{*2} を次で表す。

$$X = \{x_1, x_2, \cdots, x_n\} \triangleq \{x_i\} \tag{3.2}$$

この見方は，例えば，成功・失敗を1と0に割り当て，$X = \{1, 0\}$ とおくことに相当する。また，「サイコロを二つ振ったときの出た目の和」の場合，$X = \{2, 3, \cdots, 12\}$ である。この確率を**表 3.1** に示す。

表 3.1　二つのサイコロの目の和の確率分布，一つこぶ型分布のようすを示す

出た目の和 $X = x_i$	2	3	4	5	6	7	8	9	10	11	12
確率 $P(X = x_i) = p_i$	$\frac{1}{36}$	$\frac{2}{36}$	$\frac{3}{36}$	$\frac{4}{36}$	$\frac{5}{36}$	$\frac{6}{36}$	$\frac{5}{36}$	$\frac{4}{36}$	$\frac{3}{36}$	$\frac{2}{36}$	$\frac{1}{36}$

表3.1を見て，横軸を X，縦軸を $P(X)$ にとったグラフをイメージすると，このグラフは一つこぶの形を示す。この形のようすが確率分布そのものである。ただし，離散型であるから分布は点がいくつもプロットされている離散的イメージである。

離散確率変数の確率分布は

$$P(X = x_i) = p_i \tag{3.3}$$

で表される。ここに，(3.3) 式の読み方は

確率変数 X が x_i の値となるときの確率 P は p_i である。

また，確率の公理（(3.1) 式に基づく，詳細は他書を参照されたい）より，全確率の総和は1となる。すなわち

$$\sum_{x_i \in X} P(X = x_i) = p_1 + p_2 + \cdots = 1 \tag{3.4}$$

3.2.2 連続確率変数

離散確率変数では，集合 X の各要素 ^{*3} に対して確率が与えられている。一方，連続確率変数では，集合の各要素に対する確率は0，すなわち，$P(X = x) = 0$ である。このことを直感的に説明したのが**図 3.1** である。

図の左に示すように，実数軸 x のある区間 $[a, b]$ 内の1点を考え，この確率を1とし，比喩的に高さで表すものとする。次に真ん中の図に示すように，1点を2点に分配し，確率

[*2] 大文字 X で表す必然性はなく，小文字の x でも太文字の $\boldsymbol{x}$ でも構わない。要は右辺に取り得る値が複数ありますよ，ということが明記できれば良い。

[*3] 離散確率変数の各要素は幅も面積も零である点のようなイメージである。

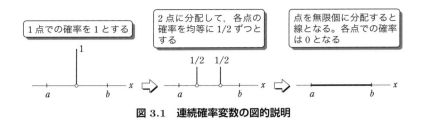
図 3.1 連続確率変数の図的説明

も均等に半分ずつに分けるものとする．この分配を無限に繰り返すと，図の右に示すように，区間 $[a,b]$ 内に線分が引かれる．この線分を構成する無限個の点それぞれに対する確率は，極限を考えているから 0 となるが，初めの定義より確率すべての和は 1 となる．また，確率が 0 であっても，これは極限の 0 だから，事象が起きることもある．これが，連続確率変数の特徴である．これ以上の厳密な議論は測度論に基づき説明されるが，この詳細は他書を参考にされたい．

連続確率変数の利用用途は，例えば，ある人が銀行の ATM の前に立った時間から離れるまでの利用時間を考えるときに用いられる．この利用時間の分布の一部を **表 3.2** に示す．

表 3.2　ATM の利用時間の分布例

利用時間	1 分以内	1〜2 分	2〜3 分	3〜4 分	4〜5 分
確　率	1/2	1/4	1/8	1/16	1/16

時間が確率変数のとき，"利用時間は 1 分 15 秒"というように時間ピッタリを指すことはできず，表 3.2 に示すように "何分以内"というように時間の幅，すなわち，区間で指定しなければならない．この理由は，先に説明したように，1〜2 分の区間には離散点で表現される時間が無数に存在する．したがって，何千，何万桁精度のディジタル時計であっても，この区間内の離散点すべてを厳密に表すことはできない．このことから，ピッタリ"利用時間は 1 分 15 秒"（ピッタリとは，この後に 0 が無限に続くこと）となる確率は 0 であることを理解されたい．これに対し，表 3.2 のように区間で指定すれば，利用時間を連続確率変数として扱うことができる．

3.2.3　確率密度関数，確率質量関数とパーセント点

表 3.1 で説明した離散確率変数の分布をイメージして描いたのが **図 3.2**(a) であり，離散点で表され（図では見やすさから縦線を破線でプロットしている），その総和は 1 と約束されている．この分布を表す関数を **確率質量関数**（**pmf**：probability mass function）$f(x)$ という．

図 3.2 で説明した連続確率変数の分布をイメージして描いたのが図 3.2(b) であり，滑ら

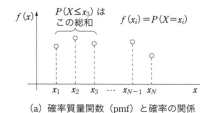
(a) 確率質量関数（pmf）と確率の関係

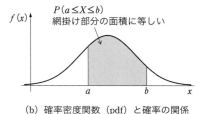
(b) 確率密度関数（pdf）と確率の関係

図 3.2　分布関数と確率の関係

かな曲線で表され，その全面積は 1 と約束されている。この分布を表す関数を**確率密度関数**（**pdf**：probability density function）$f(x)$ という。

ここでは，$f(x)$ は両方共通としているが，文脈でどちらであるかを判断されたい。また，離散，連続で用語を使い分けるのが煩雑なときには，確率分布と総称することがある。

確率分布と確率 $P(X)$ との関係を述べる。離散型の場合の確率は，$f(x_i) = P(X = x_i)$ となることに留意して，ある範囲の確率は次の加算の形となる。

$$P(X \leq x) = \sum_{X \leq x} f(X) \tag{3.5}$$

連続型の場合，区間 $[a,b]$ の確率は次式で表される。これは，区間区間 $[a,b]$ の $f(x)$ の面積にほかならない。

$$P(a \leq X \leq b) = \int_a^b f(x)dx \tag{3.6}$$

この二つの違いは，加算か面積を求めるかにある。

パーセント点（percentage point）について，確率密度関数（連続型）を用いて説明する。離散型確率変数の場合でもほぼ同じ論が適用できる。

パーセント点 z_α は，その点より上側の確率が α（または $100\alpha\%$）となる点をいう。**図 3.3** の例では，$\alpha = 0.05$ のときの z_α を求める手順が書いてある。分布関数によりこの値は異なり，また，分布が対称でないものある。標準正規分布 $N(0,1)$ の場合は約 $z_\alpha = 1.645$ となる（求め方は後述）。

両側の場合，すなわち，パーセント点が下側と上側の $[z_a, z_b]$ で与えられ，この区間の確率の求め方を説明する。この場合，片側の求め方を利用する。

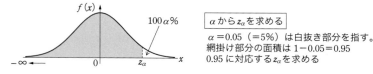

図 3.3　パーセント点の説明図

例えば，区間 $[z_a, z_b]$ の確率を求めたいとする．この場合，**図 3.4** に示すように，区間を分けて考え，$P(x \leq z_b)$ の確率を p_b，$P(x \leq z_a)$ の確率を p_a とするとき，求めたい確率 $= p_b - p_a$ で求められる．

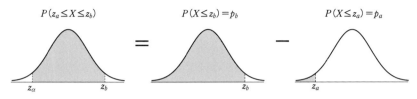

図 3.4　区間のある確率の求め方

本書で用いる確率分布を**表 3.3**，**表 3.4** に示す．両方の表の左欄は SciPy の表記，右側がその確率分布名を示す．確率分布に基づくいくつかの計算は SciPy が担当する．このことは，本章の後半で示す．

表 3.3　離散確率分布（discrete probability distributions）

bernoulli	Bernoulli distribution
binom	Binomial distribution
poisson	Poisson distribution

表 3.4　連続確率分布（continuous probability distributions）

chi2	Chi-squared(χ^2) distribution
f	F distribution
norm	Normal distribution
t	Student's t distribution
uniform	Uniform distribution

3.2.4　母集団と標本

母集団（population）とは，調査対象となる集団全体のことをいい，母集団の特性を表す値を**母数**（parameter）という．確率論，統計学の世界では，**パラメータ**（parameter）という呼び方より母数という用語を用いることが多い．また，母集団の特性を確率分布で表す場合には，母数はその確率分布を特徴づける値をいう．例えば，平均 λ のポアソン分布とか，平均 μ，分散 σ^2（分散のルートをとった標準偏差 σ も用いる）の正規分布のように平均や分散を指す．

母集団の要素すべてを調べることは難しいことが多い．例えば，日本人の意識調査を行

う場合は，母集団は日本人全体であり，これについて完全に知ることは事実上不可能である。そこで，母集団の一部を見て，全体の特性や性質を知るという手段を取らざるを得ない。これを統計といい，次章で説明する。

> **Tea Break**
>
> μ（ギリシャ文字，ミューと読む）の大文字は M である。この二つとも英語の m, M に相当するので，mean（平均）の頭文字と関連させて，平均を表す記号としてよく用いられる。注意として，英語は比較的新しい言語のため，ギリシャ文字などの古い言語文字と文字の順番が異なる。
>
> 理論の話をするときは，分散 σ^2（σ はギリシャ文字，シグマ2乗と読むことが多い）を用いる。一方，現場では標準偏差 σ のほうがよく用いられる。どちらも分布のバラツキを表す量である（後述）。例えば，ある部品の直径が〔mm〕で表されるとき，分散ならばその単位は〔mm〕^{2} となりイメージがつきにくい。一方，標準偏差ならば直径と同じ単位の〔mm〕であるから，現場としては都合が良い。

3.2.5　平均，分散，他の諸量

平均（mean），**分散**（variance），**標準偏差**（standard deviation），**共分散**（covariance）などの定義を示す。この定義は，離散確率変数，連続確率変数に対してそれぞれ示す。

離散確率変数の場合

確率変数 $X = \{x_1, x_2, \cdots, x_N\}$ に対する確率を $P(X = x_i) = p_i$ としたとき，平均と分散はそれぞれ次式で与えられる。

$$E[X] \triangleq \mu = \sum_{i=1}^{N} x_i p_i \tag{3.7}$$

$$V[X] \triangleq \sigma^2 = \sum_{i=1}^{N} (x_i - \mu)^2 p_i \tag{3.8}$$

ここに，

- $E[\cdot]$ は**期待値**（expected value）を求める演算子である。これと**平均値**（mean value）との関係は後述する。
- $V[\cdot]$ は**分散**（variance）を求める演算子である。
- この両者が "[ ]" を用いる理由は，離散値と連続値で演算内容が異なることに注意を促したいだけで，強い理由があるわけではない。ほかの関数を表す場合には $f(\cdot)$ のように "()" を用いる。
- 標準偏差は分散の平方根 σ（シグマ）で表される。

- 個数 N は全事象数（または全要素数）を表しており，μ と σ^2 は真の母数を表す。N が全事象数より少ない標本数ならば統計となる（統計の章を参照）。

共分散は二つの確率変数 X, Y に対して次のように計算される。

$$C[X,Y] = E[(X-E[X])(Y-E[Y])] = E[XY] - E[X]E[Y] \tag{3.9}$$

連続確率変数の場合

確率変数 X の確率密度関数を $f(x)$ とするとき，平均，分散はそれぞれ次式で定義される。

$$E[X] \triangleq \mu = \int_{-\infty}^{+\infty} x f(x) dx \tag{3.10}$$

$$V[X] \triangleq \sigma^2 = E\left[(X - E[X])^2\right] = \int_{-\infty}^{+\infty} (x-\mu)^2 f(x) dx \tag{3.11}$$

標準偏差は σ である。また，共分散は (3.9) 式と同様の定義となる。

3.2.6 離散型の期待値と平均

期待値と平均の関係について，簡単のため，離散型の具体例を通して説明する。

期待値は，(3.7) 式より，次で計算される。

$$\begin{aligned}期待値 &= (確率変数 \times その値をとる確率) の総和 \\ &= (当選金\,(a) \times 当選確率\,(b))\,の総和\end{aligned} \tag{3.12}$$

この式を宝くじの例（**表 3.5**）に当てはめて計算すると，期待値は 145 円となる。

表 3.5　宝くじ，総数 1 千万本

等　級	当選金 (a)	当選本数	当選確率 (b)	a × b
1 等	2 億円	2 本	0.00002%	40 円
前後賞	5 千万円	4 本	0.00004%	20 円
組違い賞	10 万円	198 本	0.00198%	2 円
2 等	1 千万円	3 本	0.00003%	3 円
3 等	1 百万円	40 本	0.0004%	4 円
4 等	10 万円	100 本	0.001%	1 円
5 等	3 千円	10 万本	1%	30 円
6 等	300 円	1 百万本	10%	30 円
夏祭り賞	5 万円	3 千本	0.03%	15 円
			期待値 ⇒	145 円

次に，あるクラスの学生数が 10 人，のテスト点数（10 点満点）を示す。

$$4,\ 7,\ 5,\ 9,\ 7,\ 8,\ 10,\ 5,\ 8,\ 5,\ \Rightarrow 合計 68 点$$

この例に対しても同様に期待値の計算を当てはめる。ただし，確率 $p = 1/N = 1/10$ は，どの点数においても同じであることを考慮して

$$期待値 = \sum_{i=1}^{N} x_i \frac{1}{N} = \frac{1}{N} \sum_{i=1}^{N} x_i$$

とする。これは，よく知られている平均値の計算である。すなわち，確率が同じ場合には，期待値は平均値となる。

Tea Break

次の二つの問題を直感的（直ちにというニュアンスを込めて）に答えてほしい。
問題 1）ある居酒屋において，サイコロ 1 個を客が振るとする。偶数が出れば指定された飲み物の料金が半分，奇数が出れば 2 倍の料金を支払うものとする。あなたは，このゲームに乗るか？
問題 2）1 クラス 40 人生徒がいるとする。誕生日が同じとなるのが少なくとも 2 人以上の確率は何％か？

問題 1 の期待値はもともとの飲み物料金の $1\frac{1}{4}$ となり，平均的に客は損することとなる（ゲームに乗るか否かはその人の考え方に依存する）。問題 2 の確率は，約 89% である。直感的に答えた読者の中には，この答えに意外性を感じる人がいるかもしれない。このことは確率が直感を超える事実を突きつけたことを意味する。現実社会に溢れる数字に対して，正しい直感を身につけることの意義がこの例で説明されるかもしれない。

3.3 正規分布

正規分布（normal distribution）[*4] は，確率・統計学上最も有用な連続型の確率分布関数であるため，ほかの確率分布から抜き出してここに説明する。

3.3.1 正規分布の表現

正規分布の確率密度関数 $f(x)$ は次式で表される。

$$f(x) = \frac{1}{\sqrt{2\pi\sigma^2}} \exp\left\{-\frac{(x-\mu)^2}{2\sigma^2}\right\} \tag{3.13}$$

[*4] この関数はド・モアブル（仏，1667–1754）が発見し，その後にガウス（独，1777–1855）が誤差論で詳細に論じたので，ガウス分布（Gaussian distribution）とも呼ばれる。

ここに，μ は平均値，σ^2 は分散（σ は標準偏差），π は円周率，e（式中では exp と表現している）は自然対数の底（ネイピア数ともいう）である。

正規分布は**図 3.5**(a) に示すように，平均値 μ を中心として左右対称の分布の形状を示す。

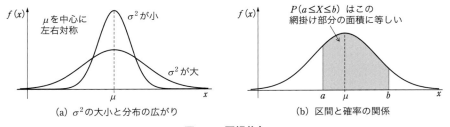

図 3.5　正規分布

また，分散 σ^2 は x の性質を表すパラメータの一つで，全面積 $= 1$ の条件のもとで，次の性質がある。

- $\sigma^2 \to$ 大：x のばらつきが大きい（グラフのピーク $\to$ 下がる，幅 $\to$ 広がる）
- $\sigma^2 \to$ 小：x のばらつきが小さい（グラフのピーク $\to$ 上がる，幅 $\to$ 狭まる）

分散により分布の形状が変わることは次の Notebook で確かめることができる。

File 3.1　PRB_NormalDistribution.ipynb

```
m = 5    # mean
std = 2  # standard deviation
x = np.arange( -5, 15, 0.01)
y = norm.pdf(x, loc=m, scale=std)
```

このスクリプトは，正規分布のプロットを行っており，図 3.5(a) と同様の分布形状を示す。ここではグラフを示さないので，Notebook を見て確かめられたい。

連続型の確率とは，図 3.5(b) に示すように，区間 $[a, b]$ の領域の面積に等しい。すなわち，確率変数 x がこの区間内にある確率とは，次のように表現される。

$$P(a \leq x \leq b) = \int_a^b f(x)\,dx \tag{3.14}$$

また，確率変数 X が正規分布に従う変数である，ということを示す表現を次のようにおく。

$$x \sim N(\mu, \sigma^2) \tag{3.15}$$

備考：言わずもがなかもしれないが，確率変数を大文字の X としたり，小文字の x や z（z については，慣習上，こう表現することが多い）とすることがあるが，大文字，小文字に

特に意味の違いはないので，気にせず読み続けてほしい。

標準正規分布（standard normal distribution）は，統計の検定などで使われるもので，正規分布に従う x を次のように変換する。この変換された z は平均値 0，分散 1 の正規分布となる。

$$z = \frac{x - \mu}{\sigma} \sim N(0, 1) \tag{3.16}$$

もとの x が存在する区間が $[a, b]$ であるとき，標準正規分布に変換された z の区間は次となる。

$$[a, b] \rightarrow \left[\frac{a - \mu}{\sigma}, \frac{b - \mu}{\sigma}\right] \tag{3.17}$$

このとき，$P(a \leq x \leq b)$ は，上記の変換された区間での z に関する面積と等しい。

scipy.stats.norm は，正規分布に関するいくつかの計算を行う。

- **norm.ppf**（percent point function，パーセント点関数）　α を与えて，確率 $(1-\alpha)$ となるパーセント点（片側）を求める。
- **norm.isf**（inverse survival function，逆生存関数）　norm.ppf の $(1-\alpha)$ を計算することなく，直接 α からパーセント点を求める。
- **norm.interval**　区間 $[z_a, z_b], (|z_a| = z_b)$ の確率 $(1-\alpha)$ を与えて，パーセント点 z_a，z_b を求める。
- **norm.cdf**（cumulative density function，累積分布関数）　パーセント点を与えて，この確率を求める。
- **norm.pdf**（probability density function，確率関数）　確率変数 x を与えて確率密度関数 $f(x)$ の値を求める。
- **norm.rvs**（random variates）　平均値 loc，標準偏差 scale，サイズ size のランダム変数を発生する。

次の Notebook では，区間 $[-1.65, 1.65]$ の場合の確率を求めている。ここでは，単に $|z_a| = z_b$ とおいているが，読者自身でさまざまな値を試してほしい。

File 3.2　PRB_NormalDistribution.ipynb

```
from scipy.stats import norm   # normal distribution

za = 1.65
zb = -1.65
pa = norm.cdf(za, loc=0, scale=1) #loc is mean
pb = norm.cdf(zb, loc=0, scale=1) #scale is standard deviation
p = pa - pb
```

```
print('p=',p)
```

```
p= 0.9010570639327038
```

後に述べる検定では，α（検定では有意水準という）を与えてから，パーセント点の片側（z_α），両側（z_a, z_b）を求めることがよくある．この場合，標準正規分布を用い，これが対称分布であることを前提とし，かつ区間も対称（$|z_a| = z_b$）を仮定している．

例えば，$\alpha = 0.05$ と置いた場合，図 3.4 に示した白抜きの面積は両側に二つあるので，1つ当たりの白抜きの面積は $0.05/2 = 0.025$ である．この値に対するパーセント点を求めることとなる．この計算を scipy.stats.norm.interval を用いて行ったのが次である．

```
za,zb = norm.interval(alpha=0.95, loc=0, scale=1)
print('za=',za,'  zb=',zb)
```

```
za= -1.959963984540054    zb= 1.959963984540054
```

3.3.2 確率変数の生成

人工的に確率変数（random variable，ランダム変数ともいわれる）を生成するスクリプトを次に示す．

```
np.random.seed(123)

mean = 2.0 # mean
std = 3.0  # standard deviation
for N in [100, 10000]:
    x = scipy.stats.norm.rvs(loc=mean, scale=std, size=N)
    print('N = %d   mean = %f   std = %e' % (N, x.mean(), x.std(ddof
        =1)))
    plt.figure()
    plt.hist(x, bins=20)
    plt.title('$N = %i$' % (N) )
```

【スクリプトの説明】

- 確率に関する計算は SciPy で行っているが，その乱数発生の初期設定は numpy.random.seed() を用いる．また，この呼出しをなしにすると計算結果を毎回異なるものにすることができる．
- 標準偏差の計算 x.std(ddof=1) で，ddof=1 は $1/(N-1)$ の除算を意味する．ddof を指定しないと $1/N$ の除算となり不偏標準偏差とならない（第 4 章を参照）．

計算結果を示す．

```
N = 100    mean = 2.081327    std = 3.401773e+00
N = 10000  mean = 2.031495    std = 2.991842e+00
```

生成した確率変数のデータに対するヒストグラム（**図 3.6**）を見ると，データ数が 10 000 点でようやく正規分布らしい形状が現れている。

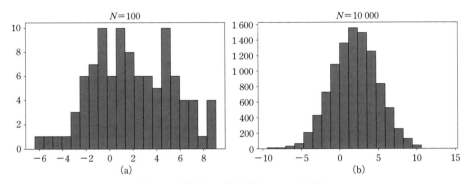

図 3.6　正規ランダム変数のヒストグラム

3.3.3　中心極限定理

次の中心極限定理を紹介する。

【中心極限定理（central limit theorem）】

標本 $x_1, x_2, \cdots, x_n$ が独立で，期待値が μ，標準偏差 σ のある確率分布に従うとする。標本平均を

$$\hat{\mu} = \frac{x_1 + x_2 + \cdots + x_n}{n} \tag{3.18}$$

とする（$\hat{\mu}$ は，新たな確率変数となることに留意されたい）。標本の大きさ n が大きくなるにつれて，この $\hat{\mu}$ は平均 μ，標準偏差 $\sigma/\sqrt{n}$ の正規分布に近づく。ただし，n が大きくなるにつれて，分布の幅が狭くなることを注意されたい。

次の確率変数を考える。

$$z = \frac{(\hat{\mu} - \mu)}{\sigma/\sqrt{n}} \tag{3.19}$$

これは，n が大きくなるにつれて標準正規分布 $N(0,1)$ に近づく。

この定理は，母集団の確率分布がどのようなものであっても，n が十分大きければ，その標本平均 $\hat{\mu}$ は正規分布 $N(\mu, \sigma^2/n)$ に従うとみなしてよいことを述べている。このことが正規分布がよく用いられる理由の一つである。

この定理を確かめるスクリプトを次に示す．生成する確率変数は，一様乱数（平均 1/2，分散 1/12）であることに留意されたい．

File 3.3　PRB_NormalDistribution.ipynb

```
N = 2000
y= np.zeros(N)
for n in [5, 5000]:
    for i in range(N):
        x = scipy.stats.uniform.rvs(size=n)
        y[i] = (x.mean() - 1/2)/(np.sqrt(1/12)/np.sqrt(n))
    plt.hist(y, bins=20, range=(-4,4), density=True)
```

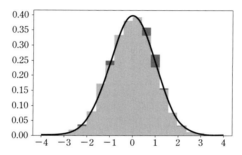

図 3.7　中心極限定理のシミュレーション結果

このヒストグラム（**図 3.7**）は正規分布に似ていることがわかるであろう．

3.4　ポアソン分布

ポアソン分布（Poisson distribution）は，離散確率分布の一種である．オペレーションズリサーチ分野では多用されるもので，本書では一般化線形モデルに登場する．この分布のイメージを掴むのが難しいようなので，離散確率分布の中からから抜き出して説明する．

3.4.1　ポアソン分布の表現

ポアソン分布は，時間間隔 $(0, t]$[*5] の中で平均 λ（ギリシャ文字，ラムダ）回発生する確率事象が k 回（$k = 0, 1, 2, \cdots$）発生する確率を表現するのに用いられ，次式で示される[*6]．

$$P(X = k) = e^{-\lambda t} \frac{(\lambda t)^k}{k!} \tag{3.20}$$

[*5] 閉区間を $[,]$，開区間を $(,)$ で表している．
[*6] いままで，表記は $P(X = x)$ であったが，k を用いた表記 $P(X = k)$ も受け入れてほしい．

ここに，k は自然数 $(0, 1, 2, \cdots)$，e は自然対数の底 $(= 2.71828\cdots$，ネイピア数ともいう) である。また，$0! = 1$ という約束がある。

ポアソン分布に従う確率変数は，次の性質がある。

1. （独立性）事象が起きるのは互いに独立である。
2. （定常性）事象が起きる確率はどの時間帯でも同じである。
3. （希少性）微小時間 t の間にその事象が 2 回以上起きる確率は無視できるくらい小さいとする。

ポアソン分布が適応されている例として，交通事故発生確率，1 日に受け取る電子メールの件数，単位時間当たりの Web サーバへのアクセス数，単位時間当たりに店や ATM などに訪れる客の数などがある。

λ を変数としたときの $P(X = k), (k = 0, 1, \cdots, 15)$ の場合のグラフを得るスクリプトを次に示す。ただし，単位時間，すなわち $t = 1$ と置いた。

File 3.4　PRB_Poisson.ipynb

```
from scipy.stats import poisson

k = np.arange(0,16)
for lamb in range(1,6):
    p = poisson.pmf(k, lamb)
    plt.plot(k, p, label='lamb='+str(lamb))
```

図 3.8 を見て，λ が大きくなるにつれ，分布形状がなだらか，かつ，右に移行することが認められる。

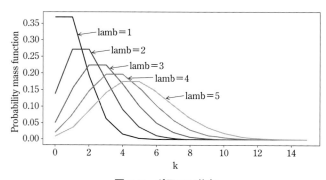

図 3.8　ポアソン分布

3.4.2 ポアソン分布の例

例題 3.1 ある都市の交通事故は 1 日平均 2.4 件ある。1 日に起こる交通事故の件数がポアソン分布に従うと仮定したとき，1 日の交通事故が 2 件以下になる確率を求めよ。

[解説] 求める確率は $P(X \leq 2) = P(X = 0) + P(X = 1) + P(X = 2)$ である。この右辺の三つを順に求めて解を得るスクリプトを次に示す。

File 3.5 PRB_Poisson.ipynb
```
lamb = 2.4
psum = 0
for k in [0, 1, 2]:
    p = poisson.pmf(k, mu=lamb)
    psum = psum + p
print('sum of p =',psum)
```

```
sum of p = 0.569708746658
```

結果より，約 57% の確率で 2 件以下の事故が発生する。

例題 3.2 FIFA ワールドカップ，サッカー 2002 年と 2006 年大会における 1 次リーグ全 48 試合の得点を調べ，その特徴を考察せよ。ただし，このスクリプトは提供しておらず，本文だけの説明となる。

[解説] 試合で対戦する 2 チームの得点両方を合計した値を 1 試合の得点として，この頻度を求める。頻度を全試合数で割った値を縦軸にとり，横軸に得点分布をとり，これを**図 3.9** に示す。ここに，λ は 1 試合当たりの平均得点である。

図 3.9(a)，(b) において，それぞれの λ を用いてポアソン分布 (3.20) 式を計算した結果を図中 ● で示す。図 (a) は実際の得点分布がポアソン分布に近いことが認められる。一方，

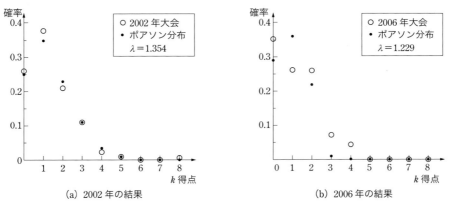

(a) 2002 年の結果　　　(b) 2006 年の結果

図 3.9 試合の得点分布，○：実際の得点，●：計算値

図 (b) は両者が似かよった分布とは言い難い。これは，無得点試合が増えたために近代サッカー戦法の影響であろうか？

ここで，少し乱暴な議論ではあるが，サッカーの得点は図 3.9(a) よりポアソン分布で表されると仮定しよう。この仮定のもとで，サッカーの試合で，弱いチーム（A）と強いチーム（B）が対戦したとき，弱いチームの勝つ確率を考えてみる。

A チームの 1 試合当たり平均得点が $\lambda_A = 1$ 点，B チームのそれを $\lambda_B = 2$ 点とする。例えば，A チームが 1 点，B チームが 2 点得点したことを (A,B)=(1,2) と表記するとき，A チームが勝つ場合は，(A, B)=(1,0), (A, B)=(2,1) と (2,0), (A,B)=(3,2) と (3,1) と (3,0), (A,B)=(4,3) と …, … である。各場合の確率を求めると，例えば，(A, B)=(2,1) となる確率は

$$\frac{\lambda_A{}^{k_A}}{k_A!}e^{-\lambda_A} \cdot \frac{\lambda_B{}^{k_B}}{k_B!}e^{-\lambda_B} = \frac{1^2}{2!}e^{-1} \cdot \frac{2^1}{1!}e^{-2} = 0.0498 \tag{3.21}$$

となる。このように，A チームが勝つ場合の確率の和がある程度収束するまで計算を続けると，A チームが勝つ確率は 18.2%となる。ちなみに，引分けの確率は同様にして求めると 21.2%である。これより，A チームが引分け以上となる確率は 39.4%となり，10 回対戦中 4 回程度は勝ち点を得られることになる。

ところが，得点力に 2 倍の差があって，野球のように A が平均 3 点，B が平均 6 点の場合に A チームが勝つ確率は 9.5%，引分けの確率は 8.0%とぐっと低くなる。

このように確率論から考えると，攻撃力がサッカーのように少ない得点力でかつ 1 点差程度ならば番狂わせが高い頻度で生じることが指摘できる。

3.4.3 ポアソン到着モデルのシミュレーション

オペレーションズリサーチ分野で待ち行列理論（queueing theory）がある[7]。待ち行列は，銀行の ATM，チケット販売窓口，スーパーマーケットのレジなどで客が待っている現象を指す。待ち行列シミュレーションモデルの一つにポアソン到着モデルがある。このシミュレーション例を紹介する。

客がてんでばらばらに到着する場合，統計的性質である定常性，独立性，希少性が成り立つものと考え，到着のようすをポアソン分布で表現する。ある一定の t 時間当たり到着する客の人数がポアソン分布に従うということを次式で表す[8]。

---

[7] 待ち行列理論の開祖であるアグナー・アーラン（A. K. Erlang，デンマーク，1878–1929，数学者・統計家・技術者）が電話会社に勤務しているとき，「許容される電話サービスを提供するために，どれだけの回線を用意する必要があるか」という問題を提示された。彼はランダムな電話トラヒックを表すのにポアソン分布が適用できることを証明した論文 "The Theory of Probabilities and Telephone Conversations"（1909）を発表した。これが契機となって待ち行列理論が考えられるようになった。

[8] いままで，$P(X = x)$, $P(X = k)$ という表現を用いたが，この $P(k)$ も同じ意味の表現であり，これも受け入れてほしい。

$$P(k) = e^{-\lambda t}\frac{(\lambda t)^k}{k!} \tag{3.22}$$

ここに，k は到着する客数，λ〔人/s〕は平均到着率（t 時間当たりに到着する客数の平均値）で，(3.22) 式は，「t 時間以内に k 人の客が到着する確率」を表す．この到着のことを**ポアソン到着**（poisson arrival）という．

いま，$t = 1$ とおいて単位時間当たり（単位時間には，1 時間ごとや 5 分ごとなどが当てはまる）に到達する人数の確率を考える．

$$P(k) = e^{-\lambda}\frac{(\lambda)^k}{k!} \tag{3.23}$$

(3.23) 式を用いれば，例えば単位時間当たり平均 6 人（$\lambda = 6$）であるときに，8 人の客（$k = 8$）が到着する確率は次となる．

$$P(8) = e^{-6}\frac{6^8}{8!} \approx 0.103 \tag{3.24}$$

到着時間の分布

ポアソン到着のとき，客の到着時間の間隔は指数分布に従う．このことを証明する．時間間隔 T の間に事象が 1 回も起きない（すなわち，一人も客が到着しない）確率は (3.22) 式より

$$P(0) = e^{-\lambda T} \tag{3.25}$$

であり，これは，見方を変えると，事象が起きる時間間隔が T より長い確率は

$$P^c(T) = e^{-\lambda T} \tag{3.26}$$

で表されるといってよい．ここで P の上付きの c は complement を表している．したがって，事象が起きる時間間隔は T 以下，すなわち，ある客が到着してから T 時間以内で次の客が到着する確率は

$$P_{arr}(T) = 1 - P^c(T) = 1 - e^{-\lambda T} \tag{3.27}$$

となり，上式の両辺を T で微分して次式を得る．

$$f_{arr}(T) = \lambda e^{-\lambda T} \tag{3.28}$$

これは，指数分布（exponential distribution，連続の確率密度関数の一種である）である．すなわち，ポアソン到着のとき，客の到達時間は指数分布に従うことがわかる．

シミュレーションにおいて，確率変数である T を発生させたい場合，(3.27) 式を T について解いて以下を得る．

$$T = -\frac{1}{\lambda} \log_e (1 - P_{arr}(T)) \tag{3.29}$$

次節で説明するように，式中の $P_{arr}(t)$ に一様乱数 $U(0,1)$ を与えることで，T を生成できる．ここで，$U(0,1)$ の性質から $1 - P_{arr}(T)$ と $P_{arr}(T)$ の統計的性質は同じである．これより，(3.29) 式の代わりに

$$T = -\frac{1}{\lambda} \log_e P_{arr}(T) \tag{3.30}$$

を用いても，統計的な結果は同じである．

Num 人分の客の到着時刻をシミュレーションするスクリプトを次に示す．ここに，$\lambda = 1$ (lamb = 1) とおいた．

File 3.6　PRB_Poisson.ipynb

```
Num = 30 # the number of arrival
t_arrive = np.zeros(Num)
lamb = 1 # lambda

sum = 0.0
for i in range(Num):
    sum = sum - (1/lamb) * np.log(uniform.rvs(size=1))
    t_arrive[i] = sum

fig, ax = plt.subplots(figsize=(6,3))
ax.vlines(t_arrive, ymin=0, ymax=1)
```

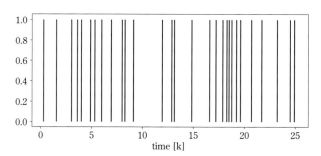

図 3.10　ポアソン到着モデルのシミュレーション，縦線は客が到着した時刻を表す．

この結果を示す**図 3.10** は，客が到着した時刻に縦線が引かれている．横軸は単位時間である．図 3.8 における $\lambda = 1$ の分布形状を考慮して，時間間隔が開くほどに客の到着確率が低くなることが，この結果から見て取れる．まさしく，客の到着時間の間隔の確率は指数状である．

3.4.4 逆関数を用いた乱数生成

(3.28) 式に示すポアソン分布に従う確率変数を発生する方法として，逆関数法を説明する。逆関数法は，連続確率を対象として，逆関数が計算できれば，ほかの確率分布にも適用できる。なお，計算できない場合には棄却法などの方法を用いる。

ある確率密度関数を $f(x)$，その累積分布関数を $F(x)$ とする。ここに

$$F(x) = \int_{-\infty}^{x} f(\tau) d\tau \tag{3.31}$$

$u = F(x)$ は区間 $[0,1]$ で一様分布するという事実を用いる。この証明は，u の確率密度関数を $g(u)$ とおくと，$f(x)dx = g(u)du$ となる。また，$u = F(x)$ より $du = \{F(x)\}'dx = f(x)dx$ となる。これより，$g(u) = 1$ となる。すなわち，区間 $[0,1]$ で一様分布している。

このことより，生成したい累積分布関数 $F(x)$ の逆関数 $F^{-1}(u)$ を用いて，次の式

$$x = F^{-1}(u), \quad u \text{ は } 0, 1 \text{ で一様分布する確率変数} \tag{3.32}$$

を計算すればよい。

例えば，指数分布 $f(x) = \lambda e^{-\lambda x}$ に従う確率変数を生成したい場合，この累積分布関数とその逆関数を用意する。

$$F(x) = 1 - \exp(-\lambda x) \tag{3.33}$$

$$x = F^{-1}(u) = -\frac{1}{\lambda} \log_e (1-u) \tag{3.34}$$

この x は指数分布に従う確率変数となる。

3.5 確率分布とパッケージ関数

本書で扱う確率分布の主な性質と，対応する scipy.stats のパッケージ関数名を示す。説明はアルファベット順，またポアソン分布と正規分布を再掲する。

離散確率分布：ベルヌーイ分布，二項分布，ポアソン分布
連続確率分布：カイ二乗分布（χ^2 乗分布），指数分布，F 分布，正規分布，t 分布，一様分布

ここで，それぞれの確率分布関数の性質を求める計算は複雑であるが，読者は scipy.stats を用いれば容易に計算を実施できる。scipy.stats は共通的な関数名を採用している。例えば，正規分布で，ppf（percent point function）を用いてパーセント点を求めたい場合には，scipy.stats.norm.ppf という表記をとる。この最後の".ppf"は，さまざまな関数名に変えることができる。この関数名を表 3.6 に示す。この表において，α はパーセント点で述べた確率（または有意水準），$x_i, (i = p, a, b)$ はパーセント点，x は確率変数を表す（こ

表 3.6 確率分布関数のパッケージ関数名と機能

関数名	機 能
ppf (percent point function)	$(1-\alpha) \to x_p$
isf (inverse survival function)	$\alpha \to x_p$
interval	$P(x_a \leq X \leq x_b) \to [x_a, x_b]$
cdf (cumulative distribution function)	$x_p \to P(-\infty \leq X \leq x_p)$
pdf (probability density function)	$x \to f(x)$
rvs (random variates)	X を生成

こでは小文字を用いた)．また，矢印記号を用いて，引数パラメータ → 戻り値（出力）という表現を用いている．

3.5.1 ベルヌーイ分布（Bernoulli distibution）

ベルヌーイ分布は，ベルヌーイ試行の結果を 0 と 1（成功/失敗，発生/否，などの 2 値）で表した分布を指す．ベルヌーイ試行とは次の三つの条件を満たす試行である．

1. 試行の結果は成功または失敗のいずれかである．
2. 各試行は独立である．
3. 成功確率 p，失敗確率 $(1-p)$ は試行を通じて一定である．

確率質量関数を $f(k)$ とおき，x がベルヌーイ分布に従う確率変数とするとき，

$$f(k) = p^k(1-p)^{1-k} \quad for\ k \in [0,\ 1] \tag{3.35}$$

$$E[x] = p \tag{3.36}$$

$$V[x] = p(1-p) \tag{3.37}$$

k は 0 か 1 しかとらないことに注意されたい．また，離散型の場合，$x = k$ となる確率 $P(x = k)$ は $f(k)$ に等しい（ほかの離散型分布関数も同様）．

パッケージ関数名：scipy.stats.bernoulli

3.5.2 二項分布（binomial distribution）

次の試行を考える．

1. 各試行において，その事象が発生するか否かのみを問題にする．
2. 各試行は独立である．
3. 事象が発生する確率 p は一定とする．

1回の試行において，事象 A が発生する確率を p とする。n 回の試行において，事象 A が起こる回数を表す確率変数を x とし，これが確率質量関数を $f(k)$ に従うとき

$$f(k) = {}_n\mathrm{C}_k p^k (1-p)^{n-k} \quad (k = 0, \cdots, n) \tag{3.38}$$

$$E[x] = np \tag{3.39}$$

$$V[x] = np(1-p) \tag{3.40}$$

パッケージ関数名：scipy.stats.binom

3.5.3 ポアソン分布（Poisson distribution）

ポアソン分布のイメージを与える説明はすでに行ったので，そちらを参照されたい。ポアソン分布は，時間間隔 t の中で平均 λ 回 [*9] 発生する確率事象が k 回 $(k = 0, 1, 2, \cdots)$ 発生する確率を表現するのに用いられる。ポアソン分布に従う確率変数は次の性質がある。

1. 各試行は独立である。
2. 事象が起きる確率はどの時間帯でも同じである。
3. 微小時間の間にその事象が 2 回以上起きる確率は無視できるくらい小さいとする。

確率質量関数を $f(k)$ とおくとき，x がポアソン分布に従う確率変数のとき

$$f(k) = \exp(-\lambda t) \frac{(\lambda t)^k}{k!} \quad (k = 0, 1, 2, \cdots) \tag{3.41}$$

$$E[x] = \lambda \tag{3.42}$$

$$V[x] = \lambda \tag{3.43}$$

なお，階乗の約束ごとより $0! = 1$ である。
パッケージ関数名：scipy.stats.poisson

3.5.4 カイ二乗分布（chi-squared distribution）

カイ二乗分布（χ^2 分布）は，カイ二乗検定や，フリードマン検定に利用される。また，後に説明する t 分布の性質にも関与するなど，統計学で広く利用されるものである。

$z_1, z_2, \cdots, z_N$ をそれぞれ標準正規分布 $N(0, 1)$ に従う互いに独立な確率変数とするとき，次で定義される新たな確率変数

$$\chi_N{}^2 = z_1{}^2 + z_2{}^2 + \cdots + z_m{}^2 \tag{3.44}$$

[*9] λ は日本語読みでラムダという。

の確率分布を自由度 m のカイ二乗分布という。ここでの自由度とは，$z_i{}^2$ をいくつ加えたかを表す。備考として，$z_i{}^2$ はべき乗の意味での2乗を示しているが，χ^2 の2は単なる表記と見てもかまわない。

自由度 m の確率密度関数を $f(m, x)$ とおいたとき

$$f(m, x) = \frac{1}{2^{m/2}\Gamma\left(\frac{m}{2}\right)} x^{m/2-1} e^{-x/2} \qquad (0 \leq x < \infty) \tag{3.45}$$

$$E[x] = m \tag{3.46}$$

$$V[x] = 2m \tag{3.47}$$

ここに，$\Gamma(\cdot)$ はガンマ関数（gamma function）であり，また，$x < 0$ では $f(m, k) = 0$ である。

パッケージ関数名：scipy.stats.chi2

3.5.5　指数分布（exponential distribution）

銀行の窓口に客が到着する時間間隔や，発作を起こしてから死亡するまでの時間間隔など，生起期間の確率を示す。ポアソン分布を扱うときに，一緒に使われることが多い。

確率密度関数を $f(x)$，x がこの分布に従う確率変数のとき

$$f(x) = \begin{cases} \lambda e^{-\lambda x} & x \geq 0 \\ 0 & x < 0 \end{cases} \tag{3.48}$$

$$E[x] = \frac{1}{\lambda} \tag{3.49}$$

$$V[x] = \frac{1}{\lambda^2} \tag{3.50}$$

ここに，λ はポアソン分布と同じ意味をもつ。

パッケージ関数名：scipy.stats.expon

3.5.6　F 分布（F distribution）

カイ二乗分布に従う確率変数を考え，互いに独立な二つの変数 x_1（自由度 m_1）と x_2（自由度 m_2）の比

$$\frac{x_1/m_1}{x_2/m_2} \tag{3.51}$$

は F 分布に従う。

確率密度関数を $f(x)$ とおくとき

$$f(x) = \frac{1}{B\left(\frac{m_1}{2}, \frac{m_2}{2}\right)} \left(\frac{m_1}{m_2}\right)^{\frac{m_1}{2}} x^{\frac{m_1}{2}-1} \left(1 + \frac{m_1}{m_2}x\right)^{-\frac{m_1+m_2}{2}} \tag{3.52}$$

$$E[x] = \frac{m_2}{m_2 - 2} \tag{3.53}$$

$$V[x] = \frac{2m_2^2(m_1 + m_2 - 2)}{m_1(m_2 - 2)^2(m_2 - 4)} \tag{3.54}$$

ここに，$B(\cdot, \cdot)$ はベータ関数（beta function）である。
パッケージ関数名：scipy.stats.f

3.5.7 正規分布（normal distribution）

正規分布の説明はすでに述べたのでそちらを参照されたい。$f(x)$ を確率密度関数とするとき

$$f(x) = \frac{1}{\sqrt{2\pi\sigma^2}} \exp\left\{-\frac{(x-\mu)^2}{2\sigma^2}\right\} \tag{3.55}$$

$$E[x] = \mu \tag{3.56}$$

$$V[x] = \sigma^2 \tag{3.57}$$

パッケージ関数名：scipy.stats.norm

3.5.8 t 分布（t distribution）

t 分布はスチューデント分布とも呼ばれる。検定において，分散が未知の場合によく用いられ，このとき，不偏の標本分散が採用されることが多い。

自由度 m の確率密度関数 $f(x)$ のグラフは正規分布に似て**左右対称**の分布形状を示す。そのため，正規分布のパーセント点と確率と同様の関係を用いることができる。また，m が小さい場合には分布の山は低く，高くなるにつれて山は高くなり正規分布に近づく。

$$f(x) = \frac{\Gamma\left(\frac{m+1}{2}\right)}{\sqrt{\pi m}\,\Gamma\left(\frac{m}{2}\right)} \left(1 + \frac{x^2}{m}\right)^{-\frac{m+1}{2}} \tag{3.58}$$

$$E[x] = 0 \quad (m > 1) \tag{3.59}$$

$$V[x] = \begin{cases} \infty & (1 < m \leq 2) \\ \dfrac{m}{m-2} & (m > 2) \end{cases} \tag{3.60}$$

ここに，$\Gamma(\cdot)$ はガンマ関数である。

パッケージ関数名：scipy.stats.t

3.5.9 一様分布（uniform distribution）

連続と離散それぞれの一様分布があるが，ここでは連続な一様分布を説明する。ある実数区間 $[a, b]$ において，すべての値を同等に取る分布である。数値計算での乱数発生の基礎，電車の待ち時間，電気電子工学の A/D 変換における量子化誤差などで用いられる。

確率密度関数 $f(x)$ は次式で表される。

$$f(x) = \begin{cases} \dfrac{1}{b-a} & (a \leq x \leq b) \\ 0 & (otherwise) \end{cases} \tag{3.61}$$

$$E[x] = \frac{1}{2}(a+b) \tag{3.62}$$

$$V[x] = \frac{1}{12}(b-a)^2 \tag{3.63}$$

パッケージ関数名：scipy.stats.uniform

第4章 統計の基礎

統計 (statistic) は，標本を調べることで母集団の性質を明らかにすることを目的として，個々の要素を標本化（サンプリング，sampling）してこれを分析し，母集団の性質を数量的に表すことである．本章では，必要最小限の統計として，推定，検定について説明する．このツールとして scipy.stats を用いる．

4.1 統計とは

図 4.1 に示すように，**母集団** (population) の特徴を表すのが**母数** (parameter) θ である．母数は**母平均** (population mean) μ, **母分散** (population variance) σ^2 などいくつかの候補がある．母集団すべてを知ることができない場合には，これから要素をいくつか抽出する．これを**標本化** (sampling, 標本抽出, サンプリングともいう) といい，得られたものを**標本** (sample) という．この標本に対して何らかの分析を行い，母数を推定することが**統計**（統計分析ということもある）である．

N 個のサンプリングしたデータ（標本化された標本のこと）を $\{x_i\}, (i = 1 \sim N)$ とす

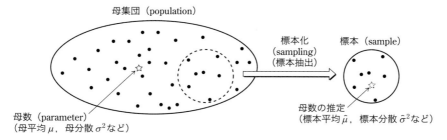

図 4.1　母集団と標本の説明

る*1。N は標本数（サンプル数ともいう）である。標本から計算される数値（標本平均，標本分散，標本標準偏差など）を**統計量**（statistic）という。標本は母集団の一部であるため，統計量を通して母数を推定することになる。

4.2 推定

標本から得られた統計量をもとにして，母数の存在する範囲を求めることを**統計的推定**（statistical inference）という。たとえば，標本平均から母平均の存在範囲を知りたい，標本比率から母比率の存在範囲を知りたい，などの場合に用いる。推定には，たとえば「母平均が 0.125 である」というように一つの値を推定する**点推定**と「母平均は 0.120 と 0.130 の間にある」というように範囲を推定する**区間推定**がある。本節では，この二つについて説明する。

4.2.1 点推定

点推定（point estimation）とは，母集団の母数を一つの値で推定する方法である。点推定の値の望ましい性質として，不偏性，一致性，有効性がよく用いられるが，ここでは，不偏性を説明する。一致性は後に述べる。ほかの性質については他書を参照されたい。

不偏性とは，推定量 $\hat{\theta}$ の期待値が母数 θ に一致することである。すなわち

$$E[\hat{\theta}] = \theta \tag{4.1}$$

が成立するとき推定量 $\hat{\theta}$ を**不偏推定量**（unbiased estimator）と呼ぶ。この性質をもつとき，θ の周りで $\hat{\theta}$ は分布する。不偏推定量は期待値*2 が真値に一致すると言っているだけで，推定量が真値にどれだけ近づくかは言っていない。近づくことを述べているのは一致性であるが，これは後に述べる。

母平均 μ と母分散 σ^2 の点推定として，標本平均 $\hat{\mu}$ と標本分散 $\hat{\sigma}$ の計算式を次に示す。なお，ハット（ˆ）は推定の意味で用いている。

$$\hat{\mu} = \frac{1}{N} \sum_{i=1}^{N} x_i \tag{4.2}$$

$$\hat{\sigma}^2 = \frac{1}{N-1} \sum_{i=1}^{N} (x_i - \hat{\mu})^2 \tag{4.3}$$

---

*1 標本はサンプル，標本化はサンプリング，標本化された標本はデータまたはデータセットといわれたりする。本書ではこれらの用語を統一することなく，あえてさまざまな言い回しを使う。これは，他書を読むときに違和感を覚えないようにするためである。
*2 この期待値とは，全要素に対して行われるものである。

標本平均も標本分散も標本が異なれば，その値も異なる。すなわち，両方とも確率変数であることに注意されたい。

標本平均の期待値について考える。

$$E[\hat{\mu}] = \frac{1}{N} E\left[\sum_{i=1}^{N} x_i\right] = \frac{1}{N} N\mu = \mu \tag{4.4}$$

これより，標本平均は不偏推定量であることがわかる。

次に，標本分散の期待値について考えると

$$E[\hat{\sigma}^2] = E\left[\frac{1}{N-1}\sum_{i=1}^{N}(x_i - \hat{\mu})^2\right] = \frac{1}{N-1} E\left[\sum_{i=1}^{N}(x_i - \mu)^2 - (\hat{\mu} - \mu)^2\right]$$

$$= \frac{1}{N-1}\left(N\sigma^2 - \sigma^2\right) = \sigma^2 \tag{4.5}$$

となり，$\hat{\sigma}^2$ は不偏推定量となる。この意味で，$\hat{\sigma}^2$ を不偏分散ともいう（標準偏差にも同様の修飾語がつく）。この結果から，標本分散の式で $N-1$ の代わりに N で除算すると不偏分散とならないことがわかるであろう。

次は，標本平均の分布を見るスクリプトである。サンプル数 N の標本平均を num 個計算し，この分布をヒストグラムで見る。

File 4.1　STA_Estimation.ipynb

```
from scipy.stats import norm
num = 50
N = 10
mean, std = 2, 0.5
mu = np.zeros(num)
for i in range(num):
    mu[i] = np.mean( norm.rvs(loc=mean, scale=std, size=N))
plt.hist(mu, bins=20, range=(1.5, 2.5))
```

この結果を**図 4.2** に示す。

この結果を見ると，与えた平均値（mean）の周りに分布しているようすが認められる。このスクリプトにおいて num を大きくするにつれて，この分布の平均値が真の平均値（母平均 μ）に近づくようすがグラフより見てとれるので確かめられたい。

標本分散の自由度

確率変数の**自由度**（degree of freedom，DoF という表記がある）という用語がしばしば登場する。自由度とは，大雑把にいうと，いくつの変数を勝手に（自由に）その値を動かしても良いかを測る指標である。例えば，標本 $\{x_i\}, (i=1 \sim N)$ に対して，$N=1$ であっても，この標本平均は計算できる。すなわち，N 個の標本を自由にしてもよいから自

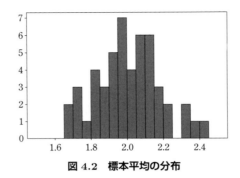

図 4.2 標本平均の分布

由度は N といえる．次に標本分散の計算式を考えると，$N=1$ では標本分散は 0 となり，意味をもたない．最低，$N \geq 2$ でないと標本分散は計算できない．よって，標本数のうち一つは自由に使えない．このため，標本分散の自由度は $N-1$ とみなせる．

一致性

第 8 章にある ARMA モデルのパラメータ推定で若干，推定パラメータの一致性に触れるので概要を述べる．

標本の数が増えるにつれて，推定量 $\hat{\theta}$ は対応する母数に近づくことが望ましい．この性質を表したのが次の式である．

$$\lim_{N \to \infty} P\left(\left|\hat{\theta}_N - \theta\right| < \varepsilon\right) = 1 \tag{4.6}$$

(4.6) 式は，$N \to \infty$ のとき，ある十分小さな正の数 ε があって，$|\hat{\theta} - \theta| < \varepsilon$ となる確率が 1 になる，という意味である．このような性質をもつとき，$\hat{\theta}$ を**一致推定量**（consistent estimator）と呼ぶ．

この性質をもつものとして，標本平均がある．標本平均の分散を考えると，次のようになる．

$$E\left[(\hat{\mu} - \mu)^2\right] = \frac{1}{N}\sigma^2 \tag{4.7}$$

これより，$N \to \infty$ とともに 0 となるから，一致推定量である．

4.2.2 区間推定

標本平均や標本分散は，母平均や母分散の周りに分布することを述べた．では，それらが，どれくらいの確率で，その分布のどれほどの区間に収まるのかを考える．これが**区間推定**（interval estimation）である．

この考えに対する指標の一つとして，信頼区間がある．

【信頼区間 (confidence interval)】

信頼区間は，$(1-\alpha)$ の確率（または，信頼度）で真の母数の値 θ が区間 $[L, U]$ に入る区間のことをいう。これを定式化すると

$$P(L \leq \theta \leq U) = 1 - \alpha \tag{4.8}$$

で表される。このとき，L と U を求めることが主たる目的となる。ここに，L, U はそれぞれ，**下側信頼限界**（lower confidence limit），**上側信頼限界**（upper confidence limit），$(1-\alpha)$ は**信頼度**（confidence level）または**信頼係数**（confidence coefficient）といい，区間 $[L, U]$ を **$100(1-\alpha)\%$ 信頼区間**（または，単に**信頼区間**）と呼ぶ。

$1-\alpha$ は，目的に応じて適当な値が選ばれるが，通常 0.90，0.95，0.99 が選ばれることが多く，このとき，α はそれぞれ，0.1，0.05，0.01 となる。また，確率分布が左右対称のとき，信頼区間を図 4.3 に示すように対称に選び，$1-\alpha$ を中心の面積としたとき，両端の網掛け部分はそれぞれ $\alpha/2$ となる。そこで，信頼区間 $[L, U]$ をパーセント点の表記 $[-z_{\alpha/2}, z_{\alpha/2}]$ に置き換えて考えるものとする。

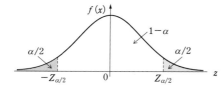

α	0.1	0.05	0.01
$1-\alpha$	0.9	0.95	0.99
$\alpha/2$	0.05	0.025	0.005
$Z_{\alpha/2}$	1.645	1.960	2.576

図 4.3　標準正規分布における信頼度 $1-\alpha$ と信頼区間

図 4.3 に標準正規分布における各信頼度と $z_{\alpha/2}$ を示す。この $z_{\alpha/2}$ を計算で求めるには，例えば，$\alpha = 0.1$ を与えてから $1-\alpha = 0.9$ の場合を求めるには，次のようにすればよい。

File 4.2　STA_Estimation.ipynb

```
alp = 0.01
za, zb = norm.interval(alpha=(1-alp), loc=0, scale=1)
print('za=',za, ' zb=',zb)
```

ここに，図 4.3 に示すように，分布形状と $z_{\alpha/2}$ の位置の対称性を仮定しているので，norm.interval を用いた。この計算結果は次となる。

```
za= -2.57582930355    zb= 2.57582930355
```

確率・統計の成書では，この結果をよく 4 桁に丸めて表示していることが多い。これは，レポートの表などにまとめるときの作法であり，数値計算の実施では最大有効桁数をそのまま用いることが，誤差を少しでも入れたくない観点から，望ましい。

次項で，区間推定として母平均の信頼区間と母比率の信頼区間について説明する。

4.2.3 母平均の信頼区間

母分散 σ^2 が既知の場合

母集団の平均が μ，母分散が σ^2 であるとき，標本平均は，次のように表せる。

$$\hat{\mu} = \frac{1}{N}(x_1 + x_2 + \cdots + x_N) \tag{4.9}$$

すでに述べたように，$\hat{\mu}$ は正規分布 $N(\mu, \sigma^2/N)$ に従うから，これを標準化した z を考える。

$$z = \frac{\hat{\mu} - \mu}{\sigma/\sqrt{N}} = \frac{\hat{\mu} - \mu}{SE(\sigma, N)}, \quad SE(\sigma, N) = \frac{\sigma}{\sqrt{N}} \tag{4.10}$$

ここに，確率統計分野では標本標準偏差 $\hat{\sigma}$ を用いた**標準誤差** (standard error) $(= \hat{\sigma}/\sqrt{N})$ という量がある。これに真似て SE という名称をここでは与えた。

次に，信頼区間を (4.8) 式に基づき，次のように表す

$$\begin{aligned}
1 - \alpha &= P\left(-z_{\alpha/2} \leq z \leq z_{\alpha/2}\right) \\
&= P\left(\hat{\mu} - z_{\alpha/2} \cdot SE(\sigma, N) \leq \mu \leq \hat{\mu} + z_{\alpha/2} \cdot SE(\sigma, N)\right)
\end{aligned} \tag{4.11}$$

これは，未知の母平均 μ がこの区間に存在する確率（信頼度のこと）が $(1-\alpha)$ ですよ，と述べている。したがって，μ の信頼度 $1-\alpha$ の信頼区間は次となる。

$$\left[\hat{\mu} - z_{\alpha/2} \cdot SE(\sigma, N), \ \hat{\mu} + z_{\alpha/2} \cdot SE(\sigma, N)\right] \tag{4.12}$$

母分散 σ^2 が未知の場合

(4.10) 式において，σ の代わりに不偏の標本分散 $\hat{\sigma}^2$ を用いて，次の新たな確率変数 t を定義する。

$$t = \frac{\hat{\mu} - \mu}{\hat{\sigma}/\sqrt{N}} = \frac{\hat{\mu} - \mu}{SE(\hat{\sigma}, N)} \tag{4.13}$$

ここに，$SE(\hat{\sigma}, N) = \hat{\sigma}/\sqrt{N}$ である。また，詳細は他書に譲るが，この t は自由度 $N-1$ の t 分布 t_{N-1} に従うことが知られている。

(4.11) 式に類似した信頼区間を考える。

$$\begin{aligned}
1 - \alpha &= P\left(-t_{\alpha/2} \leq t \leq t_{\alpha/2}\right) \\
&= P\left(\hat{\mu} - t_{\alpha/2} \cdot SE(\hat{\sigma}, N) \leq \mu \leq \hat{\mu} + t_{\alpha/2} \cdot SE(\hat{\sigma}, N)\right)
\end{aligned} \tag{4.14}$$

したがって，μ の信頼度 $1-\alpha$ の信頼区間は次となる。

$$[\hat{\mu} - t_{\alpha/2} \cdot SE(\hat{\sigma}, N), \quad \hat{\mu} + t_{\alpha/2} \cdot SE(\hat{\sigma}, N)] \tag{4.15}$$

以上をまとめると，次のようになる．

> **【母平均の信頼区間】**
>
> 母平均 μ に対し，信頼度 $1-\alpha$ の信頼区間は
>
> **母分散 σ^2 が既知の場合** $\quad [\hat{\mu} - z_{\alpha/2} \cdot SE(\sigma, N), \quad \hat{\mu} + z_{\alpha/2} \cdot SE(\sigma, N)] \quad$ (4.12)
>
> **母分散 σ^2 が未知の場合** $\quad [\hat{\mu} - t_{\alpha/2} \cdot SE(\hat{\sigma}, N), \quad \hat{\mu} + t_{\alpha/2} \cdot SE(\hat{\sigma}, N)] \quad$ (4.15)

考察として，信頼区間 (4.12)，(4.15) 式の両方に共通していえることは

- 信頼度を高くすれば信頼区間が広がる．逆もまた然りである．これは，直感的にわかることであろう．しかし，高すぎる信頼度は，あまり意味をなさない．なぜならば，信頼度100％（確率100％と読み替えても良い）とは，推定する母平均がどんな値でも外れない，ということを意味するからである．
- $SE(\sigma, N)$，$SE(\hat{\sigma}, N)$ はともに N の増加とともに小さくなり，信頼区間が狭まる．すなわち，標本数を増やせば，その分，母平均の値の絞込みができることになる．

例題 4.1 小学校のある学年の全国児童数は 110 万人とする．この児童への全国テストの平均値を推定するため，$N=10$ 人を無作為抽出して，これに対する標本平均は $\hat{\mu}=145.2$ 点だった．また，標本標準偏差 $\hat{\sigma}$ は 23.7 点だった．このとき，信頼度が 0.99, 0.95, 0.90 に対する信頼区間を求めよう．

［解説］ $N=10$ の標本数が少ないと考えて，t 分布を用いた (4.15) 式に基づいて信頼区間を求める．信頼度 0.99, 0.95, 0.90 に対する信頼区間を次のようにして求める．

File 4.3　STA_Estimation.ipynb

```
from scipy.stats import t
N = 10
mu_hat = 145.2
std_hat = 23.7
t1 = t.interval( 0.99, df=N-1)
t2 = t.interval( 0.95, df=N-1)
t3 = t.interval( 0.90, df=N-1)
se = std_hat / np.sqrt(N)

print('1-alp=0.99, interval:', mu_hat+t1[0]*se, mu_hat+t1[1]*se)
print('1-alp=0.95, interval:', mu_hat+t2[0]*se, mu_hat+t2[1]*se)
print('1-alp=0.90, interval:', mu_hat+t3[0]*se, mu_hat+t3[1]*se)
```

t1[0] などは符号がマイナスであることに注意されたい．

```
1-alp = 0.99, interval: 120.843788854  169.556211146
```

```
1-alp = 0.95, interval: 128.246041329  162.153958671
1-alp = 0.90, interval: 131.461555381  158.938444619
```

当然のことながら，この結果を見て信頼度が上がるに従い，信頼区間は広まることがわかる。

4.2.4　母比率の信頼区間

母比率は，例えば，内閣支持率や TV 視聴率などを表す．この場合の母集団は，それぞれすべての有権者，世帯数が考えられる．サンプル調査に基づく場合，母比率は標本比率により推定される．

内閣支持率や TV 視聴率は，支持をするか否か，その番組を見ているか否か，を問題にするので標本比率は二項分布に従う．そこで，標本比率が二項分布に従う場合の母比率の信頼区間を考える．この求め方は，前項までと同様にして求められる．

試行回数が N，ある事象（支持する，その番組を見ているなど）が発生する確率を p とするとき，二項分布に従う確率変数を $X \sim B(N, p)$ と記述する．この平均値と分散はそれぞれ次となることが知られている．

$$E[X] = Np \tag{4.16}$$

$$V[X] = Np(1-p) \tag{4.17}$$

また，N が十分大きいとき，中心極限定理により X は正規分布 $N(Np, Np(1-p))$ に従う．これを標準化した z を導入する．

$$z = \frac{X - Np}{\sqrt{Np(1-p)}} \sim N(0,1) \tag{4.18}$$

この z を標本比率 $\hat{p} = X/N$ で表すため，次のように変形する．

$$z = \frac{1/N}{1/N} \frac{X - Np}{\sqrt{Np(1-p)}} = \frac{\frac{X}{N} - p}{\sqrt{\frac{p(1-p)}{N}}} = \frac{\hat{p} - p}{\sqrt{p(1-p)/N}} \tag{4.19}$$

この z は $N(0,1)$ に従うので，(4.12) 式に類似して次のようになる．

$$1 - \alpha = P\left(-z_{\alpha/2} \leq z \leq z_{\alpha/2}\right) \tag{4.20}$$

$$= P\left(\hat{p} - z_{\alpha/2} \cdot \sqrt{\frac{p(1-p)}{N}} \leq p \leq \hat{p} + z_{\alpha/2} \cdot \sqrt{\frac{p(1-p)}{N}}\right) \tag{4.21}$$

上式の下側，上側の信頼限界には母比率 p を含んでいる．ここで，N が十分大きいとき

には $\hat{p}$ は p にほぼ一致する[*3] と考えて，p を $\hat{p}$ に置き換える。これより，次を得る。

【母比率の信頼区間】

母比率 p に対し，信頼度 $1-\alpha$ の信頼区間は次となる。

$$\left[\hat{p} - z_{\alpha/2}\sqrt{\frac{\hat{p}(1-\hat{p})}{N}},\quad \hat{p} + z_{\alpha/2}\sqrt{\frac{\hat{p}(1-\hat{p})}{N}}\right] \tag{4.22}$$

例題 4.2 内閣支持率を調べるために，世論調査を行った。サンプル数は 1000 人で，支持する人の数は 550 人であった。信頼度 95% の信頼区間を求めよう。

[解説] $\hat{p} = 550/1000 = 0.55$, $z_{\alpha/2} = 1.96$, $\sqrt{\hat{p}(1-\hat{p})/N} = \sqrt{0.55(1-0.55)}/\sqrt{1000}$ $= 0.01573$ の値を (4.22) 式に代入すると，$\hat{p} \pm 1.96 \times 0.01573 = 0.55 \pm 0.0308$，すなわち，$0.5192 \leq p \leq 0.5808$ となる。

　この例題の結果を見てサンプル調査に不満をもったため，改善を考えたとしよう。1 番目の考え方は，信頼度を 95% より高めたいと考える。例えば，100% の信頼区間を考えれば母比率 p はこの間にあることは 100% 確信できる。しかし，これは意味のない考え方である。なぜならば，この場合の区間は $[-\infty, \infty]$ となるからで，どんな推定値も受容されるからである。

　2 番目は，$\hat{p} = 0.55$ はそのままとしても，例題の結果では信頼区間が広すぎるので，この信頼区間を狭めれば $\hat{p}$ の精度がもっと上がることになる。そのためには，サンプル数 N を大きくすればよい。それでは，どれだけ大きくするかについて考えてみよう。先の母比率の信頼区間を求める例題の場合，信頼度 95% の信頼区間の幅は $2 \times 1.96\sqrt{\hat{p}(1-\hat{p})}/\sqrt{N}$ であった。ここで

$$\hat{p}(1-\hat{p}) = -\hat{p}^2 + \hat{p} = -\left(\hat{p} - \frac{1}{2}\right)^2 + \frac{1}{4} \leq \frac{1}{4} \tag{4.23}$$

であるから，$\hat{p}(1-\hat{p})$ の最大値は $1/4$ である。したがって，信頼区間の幅は広くても

$$2 \times 1.96\sqrt{\frac{1}{4N}} = 1.96\frac{1}{\sqrt{N}} \tag{4.24}$$

である。(4.24) 式を見てわかるように，信頼区間の幅を半分にしようとするならば，標本数はその 2 乗の 4 倍にする必要があることがわかる。この 4 倍の効果を確かめるため，"STA_Estimation.ipynb" では $N = 1000$，$N = 4000$ の場合の計算を行っている。

　また，信頼区間の幅を $0.06 (= \pm 3\%)$ 以内に収まるようにすれには，$1.96/\sqrt{N} \leq 0.06$ が成

[*3] $N \to \infty$ のとき，$\hat{p}$ は p の一致推定量が言える。この事実は他書を参照されたい。

り立つ N を求めればよい．すなわち，$\sqrt{N} \geq 1.96/0.06 = 32.67$ より，$N \geq 32.67^2 \simeq 1067$ を得る．この事実に基づき，例題でサンプル数を 1000 とおいた．

それでは，$\hat{p}$ の精度をもっと上げたく，信頼区間の幅を 0.01 に狭めたいと考えたとする．先の信頼区間の最大値に関する式を用いて $\sqrt{N} \geq 1.96/0.01 = 196$，よって，$N = 38416$ となる．信頼区間を 0.06 から 0.01 に狭めるためには，サンプル数を約 38 倍にしなければならない．

現実には，サンプリングはコスト（費用）を要するので，統計調査の精度とコストに正の相関があることがわかる．

> **Tea Break**
>
> average と mean について，統計学で average が意味するのは**代表値**であり，これには，算術平均（相加平均ともいう），中央値（メディアン median），最頻値（モード mode）も含む．算術平均と明確にいう場合の用語は mean を用いる．

4.3 仮説検定

4.3.1 仮説検定とは

仮説検定（hypothesis testing）とは，ある仮説に対して，それが正しいのか否かを統計学的に検証する手段である．

例えば，研究開発された新薬の効用を調べるため複数の被験者に投与し，医学で定められる基準に基づいてその効き目を評価する場合が考えられる．仮説検定に基づくと，この評価には次の二つの仮説が立てられる．

帰無仮説（null hypothesis）　　　H_0：薬の効き目がない
対立仮説（alternative hypothesis）　H_1：薬の効き目がある

ここで，何らかの検定（検証と読み替えても良い）を通して H_0 が間違っていることがわかったとしよう．このとき，H_0 **を棄却する**（reject）という判断がされる．この場合，H_1 が正しいとして **採用**（accept）される．しかし，この棄却が間違っているかもしれない．または，棄却すべきだったのものを棄却しなかったとしたら？

この誤りを上の例で言うと次となる．

- 新薬の効用があるのに，効き目がないと判断した
- 新薬の効用がないのに，効き目があると判断した

このような誤りを次のように表現する．

表 4.1

判　断	H_0 が正しい	H_1 が正しい
H_0 を棄却	第 1 種の過誤	正しい
H_0 を棄却しない	正しい	第 2 種の過誤

一般のデータ（標本）に対する誤った取得の場面として，次のような例が考えられる．

- 第 1 種の過誤 → 取得すべきデータを取りこぼした（計測器の一時停止，見過ごしなど）
- 第 2 種の過誤 → 取得すべきでないデータを取得した（会議で間違っていても声の大きな意見が通ったなど）

ここで，棄却の解釈について説明する．H_0 を棄却したときは H_1（対立仮説）を採用する．これは問題がない．問題は H_0 を棄却しなかったときである．この場合，H_0 が正しいとはわからないのである（**図 4.4**）．

(a) H_0 を棄却の場合　　(b) H_0 を棄却しない場合

図 4.4　仮説検定，解釈の注意

帰無仮説はあくまでも仮説であるから，これが棄却されないことは仮説が正しいと立証されたこととは違う．このように，帰無仮説は棄却されてこそ，その存在が認められるものであり，"**無**に**帰**す"という意味を表す用語である．

有意水準

有意水準（significance level）とは，仮説検定を行う場合に，帰無仮説を棄却するかどうかを判定する基準をいう．次の例を通して説明する．

- 有意水準 $\alpha = 5\%$ と設定したとき，帰無仮説 H_0 は棄却されたとする．
- しかし，本当のところ，めったに起きないことがたまたま起きただけかもしれず，仮説は正しかったかもしれない（第 1 種の過誤）．
- このような誤りを犯す確率が有意水準 $\alpha = 5\%$ であるという．この意味で，有意水準のことを**危険率**ともいう．
- $\alpha = 5\%$ とは，同じ状況下で検定を行うと 20 回に 1 回は検定を誤る危険性があることを意味する．
- 逆も然りである（第 2 種の過誤）．

- α の値の候補として，0.05（5%），0.01（1%），0.001（0.1%）がよく用いられる．

第1種と第2種の過誤の両方の誤りをできるだけ小さくしたいが，有意水準を小さくして帰無仮説が棄却されにくくすると，逆に正しくない仮説を受容する危険が増す．すなわち第2種の過誤の確率が増大する．一般にこの両方を同時に小さくすることはできない．

仮説検定の手順を次に示す．

【仮説検定の手順】
1. 命題を立てる．
2. 命題に適する検定統計量（後述）を計算する．
3. 帰無仮説 H_0 とこれを否定する対立仮説 H_1 をたてる．
4. 有意水準 α を決める（5%，1%など）．
5. 用いた検定統計量が示す確率分布（標準正規，t，χ^2 分布など）から確率 p 値を求める（検定では，p 値と呼ぶことが多い）．
6. $p < \alpha$ ならば，H_0 が生じる確率は十分に小さいと判断して H_0 を棄却して H_1 を採用する．
7. $p > \alpha$ ならば，H_0 を棄却しない．サンプル数，分析方法などを見直して再検定の実施を考える．

$p < \alpha$，$p > \alpha$ の条件により H_0 の棄却・棄却しないの理由は次節で明らかになる．

問題は，H_0 の立て方である．先に述べたように，H_0 は棄却されて意味をもつものだからといって，恣意的に棄却されるような H_0 や α を定めることは，統計論から見て意味のないことである．また，H_0 が棄却されなかった場合，H_0 の立て方を再考察することはもちろんであるが，サンプリングの仕方，分析方法も再検討すべきである．

4.3.2 片側検定と両側検定

片側検定と両側検定とは

帰無仮説 H_0 は「平均 $\mu = 2.0$ である」というように，等号の形で設定されることが多い．これに対する対立仮説 H_1 を「$\mu > 2.0$」または「$\mu < 2.0$」とおくことを**片側検定**（one tailed test / one side test）という．また，「$\mu \neq 2.0$」のようにおくと，μ は大きいか小さいかのいずれかに含まれるか否かを考えることになる．これを**両側検定**（two tailed test / two side test）という．対立仮説を特に示さないときは，対立仮説を両側検定とするのが普通である．

片側検定と棄却域

図 4.5(a) に示すように，有意水準 $\alpha = 5\%$ とは棄却域の面積が 5%（0.05）をいう．問

題に適する検定統計量（後述）を求め，それに対応する確率分布を用いる。検定統計量が棄却域（図の網掛け部分）に入れば H_0 を棄却，入らなければ H_0 を棄却しない。

この判定は2通りある。1番目は，α に対応する確率変数の値（パーセント点にほかならない）を求め，検定統計量の値と比較する。検定統計量のほうが大きければ棄却，逆ならば棄却しない。2番目は，検定統計量に基づく確率 p 値を求め，これと α を比較する。$\alpha > p$ 値ならば棄却，逆ならば棄却しない。図 4.5(a) は棄却する場合を示している。また，片側検定の場合，棄却域が負の領域にある場合もある。

両側検定と棄却域

同じ α の値の場合を図 4.5(b) に示す。両側だから，5%を二つに分けて，一つの棄却域の面積は 0.025 である。検定統計量が棄却域（図の網掛け部分）に入れば H_0 を棄却，入らなければ H_0 を棄却しない。図 4.5(a) のように詳しくは図示していないが，棄却か棄却しないかの判定は片側検定と同じである。ただ，両側の領域を見るか否かの違いだけである。

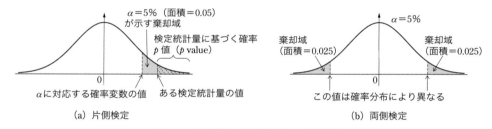

図 4.5　片側検定と両側検定の図的説明

4.3.3　母平均の検定

標本 $\{x_i\}, (i = 1 \sim N)$ が互いに独立で正規分布 $N(\mu_0, \sigma^2)$ に従っていると仮定する。問題は，母集団の母平均は μ_0 であるか否かを検定することである（真の母平均 μ は未知という前提である）。ここで，母分散 σ^2 が既知の場合と未知の場合，それぞれに対応する検定統計量を導入する。

【z 検定と t 検定】

母分散 σ^2 が既知の場合（z 検定という）　次の検定統計量を用いる。

$$z = \frac{\hat{\mu} - \mu_0}{\sigma/\sqrt{N}} \sim N(0, 1) \tag{4.25}$$

母分散 σ^2 が未知の場合（t 検定という）　次の検定統計量を用いる。

$$t = \frac{\hat{\mu} - \mu_0}{\hat{\sigma}/\sqrt{N}} \sim t(N-1) \tag{4.26}$$

ここに，左辺の t は検定統計量であるが，右にある $t(N-1)$ は自由度 $N-1$ の t 分布の関数を意味する．左辺の t は $t(N-1)$ 分布に従うが，この両者は異なることに注意されたい．

z 検定の見方を説明する．(4.25) 式を見ると，中心極限定理より，z は標準正規分布に近づくため，検定では標準正規分布関数を用いることになる．定性的に述べると，$|z|$ が大きいと，図 4.5 を見てわかるように，棄却する確率が高まる．$|z|$ が大きいとは，分子が大きいか，分母が小さいか，または両方である．分子が大きいとは，仮定した μ_0 と $\hat{\mu}$ の差が大きいことを意味し，棄却の可能性が高くなるのは自然であろう．分母が小さいとは，σ^2 は一定として，サンプル数 N が大きいことを意味する．しかし，統計の精度を高めるならば N を大きくとるという定説とは矛盾することになるのだろうか？ 増減率で見ると，N はルートで抑えられている．一方，N の増加とともに $\hat{\mu}$ が真の μ をよく表す率のほうが高いことが期待でき，これを置き換えて $\mu - \mu_0$ の差の精度が高まり，検定の精度が高まると考えられる．

t 検定の場合も，定性的には z 検定と同じように見ることができる．違う点として，N が小さいと t 分布の裾野は持ち上げられて広がる．このため，N が小さいとき，統計検定量 t の誤差や変動分が多少影響して大きくなっても，z 検定のときよりも棄却する確率を減らそうという見方ができる．

なお，コンピュータの性能が十分でなかった時代には，$N > 30$ では t 分布は z 分布に近くなるので，$\hat{\sigma}^2$ を σ^2 とみなして，t 検定の代わりに z 検定を用いても良いという論があった．しかし，いまの時代はコンピュータの性能が十分であるから，N の値によらず，σ^2 が未知ならば t 検定を用いるほうが，考え方としては素直であろう．

平均値の検定の手順を例題を通して説明する．ただし，z 検定は t 検定に似通っているので，ここでは，t 検定だけを説明する．

例題 4.3 母分散が未知の場合（片側検定）

あるクラスでは，数学の平均点を上げるべく補講の前後でテストを行った．補講前後の点数差は，1, −1, −2, 3, −1, 5, 4, 0, 7, −1 であった．補講の効用を知りたい．有意水準 $\alpha = 5\%$ で検定しよう．

[解説] 補講で平均点が上がった ($\mu_0 > 0$) と主張したいならば，これを対立仮説 H_1 におく．補講の効用はなかったという帰無仮説は H_0 ($\mu_0 = 0$) とする．これより片側検定となる．これを確かめるスクリプトを次に示す．

File 4.4　STA_HypothesisTesting.ipynb

```
from scipy import stats

data = np.array([1, -1, -2, 3, -1, 5, 4, 0, 7, -1])
m = np.average(data) # mean
s = np.std(data, ddof=1) # std, ddof=1 : unbiased
N = len(data) # the number of sample

alp = 0.05
talp = stats.t.ppf((1-alp),N-1)
print('talp (alpha=0.05, df=%d) =%f' %((N-1),talp))

m0 = 0 # hypothesis
t = (m-m0)/(s/np.sqrt(N))
print('t=', t)
```

ここに，talp は α に対応する確率変数の値，t は (4.26) 式の t である。

```
talp (alpha=0.05, df=9) =1.833113
t= 1.5480470613460082
```

この結果，talp > t であるから H_0 は棄却できない。このような確率変数の値で比較するのではなく，確率の値で比較するには，次のように計算する。

```
prob = stats.t.cdf(t,N-1)
print('p value=',1-prob)
```

```
p value= 0.07800883831234118
```

p value（p 値のこと）は設定した α より大きいので H_0 を棄却できない。

考察として，平均点が上がったのに，補講の効用を立証できなかっとことになる。この理由の一つに，(4.26) 式を見ると，分母に $\hat{\sigma}$ があり，この値が大きいと t の値は小さくなる。すなわち，データのばらつきが大きいと t の値は小さい。したがって，同じ平均点でもばらつきを小さくすれば棄却でき，補講の効用があったことが立証できる。このことは，読者自身でスクリプト中のデータを加工して確かめられたい。

例題 4.4　母分散が未知の場合（両側検定）

アルファ社の精密部品の直径の規格は 1.54 cm である。製造したものから 8 個をサンプリングし，直径を測ると 1.5399, 1.5390, 1.5399, 1.5395, 1.5400, 1.5390, 1.5399, 1.5399 であった。この部品は規格どおりであるか？　有意水準 $\alpha = 5\%$ で検定しよう。

[解説]　この例では仕様の値より大きくても小さくても不合格であるから両側検定を考える。よって，$H_0 : \mu_0 = 1.54$，$H_1 : \mu_0 \neq 1.54$ とおく。これを確かめるスクリプトが次である。

File 4.5　STA_HypothesisTesting.ipynb

```
data2 = np.array([1.5399, 1.5390, 1.5399, 1.5395,
1.5400, 1.5390, 1.5399, 1.5399])
m = np.mean(data2)           # mean
s = np.std(data2, ddof=1)    # std, ddof=1 : unbiased
N = len(data2)
df = N - 1                   # DoF
m0 = 1.54                    # H0:

t = (m-m0)/(s/np.sqrt(N))
prob = stats.t.cdf(t, df)
if t >= 0:
    p = 1 - prob
else:
    p = prob

print('t = ',t)
print('p value =',2*p)
```

上記のように t がマイナスの値をとるときは，p = prob とする．また，両側検定より 2*p とした．

```
t = -2.4373067467182707
p value = 0.04493615922381196
```

$\alpha = 0.05$ とするならば，p value $< \alpha$ より，H_0 は棄却して H_1 を採択，すなわち規格どおりでないといえる．

計算の仕方として，次の関数を用いる方法もある．

```
t, p = stats.ttest_1samp(data2, m0)
```

ここに，関数への引数は，data2：1群（1標本）のサンプルデータ，m0：帰無仮説 H_0 で仮定した平均値，戻り値は，t：t 値，p：p 値を表す．

なお，この関数は両側検定を前提としているので，片側検定で用いるとき，p 値はこの半分の値を用いる．上記の Notebook には，この使用例も記述しているので，参考にされたい．

4.3.4　母分散の検定

標本 $\{x_i\}, (i = 1 \sim N)$ が正規分布 $N(\mu, \sigma^2)$ に従っていると仮定する．この μ, σ^2 の両方とも未知とする．このとき，母分散が仮定する σ_0^2 に等しいか否かを検定するのが母分散の検定である．このため，次の統計検定量を導入する．

【母分散の検定】

$$\chi^2 = \frac{N-1}{\sigma_0^2}\hat{\sigma}^2 \sim \chi^2(N-1) \tag{4.27}$$

この標本分散 $\hat{\sigma}^2$ は不偏であること（$N-1$ で除算したもの），また，左辺の χ^2 は統計検定量を表しており右肩上の 2 は単なる表記である。一方，右辺の $\chi^2(N-1)$ は自由度 $(N-1)$ のカイ二乗分布関数である。左辺の統計検定量 χ^2 は χ^2 分布に従うことが知られている（証明は他書を参照）。

この使い方を次に示す。

例題 4.5 先のアルファ社の精密部品について，規格では分散は 1×10^{-7} mm 以下としている（ばらつきが小さいことを言いたい）。精密部品の母標準偏差は，この規格からずれているかどうか，有意水準 5% で検定しよう。

[解説] 分散は正の値をとることに留意して，分散がある値以下であるかを問いている検定ゆえに片側検定である。そのため，帰無仮説 $H_0: \sigma_0^2 = 1 \times 10^{-7}$，対立仮説 $H_1: \sigma_0^2 > 1 \times 10^{-7}$ とおく。これを確かめるスクリプトが次である。

File 4.6　STA_HypothesisTesting.ipynb

```
var = np.var(data2, ddof=1)
print('variance =',var)

var0 = 1.e-7
alp = 0.05
N = len(data2)
df = N - 1

chi2 = (N-1)*var / var0
chi2_alp = stats.chi2.ppf( (1-alp), df=df)
print('chi2 =',chi2, '  chi2_alp =',chi2_alp)
pval = 1 - stats.chi2.cdf(chi2, df)
print('p value =',pval)
```

```
variance = 1.76964285714e-07
chi2 = 12.3875    chi2_alp = 14.0671404493
p value = 0.0885144666823
```

この結果，$\alpha = 5\%$ のとき H_0 を棄却できない。すなわち，規格に収まっているとは明確にいえないが，その可能性はある，ということになる。この例題で，$\sigma_0^2 = 1 \times 10^{-8}$ としたときに結果はどう変わるか，確かめられたい。

4.3.5　2 標本の平均の差の検定

二つの標本の母集団（いずれも正規分布に従うものとする）の母平均の差 $\mu_1 - \mu_2$ を検定することを考える。すなわち，二つの母平均は同じか異なるかを知りたいとする。この場合，次の 3 通りが考えられる。

- 二つの母分散 σ_1^2, σ_2^2 が既知
- 二つの母分散は未知であるが，この二つは等しい
- 二つの母分散がともに未知である　⇒　ウェルチの t 検定（Welch's t test）

本来ならば，2 標本が正規分布に従っているかを確かめる検定などが必要であるが，ここでは，正規分布に従っていると仮定する。また，2 標本が従属であるか否かの検討も本来必要である（これを対応がある，ないという場合もある）が，対応がないと仮定する。これらの条件のもとで，二つの母分散がともに未知，2 標本が対応がない場合だけを説明する。この場合には，ウェルチの t 検定を用いる。

標本 $\{x_1, \cdots, x_N\}$, $\{y_1, \cdots, y_M\}$, それぞれの標本平均 $\hat{\mu}_x$, $\hat{\mu}_y$, 標本分散を $\hat{\sigma}_x^2$, $\hat{\sigma}_y^2$ とする。このとき，次の検定量を導入する。

> **【2 標本の平均値の差の検定】**
>
> 二つの母分散がともに未知である場合には，ウェルチの t 検定を用いる。この検定統計量は次である。
>
> $$t = \frac{\hat{\mu}_x - \hat{\mu}_y}{\sqrt{\dfrac{\hat{\sigma}_x^2}{N} + \dfrac{\hat{\sigma}_y^2}{M}}} \tag{4.28}$$
>
> この自由度は，ウェルチ・サタスウェイトの式（Welch–Satterthwaite equation）より近似的に求められる（Wikipedia Welch–Satterthwaite equation を参照）。

この自由度の計算は複雑で，一般に実数となる。関数 scipy.stats.ttest_ind は，この計算も含めて p 値を計算する。これを用いた例を示す。

例題 4.6　二つの体温計の性能検定

次は，二つの体温計（s1）と（s2）の測定精度に差があるか（性能が同じであるか）を確かめた 10 回の測定結果である。

File 4.7　STA_HypothesisTesting.ipynb

```
s1 = np.array([37.1, 36.7, 36.6, 37.4, 36.8, 36.7, 36.9, 37.4,
    36.6, 36.7])
s2 = np.array([36.8, 36.6, 36.5, 37.0, 36.7, 36.5, 36.6, 37.1,
    36.4, 36.7])
```

この二つの温度計は同じような体温測定精度を示すと言えるのだろうか？　そこで，両

方の平均値の差に有意差があるか否かの検定を行う。このため，帰無仮説 $H_0:\hat{\mu}_x = \hat{\mu}_y$, 対立仮説 $H_1:\hat{\mu}_x \neq \hat{\mu}_y$ とおく。このため，両側検定となる。この検定を行うスクリプトを次に示す。

```
t, p = stats.ttest_ind(s1, s2, equal_var = False)
print('t = ',t, ' p value = ',p)
```

ここに，equal_var = False は両方の分散が異なることを指定している。実行結果が次である。

```
t =  1.66538214496   p value =  0.114776580923
```

p value を見て，$\alpha = 5\%$ とすると，この値より大きいので H_0 を棄却できない。すなわち，二つの体温計の平均値が等しいという仮説は棄却できない。

4.3.6 相関，無相関の検定

相　関

身長と体重，圧力と温度，など2種のデータを対象にして，それらのデータの間にどのような関係を調べる方法として相関がある。

サンプル数 N の2種のデータ $\{x_1, x_2, \cdots, x_N\}$, $\{y_1, y_2, \cdots, y_N\}$ の分布のようすを調べるため，測定値の組 (x_i, y_i) を xy グラフにプロットしたものを**図 4.6** に示す。これを**散布図**（**scattergram**）という。

x と y の間の関係を**相関**（correlation）という。散布図を見て，この相関の強弱を定量的に測るものとして**相関係数**（correlation coefficient）があり，次式で計算される[*4]。

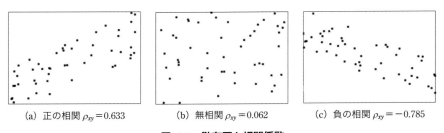

(a) 正の相関 $\rho_{xy}=0.633$　　(b) 無相関 $\rho_{xy}=0.062$　　(c) 負の相関 $\rho_{xy}=-0.785$

図 4.6　散布図と相関係数

[*4] 相関係数には，いくつかの定義があり，(4.29) 式はピアソンの相関係数（Pearson correlation coefficient, ピアソンの積率相関係数ともいわれる）と呼ばれるものである。

$$\hat{\rho}_{xy} = \frac{\dfrac{\sum_{i=1}^{N}(x_i-\hat{\mu}_x)(y_i-\hat{\mu}_y)}{N}}{\sqrt{\dfrac{\sum_{i=1}^{N}(x_i-\hat{\mu}_x)^2}{N}}\sqrt{\dfrac{\sum_{i=1}^{N}(y_i-\hat{\mu}_y)^2}{N}}} = \frac{\sum_{i=1}^{N}(x_i-\hat{\mu}_x)(y_i-\hat{\mu}_y)}{\sqrt{\sum_{i=1}^{N}(x_i-\hat{\mu}_x)^2}\sqrt{\sum_{i=1}^{N}(y_i-\hat{\mu}_y)^2}} \quad (4.29)$$

ここに，$\hat{\mu}_x$, $\hat{\mu}_y$ はそれぞれ $\{x_i\}$, $\{y_i\}$ の標本平均である。

相関係数は，必ず

$$-1 \leq \hat{\rho}_{xy} \leq 1 \quad (4.30)$$

の範囲にある．$\hat{\rho}_{xy} > 0$ のとき**正の相関**，$\hat{\rho}_{xy} < 0$ のとき**負の相関**，$\hat{\rho}_{xy} \approx 0$ のとき**無相関** (uncorrelated) という．

相関係数の絶対値 $|\hat{\rho}_{xy}|$ が大きくなるほど，相関が強くなるというのは一般的な解釈であるが，$|\hat{\rho}_{xy}|$ がいくつだから，強い，中程度，弱いというレベルは定められず，対象に依存してレベルを決めていることが多い．また，経験上，$N < 20$ 程度のとき，$\hat{\rho}_{xy} = 0.7$ 程度でも実際にはかなり弱い相関であることがある．したがって，相関係数の数字だけで判断するのではなく，散布図を描いて確かめることも必要である．

無相関の検定

上で述べたように，相関係数の数字を見ただけでは相関があるかどうかを直ちに判定するのは危険である．そこで，相関があるか否かを検定するという，無相関の検定がある．これは，無相関ならば母相関係数 $\rho_{xy} = 0$ となるはずである．この検定を行うため，次の統計検定量を導入する．

【無相関の検定】

$$t = \frac{|\hat{\rho}_{xy}|\sqrt{N-2}}{\sqrt{1-\hat{\rho}_{xy}{}^2}} \sim t(N-2) \quad (4.31)$$

左辺の t は，この検定のための検定量であり，t 検定の t とは異なる．また，これが自由度 $N-2$ の t 分布に従う理由は他書を参照されたい．

この検定を次の例を通して確認する．

例題 4.7 表 4.2 は，父親の身長 x〔cm〕とその息子の身長 y〔cm〕であり，この両者の間に相関があるかどうか（親の身長が高ければ，その子供の身長も高い，という仮説）を有意水準 $\alpha = 0.05$, 0.01 の場合について調べよう．

[解説] この問題の場合，帰無仮説 $H_0: \rho_{xy} = 0$, 対立仮説 $H_1: \rho_{xy} \neq 0$ である．これに対するスクリプトでは，ピアソンの相関係数と p 値の両方を同時に計算する scipy.stats.pearsonr

表 4.2 身長の測定データ

No.	1	2	3	4	5	6	7	8	9	10
x	168	172	181	179	166	185	177	176	169	161
y	111	125	129	120	126	133	130	116	118	115

を用いる。

```
x = np.array([168, 172, 181, 179, 166, 185, 177, 176, 169, 161])
y = np.array([111, 125, 129, 120, 126, 133, 130, 116, 118, 115])
corr, pvalue = stats.pearsonr(x,y)
print('corr. coef.=',corr, ' p value=',pvalue)
```

```
corr.coef.= 0.634270317334    p value= 0.0488829901933
```

この p value を見て，$\alpha = 5\%$ のときは H_0（無相関）を棄却して，相関があるといえる。$\alpha = 1\%$ のときは H_0 を棄却できない。

念のため，このデータの散布図を図 4.7 に示す。この散布図，および無相関の検定からだけでは相関があるか否かの判定は難しい。実際には，このデータを取り巻く条件などを考慮して判定することになるであろう。

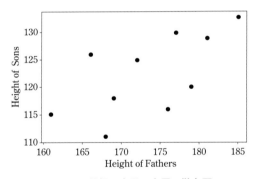

図 4.7 父親と息子の身長の散布図

Tea Break

　統計の歴史は次で見ることができる。一つめは総務省統計局サイト（www.stat.go.jp）の中から「統計の歴史を振り返る」を探し出してほしい。二つめは to-kei.net のサイトの中から「統計学の歴史」を探し出してほしい。これらの歴史を辿ってみると，データが膨大にあり，そこから何らかの有益な情報を抽出したいが，そのメカニズムやモデルが不明なときに統計を用いていることがわかる。ただし，この有益な情報とは使い手の何らかの恣意的な考えに左右されることが多い。

　統計は確率論を基盤にしている。確率論は幅広い学術分野に導入されており，例えば，確

率システム制御論のカルマンフィルタ（Kalman filter）は有名である。これは動的システムの出力に確率雑音が重畳しているとき，その状態量を推定するものである。このフィルタは，人工衛星（特に NASA のアポロ計画で採用されたことで有名になった），プラント，ロボットなど幅広い分野で応用されてきた。フィルタのアイディアは，ルドルフ・カルマン（Rudolf Emil Kalman，ハンガリー，1930-2016，工学者，数学者）による。

　カルマン氏の晩年の講演を聞いたとき，カルマンフィルタに確率を導入したことに対して，"God does not cast dice"（神はサイコロを振らない）と言って自身のフィルタを若干否定的に語り，筆者はおやっ？　と思った。これと同様のことが，相対性理論で有名なアインシュタイン（Albert Einstein，独，1879-1955，理論物理学者）が量子力学を問題視して言った "God does not play dice with the universe" であろう。両者の言わんとすることは，よくわからない状態や変数を何でもかんでも確率として扱うことは研究者の姿勢としていかがなものか？　という問題提起である。そのことを，未来を見渡せる神は，深い考察・探求を諦めて手から放つサイコロ遊びはしない，という言い回しで表現したのである。

　では，いかなる現象もすべて厳密なモデルで表現することが絶対的な正しさか？　これを突き詰めると "ラプラスの悪魔（Laplace's demon）" に行きあたる。この言葉の筆者なりの解釈を述べると，すべての現象を原子レベルまでモデル化してシミュレーションできれば，不確実な将来はなく，未来を完璧な形で予測できるという考え方である。もちろん，この考え方は，いまでは科学的に否定されている。ただよく思うのは，厳密なモデルの "厳密さ" とはどのレベルまで考えればよいのか？　読者の考えを伺ってみたい。

第5章 回帰分析

　本章は，説明変数が一つの場合（単回帰モデル，多項式回帰モデル），複数の場合（重回帰モデル，一般化線形モデル）の回帰分析を説明する。用いるツール statsmodels は，回帰分析を行うほかの Python ライブラリ（scikit-learn など）と比べて，p 値などの各種統計量が十分用意されているのでこれを用いる。

5.1 回帰分析とは

初めに，回帰分析の概要と意義について説明する。

5.1.1 回帰の由来

　回帰（regression）の意味は国語辞書によると，一周してもとへ戻ること，であり単回帰モデル（後述）のように $y = \beta_0 + \beta_1 x$ がどうしてもとに戻るか不思議に思われるかもしれない。**回帰分析**（regression analysis）において回帰という用語を最初に導入したのは，Sir F. Galton（英，1822–1911，統計学者）といわれている。彼は，父親と息子の身長の相関関係を1次式を用いて調べると，世代を経ることである平均値に収束することを見出した。これを彼が平均回帰（regression toward the mean）と称したことに端を発する。この話は次に詳しい。

- データサイエンス・スクール：
  http://www.stat.go.jp/dss/ → "ビジネスに役立つ統計講座" → "未来が分かる方程式"
- https://en.wikipedia.org/wiki/Regression_analysis

回帰分析という呼称は彼の功績に基づいており，現在使われている回帰の意味はこれを拡張したものである。

5.1.2 システム論から見た回帰分析

ここでは，回帰分析の概要を**図 5.1** を用いて，システム論的に説明する。ただし，本書では説明変数は一つまたは複数，目的変数は 1 変数に限定している。

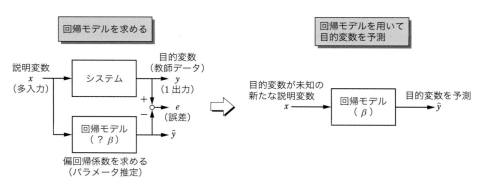

図 5.1 回帰分析の概要

初めに，図でいうシステムとは説明変数が入力として与えられたとき，目的変数が出力として現れるものであり，物理現象や社会・経済現象などで多数見受けられる。システムの構造は，物理的考察または経験則により，ある数学モデルで近似できるものとする（この仮説が成り立たないときは構造の同定（数式の選択）を行わなければならない）。これが図で示す回帰モデルとなる。回帰モデルの次数を既知と仮定すれば，このパラメータ（数学モデルの係数を指す）を求めれば，このシステムを近似できるモデルが得られることになる。この求める方針は，図において，誤差 $e = y - \hat{y}$ を何らかのノルムで測り，この最小化を図ることがよく用いられる。

以上をまとめると，回帰モデルを求めるとは，パラメータを求めることを意味する。ここで，このことはシステム工学分野におけるシステム同定と類似しているが，対象とするシステムや回帰モデルにはダイナミクスがないことに違いがある。

モデルは線形であると仮定できるとき，次で表す。

$$\begin{aligned} y &= \boldsymbol{x}\boldsymbol{\beta}^\top \\ &= \beta_0 + \beta_1 x_1 + \cdots + \beta_p x_p \end{aligned} \quad (5.1)$$

ここに，p はモデル次数であり，また次と置いた。

$$\boldsymbol{x} = \begin{bmatrix} 1 & x_1 & \cdots & x_p \end{bmatrix}$$
$$\boldsymbol{\beta} = \begin{bmatrix} \beta_0 & \beta_1 & \cdots & \beta_p \end{bmatrix}$$

回帰分析の分野において，$\boldsymbol{\beta}$ は**偏回帰係数**（partial regression coefficient）と呼ばれる。

これを単回帰分析では回帰係数ということもあるが，これらすべてを単に係数（またはパラメータ）と称することも多い。

本章では，覚える用語数を少なくする意味で，**回帰分析全般で偏回帰係数を統一して用いる**こととする[*1]。また，経済系では，β をベータ係数と称し，特に定数（切片項）の β_0 をバイアスパラメータと称し，重要視することがある。このため，この項を抜き出した次の表現もよく用いられる。

$$y = \beta_0 + \boldsymbol{x}\boldsymbol{\beta}^\top \tag{5.2}$$

ここに，あえて同じ記号 $\boldsymbol{x}$, $\boldsymbol{\beta}$ を用いているが，これらは次元が一つ減っていることに注意されたい。

モデルが非線形ならば，次で表す。

$$y = f(\boldsymbol{x}, \boldsymbol{\beta}) \tag{5.3}$$

ここに，関数 $f(\cdot)$ の構造（どのような数式で表されるか）は既知とすることが一般的である。

線形，非線形に関わらず，回帰分析とは次を行うことである。

- モデル構造が既知と仮定して，モデル次数 p を選定する。
- $\boldsymbol{x}$, y を用いて，偏回帰係数 $\boldsymbol{\beta}$ を推定し，回帰モデルを求める。
- この回帰モデルを用いて，目的変数が未知で新たな説明変数をモデルに入力（投入とも称する）して，目的変数を予測する。

目的変数を予測することの意義は，例題を通してわかるであろう。

(5.1), (5.3) 式のパラメータ推定は，数値計算分野におけるカーブフィッティング問題としてよく知られているが，求めたモデルの統計的検定を行うという点に回帰分析の特色がある。

5.1.3 statsmodels

statsmodels はさまざまな統計モデルを提供しており，この公式 HP は https://www.statsmodels.org/ にある。

本章は，回帰モデルのパラメータ推定に OLS 法（ordinary least squares）を扱うが，ほかに GLS 法（generalized least squares）などがある。後に説明するように，計算は OLS

[*1] 多変数関数の 1 変数のみの微分を偏微分（全微分と区別するように）といい，"偏" の元となる partial は一部分を表す。偏回帰係数の一つひとつはモデル表現の一部分を表すという意味だから，単回帰モデルの二つの係数も一部分を担当するという意味で，あながち偏回帰係数と称するのは間違っていない。

を用いるが，そのパラメータ（引数）は，R*2 風の記述を用いるものとする．

また，statsmodels は，説明変数を exog (exogenous variable)，目的変数を endog (endogenous variable) と表す．statsmodels の使い方は次を参照されたい．

- 線形回帰の説明：Linear Regression,
  http://www.statsmodels.org/dev/regression.html
- 線形回帰計算結果の説明：statsmodels.regression.linear_model.RegressionResults
- OLS の使い方：statsmodels.regression.linear_model.OLS

Tea Break

　回帰分析の説明で，(5.1) 式でなく，β_0 を重要視するため (5.2) 式を用いることがよくある．特に，経済分野ではパラメータ推定後に係数そのものの意味を論じることが多いので，この表現になっているようである．一方，システム工学分野では，線形代数などの数学表現を取り入れていることと，係数よりは変数を重要視することがよくあるため，右辺は $y = \boldsymbol{\beta x}$ の順になるであろう．これらが形成された歴史的経緯を筆者は知らないが，この式の表現の違いだけからでも，それぞれの研究文化の深さを感じる．

5.2 単回帰分析

単回帰分析（simple linear regression）は，(5.1) 式で $y = \beta_0 + \beta_1 x$ の 1 次式を扱う．これを単回帰モデルという（単に 1 次モデルともいう）．

単回帰分析とは得られたサンプル（データ）から偏回帰係数 *3 を推定してモデルを求め，これを用いて予測を行うことである．この説明を行う．

5.2.1 単回帰分析の意義

図 **5.2** において，丸い点（散布図）は，何らかの観測に基づき計測した値をプロットしたものである．このとき，x は説明変数，y は目的変数である．これらはセットで観測されるものであり，$(x_i, y_i), (i = 1 \sim N)$ と表す．ここに，N はサンプル数（データ数）である．

いま，x と y の関係が 1 次式で表されると仮定して，次の単回帰モデルを導入する．

$$y = \beta_0 + \beta_1 x \tag{5.4}$$

このモデルが観測したデータに最もフィットするように，偏回帰係数 (β_0, β_1) を求める．

---

*2 https://www.r-project.org/
*3 偏回帰係数と呼ぶ理由は本章の冒頭で述べた．

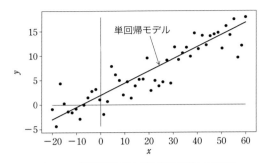

図 5.2　単回帰分析と単回帰モデルの説明

これは，数値計算のフィッティングと呼ばれる問題に属し，通常は最小2乗問題として扱われる．単回帰モデルが得られたとして，これを直線でプロットしたものが図5.2である．

この単回帰モデルが数式（連続値をとり，$-\infty \sim +\infty$ の区間をとる）で表されるため，求めることの意義は次となる．

- 計測データは離散値である．このため，隣り合うデータの間の y を知りたい場合に，この値を予測することができる．
- この例では，$-20 \leq x_i \leq 60$ である．この区間を超えた y を予測することができる．
- バイパスパラメータ（切片項）β_0，傾き β_1 を見ることで，説明変数に基づく目的変数の発生メカニズム推定の手がかりを得る．

5.2.2　単回帰モデルの統計的評価

図5.1において，誤差 e は離散時系列データ $\{e_i\}, (i = 1 \sim N)$ であり，確率変数とおくことが多い．この前提に立つとき，単回帰モデルは確率システムとなり，モデルの良し悪しは統計的評価を経ることとなる．特に，誤差が正規分布に従うと仮定したときの評価指標は理論的に整備されている．ここでは，基本的な評価指標の見方について説明し，数式による説明は後節に後回しする．

偏回帰係数の t 検定

単回帰モデルが確率システムという仮定の下，偏回帰係数は確率変数となり，サンプルごとにその値は変わる．特に係数 β_0, β_1 の値が0であるか否か，ということを問題にしたい場合がある[*4]．このため，次の仮説検定が行われる．

[*4] 例えば，y = 店の売上げ，β_0 = 固定費，β_1 = 単価，x = 売上げ個数としたとき，$\beta_0 = 0$ または $\beta_1 = 0$ という計算結果を得たら，これは現実的でないため統計データの質が悪いという判断ができ，統計のやり直しを促すことができる．

H_0：係数は 0 である。

H_1：係数は 0 でない。

ここに，係数は β_0 または β_1 のいずれかを表し，それぞれ別途に検定される．各係数に関する検定は e_i の分散を用いることになるが（後述），この分散は未知である．そのため，標本分散を用いた t 検定を行うことになる（第 4 章を参照）．各係数に対する t 検定量とこれに伴う p 値は statsmodels が計算するので，この値を見て，H_0 を棄却するかどうかを判断できる．

決定係数

決定係数 (coefficient of determination) は R^2 で表され（添え字の 2 は単なる表記で気にしなくてよい），回帰モデルのデータに対するあてはまりの良さを表す指標で，statsmodels が計算する．これは次の範囲を取ることが知られている．

$$0 < R^2 \leq 1 \tag{5.5}$$

この式において，1 に近いほど良いあてはまりであるとされ，説明変数が目的変数を良く説明しているといわれている．一般によくいわれているのが，R^2 が 0.6 以下ならば良くないが，0.8 以上ならば，ある程度良いモデルであるとされている．しかし，この値は絶対的評価ではないので，0.6 以下ならば絶対にダメで，0.8 以上ならば絶対に良いとはいえない．

例えば，**図 5.3** において，単回帰モデル A の決定係数を $R_A{}^2$，モデル B のそれを $R_B{}^2$ としたとき，図 (a) ケース 1 の場合，$R_B{}^2 < R_A{}^2$ という結果はデータの分布から見て納得がいくであろう．図 (b) ケース 2 の場合，破線で囲まれたデータ群の影響により $R_A{}^2 < R_B{}^2$ となったとしよう．しかし，見た目では単回帰モデル A のほうが良いようにも見える．この判断は，データの背景や使用条件に左右されるので，どちらのモデルが良いかの判断は R^2 だけでは決められないことがある．この例が示すように，決定係数 R^2 の値は絶対的な指標ではなく，あくまでも目安であることを認識してほしい．

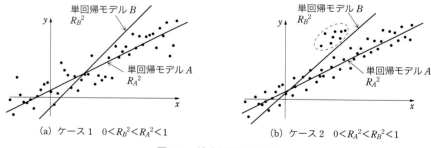

図 5.3　決定係数 R^2 の例

5.2.3 家計調査

家計調査（総務省統計局）のWebサイトから，2人以上世帯の年間収入に対して，1か月当たりの支出とエンゲル係数のそれぞれに対する単回帰分析を行う．このデータの取得と加工方法はいくつかの手順を踏むため，本文に記述せず，次のNotebookの中に記述したので，参照されたい．加工したデータを，次に示すURLにアップしてあるので，このデータを読む．

File 5.1　REG_Simple_FamilyIncome.ipynb

```
import statsmodels.formula.api as smf
url = 'https://sites.google.com/site/datasciencehiro/datasets/
    FamilyIncome.csv'
df = pd.read_csv(url, comment='#')
print(df)
```

```
      income   expenditure    engel
0        216        172462     30.8
1        304        204599     29.9
2        356        224776     28.8
3        413        240153     27.8
4        481        255497     27.3
<omission>
```

データの内容は，上記のようにincome（年間収入〔万円〕），expenditure（1か月支出），engel（エンゲル係数）の並びである．最左列0～は自動的に付加されたindexであり，これは縦方向にincomeのランク0（最低収入）～9（最高収入）の10ランクを意味する．

このデータにおいて，説明変数をincome，目的変数をexpenditureとした単回帰分析は次のように記述する．

```
result = smf.ols('expenditure ~ income', data=df).fit()
print(result.summary())
b0, b1 = result.params
```

ここで，変数b0, b1には単回帰モデルの切片項と傾きが返される．また，smf.olsは最小2乗法を用いた計算を行い，引数パラメータの与え方はR風の表記に従う．すなわち，目的変数をy，説明変数をx（単回帰分析の場合），x1, x2（重回帰分析の場合）とおくと，設定したいモデルに応じて，**表** 5.1のように表記する．このR風表記はPatsyと呼ばれ，www.statsmodels.orgの下の"Fitting models using R-style formulas"に詳細がある．

これより，先のスクリプトは切片項のある単回帰モデルを適用したことになる．この結果の一部を次に示す．

表 5.1

モデル式	式の意味
y ~ x	単回帰モデル，y は x により説明され，切片項がある
y ~ x −1	単回帰モデル，"−1" は切片項がないことを意味する
y ~ x1 + x2	重回帰モデル，y は x1 と x2 により説明され，切片項がある
y ~ x1 + x2 −1	重回帰モデル，y は x1 と x2 により説明され，切片項がない
y ~ x1:x2	y は交互作用項（x1*x2）で説明される
y ~ x1*x2	y ~ x1 + x2 + x1:x2 と同じ

```
                    OLS  Regression  Results
 Dep. Variable:       expenditure    R-squared:          0.987
                 coef      std err       t      P>|t|    [0.025    0.975]
 Intercept    1.4e+05    6550.516    21.366    0.000   1.25e+05  1.55e+05
 income       233.8560      9.356    24.994    0.000    212.280   255.432
```

この見方を説明する．

- OLS（最小 2 乗法）を用いた回帰分析結果であり，目的変数（Dep.Variable）は expenditure である．
- R-squared：決定係数 R^2 の値は 0.987 である．
- Intercept：切片項，coef（係数値）は 1.4×10^5，t は係数に関する t 統計検定量（後述）の値，P>|t| は，t 検定で p 値が 0.000 を示している．有意水準を 5%（0.05）とするまでもなく，この係数がゼロという仮説は棄却される．すなわち，この値は有意に存在するといえる．
- income：説明変数 income の係数に対して，その係数値，p 値などを示す．これも値がゼロでないことを示している．
- ほかの std err（係数の値のばらつきを示す標準偏差），[0.025 0.975]（有意水準 5% としたときの係数の区間推定，係数の下限値と上限値）は，本書では触れないこととする．
- 今後，見るべき数字は係数の値と P>|t| で十分である．

この結果より，求めた単回帰モデルは次となる（係数 b0，b1 の値は上記のスクリプト中で与えられている）．

$$\text{expenditure} = b0 + b1 * \text{income} \tag{5.6}$$

このモデルのプロットとデータの散布図を図 5.4 に示す．

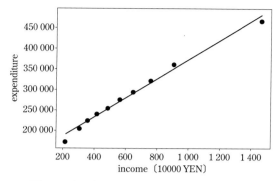

図 5.4　年間収入と 1 か月支出の単回帰モデル

単回帰モデルを用いた予測

　この図を見て，求めた単回帰モデルが良い指標となると判断するならば，データにはない年間収入 1 100 万円，1 200 万円家庭の 1 か月支出が予測できるであろう．これは次のように行う．

```
NewData = {'income':[1100,1200]}
df = pd.DataFrame(NewData)
pred = result.predict(df)
```

　この結果は，397198，420584（小数点以下を切捨て）である．

　ここで，グラフを見ると最低収入と最高収入が大きく外れているので，中間収入層だけで考えたいならば，この 2 セットを外して再度の単回帰分析を行うことになる．このことは，ここでは示さないが，Notebook では試みているので参照されたい．

　次に，目的変数を engel，説明変数を income としたとき，見るべき結果だけを抽出して次に示す．

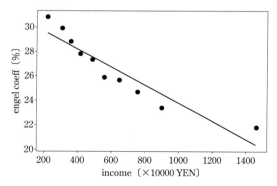

図 5.5　年間収入とエンゲル係数の単回帰モデル

```
R-squared:         0.882
              coef      std err       t      P>|t|
Intercept   31.0757     0.664      46.781    0.000
income      -0.0073     0.001      -7.738    0.000
```

結果より，係数は有意にゼロでないといえる．また，**図 5.5** を見て，負の相関があるということに異論はないと思われるが，R^2 の値 0.882 を含めて，このモデルの良否は読者に委ねる．

5.2.4 シンプソンのパラドックス

回帰分析を直ちに行うのではなく，その前にデータの可視化も含めていくつかの統計的特徴量を見てから，回帰分析を実施し，この事前分析と照合して結果を評価することが望ましい．

これを怠ることで間違いを犯す代表的な例として，統計学で有名なシンプソンのパラドックス（Simpson's paradox）がある．これは母集団の相関と部分集団の相関が異なる場合があり，部分集団での仮説や統計分析結果が母集団とは正反対の結果が出ることを指摘している．この説明は次に詳しいので参照されたい．

- Wikipedia：Simpson's paradox
- Judea Pearl: Lord's Paradox Revisited (Oh Lord! Kumbaya!), Journal of Causal Inference, 2016, DOI: https://doi.org/10.1515/jci-2016-0021

5.2.5 数学的説明

厳密な数学による証明や導出を行うのではなく（これは他書に委ねる），数式で表される項目や指標をどう考えればよいのかという**見る力を養う**ことに焦点を当てて説明する．

初めに，次のことを設定する．

取得データ	$\{x_i,\ y_i\}\ (i=1,\cdots,N)$
真のシステム	$y_i = \beta_0 + \beta_1 x_i + \varepsilon_i, \quad \varepsilon_i \sim N(0,\ \sigma^2)$
回帰モデル	$\hat{y}_i = \hat{\beta}_0 + \hat{\beta}_1 x_i$
x, y **の標本平均**	$\hat{\mu}_x,\ \hat{\mu}_y$

ここに，真のシステムに不確かさ ε を付加したが，回帰モデルに移し替えても良い．また，図 5.1 ではシステムと回帰モデル出力の差（誤差）を e と置いているが，これも含んだものが ε であると見てほしい．他書を読むと，この表現法はさまざまにあるが，要は，シ

ステムとモデルとの差に何らかの差があることを表現できればよい。

例えば（この説明に縛られる必要はない），システムに何らかの変動分（生体的ゆらぎ，部品の劣化，外部雑音の混入。これらは外乱ともいう）があり，これを ε_i と表現したとする。一方，観測値とモデル出力は共に計測でき，その差が e であり，ε とは違う，という論もある。

ただ，ε や e を確率変数と置いたら，それぞれの正確な値がわからないのだから，個々の値をまとめたものの統計的性質が重要である。そのため，ここでは，あまりうるさく区別しないこととする。

ここでの仮定は，システムの構造が既知（この仮定はいつも気が引ける），および，ε_i が標準正規分布に従うことである。この仮定のもとで，次のことがいえる。

偏回帰係数の性質

先に述べた仮定のもとで，推定した偏回帰係数の性質を示す。

不偏推定量：
$$E\left[\hat{\beta}_0\right] = \beta_0, \quad E\left[\hat{\beta}_1\right] = \beta_1$$

一致推定量： $N \to \infty$ のとき，下記の係数の分散は 0 に近づく。

$$\sigma_{\hat{\beta}_0}^2 = V\left[\hat{\beta}_0\right] = \left(\frac{1}{N} + \frac{\hat{\mu}_x^2}{\sum_{i=1}^{N}(x_i - \hat{\mu}_x)}\right)\sigma^2 \tag{5.7}$$

$$\sigma_{\hat{\beta}_1}^2 = V\left[\hat{\beta}_1\right] = \frac{\sigma^2}{\sum_{i=1}^{N}(x_i - \hat{\mu}_x)} \tag{5.8}$$

正規性：
$$\hat{\beta}_0 \sim N\left(\beta_0, \ V\left[\hat{\beta}_0\right]\right), \quad \hat{\beta}_1 \sim N\left(\beta_1, \ V\left[\hat{\beta}_1\right]\right)$$

これらの性質のうち，不偏と一致推定量は有用であろう。

偏回帰係数の検定

推定した偏回帰係数の検定の概要を述べる。まず，$\hat{\beta}_1$ を対象として考える。これが，ある特定の値 β_1 に等しいか否かの検定を考える。この場合の仮説は，$H_0: \hat{\beta}_1 = \beta_1$, $H_0: \hat{\beta}_1 \neq \beta_1$ である。

母分散 σ^2 は未知であるから，代わりに次の $\hat{\sigma}^2$ を用いる。

$$e_i = y_i - \hat{y}_i = y_i - \left(\hat{\beta}_0 + \hat{\beta}_1 x_i\right) \tag{5.9}$$

$$\hat{\sigma}^2 = \frac{1}{N-2} \sum_{i=1}^{N} e_i^2 \tag{5.10}$$

2番目の式で $N-2$ で割る理由は，偏回帰係数を最小2乗法で求める際に，e_i の総和は0，かつ変数ベクトルと係数ベクトルとの内積を0とする，という二つの制約が加わり，自由度が2だけ失われるためである。

(5.8) 式の σ^2 の代わりにこの $\hat{\sigma}^2$ を用い，これを $V[\hat{\beta}_1](\hat{\sigma}^2)$ と表す。これを用いて，$\hat{\beta}_1$ の検定統計量を次式で表す。

$$t_{\beta_1} = \frac{\hat{\beta}_1 - \beta_1}{\sqrt{V[\hat{\beta}_1](\hat{\sigma}^2)}} \sim t(N-2) \tag{5.11}$$

この t_{β_1} は統計の t 検定で現れたものと同様の形式であるため，t 検定と同じ検定手順を行うことになる。ただし，自由度 $N-2$ の t 分布に従うことに注意されたい。

$\hat{\beta}_0$ についても同様の t 検定が行えるような統計検定量が導出されている（他書参照）。statsmodels の回帰分析では，$\beta_0 = \beta_1 = 0$ とおいて $\hat{\beta}_0$ および $\hat{\beta}_1$ が個別にゼロであるか否かの t 検定を行い，その結果を P>|t|で示している。

決定係数 R^2

これは次式で定義されるものである。

$$R^2 = \frac{\sum_{i=1}^{N}(\hat{y}_i - \hat{\mu}_y)^2}{\sum_{i=1}^{N}(y_i - \hat{\mu}_y)^2} = 1 - \frac{\sum_{i=1}^{N}(y_i - \hat{y}_i)^2}{\sum_{i=1}^{N}(y_i - \hat{\mu}_y)^2} \quad (0 \leq R^2 \leq 1) \tag{5.12}$$

(5.12) 式の意味を少し考える。真ん中の式を見ると，分子がモデル出力 $\hat{y}$ の分散，分母がシステム出力 y の分散と見ることができ，分散比を表している（物理からみればエネルギー比である）。これを統計では変動比と称している。したがって，ベストフィッティングの $R^2 = 1$ というのは分散が同じということを述べている。統計量である分散や平均が同じでも，異なるデータ系列を示すことはよくある。よって，ここだけを見るならば，R^2 がフィッティングの良さの指標とはなり得ない。

しかし，右の式の第2項分子を見るとシステムとモデル出力の誤差分散を測っており，これは一致性を測る指標であるから，この観点から，R^2 はフィッティングの良さを表す指標となり得ることがわかる。

では，真ん中の式は役に立たないのか，というとそうでもない。世の中には，フィッティングよりも分散比（すなわち，エネルギー比）を重要視する分野もあり，これから見ると有用な表現である。

このように，式からどのようなことがいえるのか，を考えることも何かの役に立つことを知ってほしい．なお，重回帰分析では，R^2 に次数を考慮した自由度調整済み決定係数（adjusted coefficient of determination）も用いられ，statsmodels は `Adj. R-squared` という表示でこの計算結果を示す．

5.3　多項式回帰分析

多項式回帰分析（polynomial regression analysis）は，多項式をモデルに用い，非線形の回帰分析に分類される．ただし，説明変数は 1 種類であり，この点で単回帰分析と同じであるから，ここで説明する．

5.3.1　多項式モデル

中学・高等学校で学んだ多項式，$y = ax^2 + bx + c$（2 次式），$y = ax^3 + bx^2 + cx + d$（3 次式）のグラフをイメージしてほしい．観測データがこの多項式に近い分布を示しているとき，単回帰モデル（1 次式）より，多項式モデルを用いたフィッティングのほうが好ましいという考え方がある．

説明変数が 1 種類の多項式モデルの表現は，回帰分析の分野に合わせて次となる．

$$y = \beta_0 + \beta_1 x + \beta_2 x^2 + \cdots + \beta_p x^p \tag{5.13}$$

$$= \sum_{i=0}^{p} \beta_i x^i \tag{5.14}$$

ここに，p は次数（degree）である．

5.3.2　R データセットの cars

R[*5] のデータセットの中にある cars は，車がブレーキを掛けたときの停止距離〔ft〕と速度〔mile/h〕との測定データ（1920 年代に計測）がある．この詳細は，https://stat.ethz.ch/R-manual/R-devel/library/datasets/html/00Index.html の cars を参照されたい．データセットは 2 変数（speed, dist(distance)）が 50 セットある．

R のデータセットを読み込めるパッケージ rpy2.robjects を事前にインストールしておいてから（第 1 章参照），次のようにして読み込む．

[*5] https://www.r-project.org/

File 5.2　REG_Poly_R_cars.ipynb

```
import statsmodels.formula.api as smf
from rpy2.robjects import r, pandas2ri

pandas2ri.activate()
df = r['cars']    # read datasets of cars
x = df.speed
print(df.head())
```

```
    speed   dist
1    4.0    2.0
2    4.0   10.0
3    7.0    4.0
4    7.0   22.0
5    8.0   16.0
```

次数をいくつにしたらよいかわからないということにして，ここでは，2次と3次（$p=2,3$）の多項式モデルを適用する．

```
# 2nd order
result2 = smf.ols('dist ~ np.power(speed,2) + speed', data=df).fit
    ()
# 3rd order
result3 = smf.ols('dist ~ np.power(speed,3) + np.power(speed,2) +
    speed', data=df).fit()
```

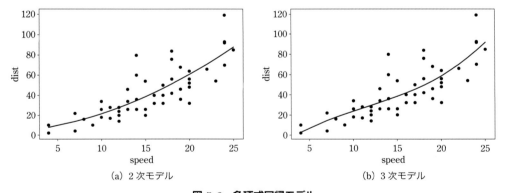

(a) 2次モデル　　　　　　　　(b) 3次モデル

図 5.6　多項式回帰モデル

この結果のグラフを図 5.6 に示す．結果だけからは，次数がどれが良いかは判断しかねる．また，この例題では t 検定やほかの統計量（R^2，AIC など）を次数選定の評価基準に用いるのは得策ではない．なぜならば，工学において，停止距離は速度の 2 乗に比例することがわかっているからである．すなわち，次となる．

$$\text{dist} \propto \text{speed}^2$$

このような場合には，この物理モデルに準じた回帰モデルを用いるのがよい．したがって，次数は 2 が適当といえる．

まだ問題がある．現実問題として速度 0 のとき，停止距離は 0 でなければならない．このことは，$\beta_0 = 0$ を意味する．しかし，上記のスクリプトはこの条件を入れていないため，速度 0 でも停止距離は 0 でないという結果を示している．このため，すでにこの結果は意味がないことになる．これらの対処と試行は読者に委ねる．

なお，上記 Notebook には，この問題を単なるカーブフィッティングとして見て，numpy を用いた例を記述したので，興味ある読者は見られたい．

Tea Break

　回帰分析では説明変数を独立変数ということがある．この用語は数学や科学でいう独立変数のニュアンスとはどうも少し異なるようである．後者がいう独立とは，ほかの要因に影響を受けず，独立して値が変化しているという意味である．例えば，現実世界で独立性のある物理量は時間である（ただし，宇宙物理論では重力や速度に影響を受けるので，宇宙規模では独立ではない）．一方，説明変数の意味で独立変数に温度とした場合，温度はガスコンロの燃料，気温における気象条件などのようにほかの物理量の影響を受ける．これは数学でいう独立ではないことを意味する．ところで，筆者の限定された知識では独立性のある物理量は時間以外知らず，ほかにあればご教示願いたい．

　余談となるが，先に示したエンゲル係数は戦後の一時期には貧しさの指標として用いられた．現在，高齢者だけの家庭でのエンゲル係数が上がりつつある．これを見て，直ちに，低所得の高齢者が増えていると即断することは禁物である．なぜならば，現在のコンビニでは高齢者や単身者向けの豊かな食材が増え，手軽な中食がしやすくなり食費が伸びている．これがエンゲル係数を押し上げている．すなわち，豊かさの一面を映していることになる．時代とともに指標の見直しも必要という事例である．

5.4　重回帰分析

　重回帰分析（multiple regression analysis）は，(5.1) 式で p 次の回帰モデル（$p \geq 2$）を用いる．すなわち，説明変数が複数ある．このとき，単回帰モデルとは異なる見方がある．それは，複数の偏回帰係数がゼロであるか否かを一括して考える F 検定，および，説明変数間に強い相関がある場合の多重共線性である．これらの説明のため，人工データを用いたシミュレーションを用いる．

5.4.1 F 検定

重回帰モデルの偏回帰係数のうちバイアスパラメータ β_0 を除いた $\beta_1, \cdots, \beta_p$ の値が 0 であるか否かを一括して調べたいときがある．このための仮説を次のように設ける．

$H_0: \beta_1 = \beta_2 = \cdots = \beta_p = 0$
$H_1: \beta_1, \beta_2, \cdots, \beta_p$ のうち少なくとも一つがゼロでない

この検定に F 検定（F test）が用いられる．式による表現は後述するとして，その見方を説明する．

真の 2 次システムを次で与える．

$$y = \beta_1 x_1 + \beta_2 x_2 + \varepsilon \tag{5.15}$$

ここに，バイパスパラメータ $\beta_0 = 0$ とし，$\varepsilon \sim N(0, \sigma^2)$ である．

この x_1, x_2 および ε（スクリプトでは noise と表現）を次のように与える．

File 5.3 REG_MultipleRegression.ipynb

```
num = 30
noise = np.random.normal(0.0, 0.1, num)
rad = np.linspace(-np.pi, np.pi, num)
x1 = np.sin(rad)
x2 = np.random.normal(-2.0, 3.0, num)
```

これを用いて，係数を次のようにおき，重回帰モデルをたて，これに対する分析を行う．

```
b1, b2 = 1.1, -0.55 # beta_0, beta_1
y = b1*x1 + b2*x2 + noise
df = pd.DataFrame({'y':y, 'x1':x1, 'x2':x2})
results = smf.ols('y ~ x1 + x2 -1', data=df).fit()
results.summary()
```

結果の一部を抜粋して示す．

```
F-statistic:           8302.
Prob (F-statistic):    1.47e-39

       coef    std err      t       P>|t|
x1    1.0820   0.024     46.036    0.000
x2   -0.5487   0.004   -123.729    0.000
```

この結果において，F-statistic は F 値，Prob (F-statistic) はその確率を表していて，十分に小さいことを示しているから，H_0 は棄却できる．すなわち，β_1, β_2 のうち，少なくとも一つはゼロでないといえる．また，t 検定は，両方の係数ともにゼロではないことを示している．

次に，偏回帰係数を小さくしたときどうなるかを調べる．ただし，観測雑音（noise）は

あるものとする．このため，b1, b2 = 0.0001, −0.000055 とおいて，同様の計算した結果が次である．

```
F-statistic:           0.05634
Prob (F-statistic):    0.945

       coef    std err       t      P>|t|
x1    0.0020    0.032     0.064    0.949
x2   -0.0027    0.008    -0.335    0.740
```

この結果 Prob (F-statistic): 0.945 は，すべての係数がゼロであることを示唆している．実際，t 検定も α の値を適当においたとしても，同様のことを示している．

このシミュレーションでは，ノイズ（noise）が信号 ($x_1 + x_2$) に比べて大きく，重回帰の計算はノイズをあたかもモデルとして見ているために生じた結果である．係数の値が小さくても，ノイズがなしとなれば，係数の値は十分許容できる値で推定されるので，読者自身で試されたい．

5.4.2 多重共線性

多重共線性（multicollinearity）は，説明変数どうしに高い相関がある場合に生じる現象である．このことをシミュレーションを通して説明する．

システムを先の例と同じ 2 次とし，ノイズは重畳しているものとする．

File 5.4 REG_MultipleRegressoin.ipynb

```
num = 30
rad = np.linspace(-np.pi, np.pi, num)
x1 = np.sin(rad)
x2 = np.random.normal(-2.0, 3.0, num)

b1, b2 = 3.3, -1.25
noise = 0.001*np.random.normal(0.0, 1.0, num)
y = b1*x1 + b2*x2 + noise
```

このとき，関係のない x3 を測定して，$y = \beta_1 x1 + \beta_2 x2 + \beta_3 x3$ が良い回帰モデルと考え，これを用いた重回帰分析を行ったとする．

```
x3 = 3.35*np.sin((rad+0.001)) +
                0.001*np.random.normal(0.0, 1.0, num)
df = pd.DataFrame({'y':y, 'x1':x1, 'x2':x2, 'x3':x3})
results = smf.ols('y ~ x1 + x2 + x3 -1', data=df).fit()
results.summary()
```

このデータの作成はかなりトリッキーであるが，練習問題としてご容赦願いたい．この結果の一部を抜粋したのが次である．

```
R-squared: 1.000
Prob (F-statistic):       4.00e-99

        coef    std err         t         P>|t|
x1      3.3508   0.311      10.771        0.000
x2     -1.2500   5.9e-05   -2.12e+04      0.000
x3     -0.0152   0.093      -0.163        0.872
```

この結果を見て，R-squared(R^2)=1 は十分にフィッティングしており，Prob (F-statistic) の値も十分に小さい．これだけを見ると良いモデルを得たように見える．しかし，x1 の係数の標準偏差（ばらつき）が 0.311 で，推定係数値の 10%程度と比較的大きい．x3 の係数の標準偏差 0.093 は推定係数値の数倍でかなりばらつきが大きいといえる．

用いたデータは，x1 と x3 の相関が強いように作成されている（このことは読者で検証されたい）．このため，多重共線性があると推定係数の標準偏差が大きくなる傾向が生じる．さらに観測雑音（スクリプト中の noise）があると，さらにこの傾向は強くなる．

多重共線性の検出方法として，説明変数間の相関係数，VIF（variance inflation factor, 分散拡大要因），説明変数の相関行列の行列式などの指標が用いられる．多重共線性があった場合の対処方法として，原因となる変数を除去することが一番であろう．ほかに，変数を変換・合成するなども考えられ，この詳細は他書を参照されたい．

なお，同じ Notebook 内に，真のシステムに次数を合わせたモデル $y = \beta_1 x1 + \beta_2 x2$ を用いた分析も行っており，各種統計量が改善されていることを確認されたい．また，データ分析ではグラフ化が重要であるが，重回帰分析はこれが難しい．$p = 2$ ならば 3 次元グラフ化が可能であり，この試みを Notebook に示したので参照されたい．

5.4.3 電力と気温の関係

消費電力（電力と称する）が，最高気温と最低気温との間にどのような関係にするか重回帰分析を通して考察する．電力予測（30 分先，4 時間先など）は電力系統全体を安定化させるのに必須である．この予測を行うのに，練習問題として簡単な形で扱うこととする．

電力データの取得を次のように行った．東京電力でんき予報ページ（http://www.tepco.co.jp/forecast/）→ "過去の電力使用実績データ" → "2017 年"，これを CSV ファイルでダウンロードする．

これを適切に加工して，**図 5.7**(a) のようにした．このデータの内容は

- 2017 年 1 月 1 日～12 月 31 日，1 時間ごとの電力データである．
- コメント行は 1 カラム目に "#" がある．
- ラベル名は 4 行目のとおりである．
- エンコードは SHIFT-JIS

気温データの取得は次のように行った。気象庁過去の気象データ・ダウンロードページ（`http://www.data.jma.go.jp/gmd/risk/obsdl/`）において

- “地点を選ぶ” → 東京
- “項目を選ぶ” → “データの種類”：日別値，“気温”：日最高気温と日最低気温にチェック
- “期間を選ぶ” → 2017 年 1 月 1 日から 12 月 31 日を指定
- エンコードは SHIFT-JIS

この CSV ファイルをダウンロードして，適切に加工したものを図 5.7(b) に示す。この二つのデータはそれぞれ “REG_Multi_PowerTemp.ipyn” に示すスクリプトのありかにアップした。

	A	B	C	D	E
1	# 2018/6/25 4:40 UF	2017年電力消費			
2	# http://www.tepco.co.jp/forecast/html/download-j.html				
3	# Power :実績(万kW)				
4	DATE	TIME	Power		
5	2017/1/1	0:00	2783		
6	2017/1/1	1:00	2634		
7	2017/1/1	2:00	2520		
8	2017/1/1	3:00	2438		
9	2017/1/1	4:00	2389		
10	2017/1/1	5:00	2394		
11	2017/1/1	6:00	2491		
12	2017/1/1	7:00	2626		
13	2017/1/1	8:00	2715		
14	2017/1/1	9:00	2637		
15	2017/1/1	10:00	2507		
16	2017/1/1	11:00	2400		

(a) 電力データ

	A	B	C	D
1	# 2017年 東京， 最高気温，最低気温			
2	# http://www.data.jma.go.jp/gmd/risk/obsdl/			
3	Date	MaxTemp	MinTemp	
4	2017/1/1	13.8	2	
5	2017/1/2	13.3	3.8	
6	2017/1/3	13.7	3.5	
7	2017/1/4	14	3.6	
8	2017/1/5	10.4	3.7	
9	2017/1/6	8.8	1.5	
10	2017/1/7	8.7	0.1	
11	2017/1/8	6	1.6	
12	2017/1/9	11.1	3.8	
13	2017/1/10	12.7	3.5	
14	2017/1/11	11	3.9	
15	2017/1/12	12.1	0.7	
16	2017/1/13	12.7	1.4	

(b) 最高，最低気温データ

図 5.7 電力と気温のデータ

電力データは 1 時間ごとであるから，気象データに合わせて，これを 1 日ごとのダウンサンプリング（down-sampling）を行う。ただし，このときの電力は，その日の最大値を採用する。このことを次に示す。

File 5.5 REG_Multi_PowerTemp.ipynb

```
url = 'https://sites.google.com/site/datasciencehiro/datasets/
          ElectricPower.csv'
df_pow = pd.read_csv(url, comment='#',
          index_col='DATE', parse_dates=['DATE'],
          encoding='SHIFT-JIS' )
df_pow2 = df_pow.resample('D').max()
```

上記で，parse_dates の意味は，指定された列のデータが時間を表しており，一般にいくつかのフォーマットがあるので，それに対応できる解析（parse）を通して，pandas の時間型データに変換することにある。

気象データの読込みを次のように行い，先の電力データと結合する。

```
url = 'https://sites.google.com/site/datasciencehiro/datasets/
        AirTemperature.csv'
df = pd.read_csv(url, comment='#',
        index_col='Date', parse_dates=['Date'],
        encoding='SHIFT-JIS' )
df['MaxPower'] = df_pow2.Power
```

このデータに対して，2次の重回帰モデルを用いた分析を行い，その結果の一部を示す。

```
result = smf.ols('MaxPower ~ MaxTemp + MinTemp', data=df).fit()
result.summary()
```

```
R-squared:                 0.002
Prob (F-statistic):        0.711

              coef      std err       t       P>|t|

Intercept  3919.7384    104.068    37.665    0.000
MaxTemp      -3.9502      9.762    -0.405    0.686
MinTemp       1.1954      9.427     0.127    0.899
```

この結果を見ると，R-squaredや偏回帰係数の検定など，全般的に良くない結果である。そこで，電力データを**図 5.8**，気温データを**図 5.9**に示す。

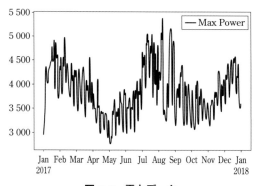

図 5.8　電力データ

電力データ（図 5.8）を見て，期間により上昇傾向と下降傾向がある。いま，用いている重回帰モデルは線形ゆえ，この二つの傾向を同時に表現することはできない。そのため，グラフを見て，大まかではあるが，次のように期間を区切った分析を行うこととする。

```
df1 = df['2017/1/15':'2017/4/30']
df2 = df['2017/5/1':'2017/8/31']
```

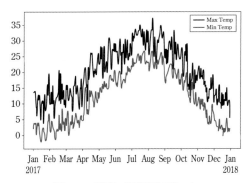

図 5.9 最高，最低気温データ

ここに，1月1日〜1月14日は，正月期間のせいか電力消費量が低いので df1 からは除外した。df1 に対する分析が次である。

```
result1 = smf.ols('MaxPower ~ MaxTemp + MinTemp', data=df1).fit()
print(result1.summary())
```

この結果の一部を示す。

```
R-squared:                  0.707
Prob (F-statistic):         3.41e-28

              coef      std err       t        P>|t|
Intercept   4831.8773   89.797     53.809     0.000
MaxTemp      -49.5928    8.269     -5.998     0.000
MinTemp      -41.9843    9.837     -4.268     0.000
```

また，df2 に対する結果が次である。

```
R-squared:                  0.695
Prob (F-statistic):         1.22e-31

              coef      std err       t        P>|t|
Intercept    400.5727  232.395      1.724     0.087
MaxTemp       65.9611   12.546      5.258     0.000
MinTemp       78.7165   12.934      6.086     0.000
```

いずれも，データを一括して行った結果よりは，意味がありそうに見える。偏回帰係数を見て，df1 に対する結果では，わずかであるが，最大気温のほうが最大電力に影響がありそうである。df2 に対する結果では，この逆のことがあるように見える。

この例では，やみくもにデータ分析を行うのではなく，事前にデータを縦から見たり横から見たりという，いろいろな分析（相関や独立性の検定など）が必要である，というこ

とを述べている．もちろん，グラフによる視覚化も有効な手段であろう．

予測は，単回帰分析と同じように次のようにして行う．ただし，ここでは，df1 の結果に対してだけ行った．

```
NewData = { 'MaxTemp':[18.5，14.0], 'MinTemp':[9.0，6.5]}
NewDf = pd.DataFrame(NewData)
pred = result.predict(NewDf)
```

```
0    3857.418964
1    3872.206192
```

この例では，話を簡単にしたが，実際はさらなる要因を考慮しなければならない．例えば，消費電力の 1 日のうちのピーク時間は夏と冬とで異なる，また，住宅街とビジネス街でも異なる，という時間と地域の分散性などがあり，これらを考慮したさらなる分析は興味ある読者に委ねることとする．

5.4.4　ワインの品質分析

ワインの品質分析をその成分からだけで行えるか？　という試みである．これについては，異論が多くあるが，読者がデータサイエンスの未来を切り開くきっかけを掴めればよいという思いからで簡単に紹介する．

用いるワインデータは，UCI Machine Learning Repository にある，Wine Quality Data Set：http://archive.ics.uci.edu/ml/datasets/Wine+Quality → "Data Folder" → "winequality-red.csv" である．ここでは，赤ワインを対象とし，白ワインの分析は読者に委ねる．なお，この CSV ファイルについて

- セパレータ（数字区切り）がセミコロン（;）である．
- ラベル名に空白を含んでいるものがあり，pandas で読めないため，空白をアンダーライン（_）に変換し，このファイル名を "winequality-red_mode.csv" として，クラウドにアップした（この読込みは次のスクリプトを参照）．

このデータは，P. Cortez らが調査したポルトガルワインの成分を基に，赤ワインと白ワインの品質を検証したもので，ワインごとに測定された 11 種類の成分データとそのワインの味を評価したグレードは 3 人以上のワイン査定士が評価した結果の平均値であり，これは quality（品質スコア：0（とてもまずい）から 10（絶品）まである）として表現されている．データの各変数の内容を**表 5.2** に示す．

このデータを読み込むのが次のスクリプトである．

表 5.2

fixed acidity	volatile acidity	citric acid	residual sugar	chlorides	free sulfur dioxide
酒石酸濃度	酢酸酸度	クエン酸濃度	残留糖分濃度	塩化ナトリウム濃度	遊離亜硫酸濃度
total sulfur dioxide	density	pH	sulphates	alcohol	quality
亜硫酸濃度	密度	pH	硫酸塩濃度	アルコール度数〔%〕	品質スコア

File 5.6　REG_Multi_WineQuality.ipynb

```
url='https://sites.google.com/site/datasciencehiro/datasets/
    winequality-red_mod.csv'
wine_set = pd.read_csv(url, sep=";")
wine_set.head(6)
```

このデータ表示はNotebookを参照されたい．重回帰分析モデルとして，筆者はワインの専門家ではないので，特に意味があるわけではなく，次のように置いた．

```
ols_model = "quality ~ volatile_acidity + chlorides +
    total_sulfur_dioxide + sulphates + alcohol"
results = smf.ols(formula = ols_model, data=wine_set).fit()
results.summary()
```

このサマリー（summary）もNotebookを参照されたい．評価のポイントは，qualityを11個の説明変数で予測ができるか？　にある．データセットは1599あり，評価を行うのにトレーニングデータとテストデータに分けて行うことになる．これらモデルの置き方や，評価の仕方は読者に委ねるとする．

Tea Break

ワインの品質分析で有名な話に，イアン・エアーズ：その数学が戦略を決める，文藝春秋，2010（原本：Ian Ayres: Super Crunchers: Why Thinking-By-Numbers is the New Way To Be Smart, Bantam）がある．これは，データサイエンスの先駆けともいえる書籍である．この中で，ワイン好きの経済学者 Orley Ashenfelter 氏（プリンストン大学）がワインの質の定量的評価式を提案したことをエアーズ氏が紹介し，これが定量的表現の考え方に否定的なワイン愛好家の物議を醸した．ところが，原文において著者の転記ミスがあり，Ashenfelter 氏の論文は価格に関する回帰分析であった．このことは，エアーズ氏やAshenfelter 氏のホームページ，また，上記の本の改訂版にも書かれている．

これに懲りず，ワインの品質分析がソムリエの舌に頼ることなく，定量的に行えるにはどのようにすれば良いかを考えることもデータサイエンスとして重要な挑戦であろう．

5.4.5 数学的説明

単回帰分析と異なる点に F 検定がある。この話を進めるには，重回帰モデルを次としている。

$$y_i = \beta_0 + \beta_1 x_{1,i} + \beta_2 x_{2,i} + \cdots + \beta_p x_{p,i} + \varepsilon_i, \ (i=1,\cdots,N)$$

ここに，$\varepsilon_i \sim N(0, \sigma^2)$ という仮定がある。また，これは，真のシステムと重回帰モデルとの差が統計的に $N(0, \sigma^2)$ であるという見方もできる。

偏回帰係数を推定したとき，単回帰分析のときと同じように，これらの係数が 0 であるか否かを知りたい。しかし，t 検定では一つずつの係数しか検定できないから面倒なため一括して検定したいという考え方がある。このため，次のような仮説を設ける。

H_0：$\beta_1 = \beta_2 = \cdots = \beta_p = 0$
H_1：$\beta_1, \beta_2, \cdots, \beta_p$ のうち少なくとも一つがゼロでない

この検定に F 検定（F test）が用いられる。この考え方は，重回帰分析の解法に行列方程式が現れ，そのランク（条件数で見ることもある）を見ているようなものである。この解法に基づき，次のような使いやすい統計検定量 F を導くことができる（導出は他書参照）。

$$F = \frac{\left(\sum_{i=1}^{N}\left(y_i - \widehat{\mu}_y\right)^2 - \sum_{i=1}^{N} e_i^2\right) \Big/ (N-1) - (N-1-p)}{\sum_{i=1}^{N}(y_i - \hat{y}_i)^2 \Big/ (N-1-p)}$$

$$= \frac{\sum_{i=1}^{n}(\hat{y}_i - \hat{\mu}_y)^2 \Big/ p}{\sum_{i=1}^{N} e_i^2 \Big/ (N-1-p)}$$

この統計量 F は自由度 p と $N-p-1$ の $F(p, N-p-1)$ 分布に従うことが知られている。この F 分布関数はベータ関数で表され複雑な形をしているが，statsmodels で簡単に計算できるので，F 分布関数を知るのは大変と思うことはない。

5.5 一般化線形モデル

5.5.1 一般化線形モデルの概要

一般化線形モデル（GLM：generalized linear model）という名称は，"化" があるかどうかで随分と趣が変わる。ここでは，GLM として離散確率変数を対象としたポアソン回帰モデルとロジスティック回帰モデルを説明する。

注意として，目的変数を y，説明変数を $\boldsymbol{x}$ と置くのはこれまでの回帰分析と変わらない

が，GLM は y を予測するのではなく，y が従う確率分布のパラメータ（母平均や確率）を予測する．

離散確率変数がある離散の確率分布（PD：probability distribution）に従う場合，その確率と PD は次の関係で表現できた．

$$P(y) = \mathrm{PD}(y, \alpha) \tag{5.16}$$

ここに，α は離散確率分布（確率質量関数にほかならない）のパラメータである．

GLM を用いた回帰分析とは，(5.16) 式の α を推定できるモデルを得ることである．ここに，α を次のように表現する．

$$\alpha = f(z) = f\left(\boldsymbol{x}\boldsymbol{\beta}^\top\right) \tag{5.17}$$

ここに，$f(\cdot)$ は非線形関数，z は**線形予測子**（linear predictor）と呼ばれるもので，説明変数 $\boldsymbol{x} = [1 \ x_1 \ \cdots \ x_p]$ と偏回帰係数 $\boldsymbol{\beta} = [\beta_0 \ \beta_1 \ \cdots \ \beta_p]$ を用いた次の線形関係を表している．

$$\begin{aligned} z &= \boldsymbol{x}\boldsymbol{\beta}^\top \\ &= \beta_0 + \beta_1 x_1 + \cdots + \beta_p x_p \end{aligned} \tag{5.18}$$

これらの表現を用いて，GLM を用いた回帰分析の目的を改めて述べると，次となる．

- $f(\cdot)$ の構造をあらかじめ定めておいて，説明変数 $\boldsymbol{x}$ を用いて α を計算できる $\boldsymbol{\beta}$ を推定し，GLM を求める．
- GLM を用いて確率分布のパラメータの予測を行う．

この目的を果たす鍵として，α に対する作用素 $L(\cdot)$ が，次のように線形関係を与えるとき

$$L[\alpha] = L[f(z)] = z = \boldsymbol{x}\boldsymbol{\beta}^\top \tag{5.19}$$

すなわち，$f(z)$ の逆関数を表す $L(\cdot)$ を**リンク関数**（link function）という．一番右の式は線形関係であるので，重回帰分析で用いたアルゴリズムの原理を適用でき，$\boldsymbol{\beta}$ を求めることができる．一般化線形モデルの"一般化"という名称は，いろいろな確率分布に適用したいことに由来するが，(5.19) 式の条件を考えないと一般化は難しい．

ここまでの説明では，一般化線形モデルが何をどのようにしているのか，まだわからないと思うので，次項以降で，ポアソン回帰モデルとロジスティック回帰モデルの例を通した説明を行う．

statsmodels は，確率分布（PD）として，Binomial, Poisson のほかに Gaussian, gamma などを提供しており，それぞれに対するリンク関数もいくつか用意している．このドキュ

メントは `statsmodels.genmod.generalized_linear_model.GLM` を参照されたい。また，GLM の使い方などは Generalized Linear Models (http://www.statsmodels.org/dev/glm.html) にある。

5.5.2 ポアソン回帰モデル

目的変数 y は 0 から始まる計数データとする。計数データ (enumeration data)[*6] とは回数を数えた (count up) 数のことで，縄跳びを 3 回飛んだと言ったときの数をいう。いま，X がポアソン分布に従うとする。すなわち次のように表せる。

$$P(X = y) = \exp(-\lambda t) \frac{(\lambda t)^y}{y!} \tag{5.20}$$

ここに，単位時間 t の間で平均 λ 回発生する確率事象が y 回 ($y = 0, 1, 2, \cdots$) 発生する確率を表している。この λ を推定できれば，ポアソン回帰モデルが得られることになる。そのため，いま，(5.17) 式を次のように置き換えてみる。

$$\alpha \to \lambda, \quad f(\cdot) \to \exp(\cdot)$$

すなわち

$$\lambda = \exp\left(\boldsymbol{x}\boldsymbol{\beta}^\top\right) \tag{5.21}$$

であり，ポアソン回帰モデルを求めるとは，(5.21) 式において，説明変数 $\boldsymbol{x}$ から λ を計算できる $\boldsymbol{\beta}$ を求めることにある。

このため，リンク関数を $L = \log_e$ に選ぶと [*7]，次を得る。

$$\log_e \lambda = \boldsymbol{x}\boldsymbol{\beta}^\top \tag{5.22}$$

$\log_e \lambda$ を一つの変数とみなすと，この式表現は線形関係であり，重回帰分析のアルゴリズムを適用できる。これより，(5.22) 式の $\boldsymbol{\beta}$ を求めれば，λ を推定できる。すなわち，ポアソン回帰モデルを用いた回帰分析とは λ を推定することである。

ここで，次のポアソン分布の性質

$$E[y] = \lambda \tag{5.23}$$

[*6] この計数データは集合数の別称である。自然数には，集合数（集合の要素の数）と順序数（ある物の順番を表す）がある。順序数を足すことはできない。例えば，電車の 1 号車と 3 号車を足して 4 号車になる，ということはない。

[*7] 分野により，自然対数は ln または底を省いた log という表記がされる。一方，工学のある分野では常用対数 $\log_{10}$ を log と表記することがあり，混乱を避けるために底を明記する。

より，ポアソン回帰モデルは目的変数の期待値を求めていることと同じであるといえる．

5.5.3 $z = \beta_0$ の例

ポアソン回帰モデルを用いたシミュレーションを通して，何を求めるのかを見る．いま，(5.18) 式において $p = 0$ とした次の例を考える．

$$z = \beta_0$$

すなわち，$\lambda = \exp(\beta_0)$ より，ポアソン分布の平均値 λ は定数となる．

λ をスクリプト中で lam と表現して，ポアソン分布に従う目的変数 (y) を Num 個発生させ，そのヒストグラムと最初の n 点のプロットを行うのが次である．このプロットを図 **5.10** に示す．

File 5.7　GLM_Poisson.ipynb

```
Num = 1000
lam = 5 # lambda
y = np.random.poisson(lam,Num)

count, bins, ignored = plt.hist(y, 14, density=False)
n = 100
plt.plot(y[0:n])
```

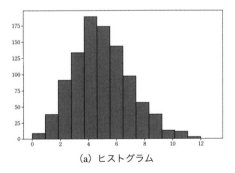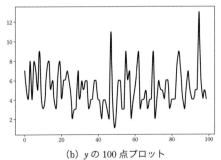

(a) ヒストグラム　　　　　　　　(b) y の 100 点プロット

図 5.10　$z = \beta_0$ の場合

このデータを用いて一般化線形モデル問題を解くのが次である．

```
x = range(len(y))
df = pd.DataFrame({'x':x, 'y':y})
glm_model = 'y ~ x'
result = smf.glm(formula=glm_model, data=df, family=sm.families.
    Poisson(link=sm.families.links.log)).fit()
result.summary()
```

ここに，引数 familiy（族）は用いる確率分布を指定し，link はリンク関数を指定する。この結果の一部を次に示す。

	coef	std err	z	P>|z|
Intercept	1.5827	0.029	55.400	0.000
x	2.076e−05	4.94e−05	0.420	0.674

この結果を見て，x の係数である β_1 は，当然のことながら，ほぼゼロと見なせる。Intercept は β_0 のことである。この値に対して次の計算を行う。

```
b0, b1 = result.params
print('exp(b0) =',np.exp(b0))
print('Mean of y =',df.y.mean())
```

2 行目は，$\lambda = \exp(\beta_0)$ の計算を示しており，3 行目は y の標本平均を計算している。この結果を次に示す。

```
exp(b0) = 4.86817571578
Mean of y = 4.919
```

データ発生時に与えた lam の値と比較して，両者とも近い値を示している。すなわち

$$\lambda = \exp(\beta_0)$$

より，λ を推定したことがわかる。

次に，Num と exp(b0) の関係を **表 5.3** に示す。

表 5.3

Num	100	1000	5000	10000
exp(b0)	5.240	4.868	4.938	4.999

この例では，推定誤差を 1%以下にするには目的変数のデータ数を 5000 点以上用意する必要がある。

5.5.4 $z = \beta_0 + \beta_1 x_1$ の例

次の場合を考える。

$$\lambda = \exp(z) \tag{5.24}$$
$$z = \beta_0 + \beta_1 x_1$$

この場合のポアソン回帰モデルを用いたシミュレーションは工夫がいる。なぜならば，平均値 $\lambda = \exp(z)$ が変化するためである。次のスクリプトを見てほしい。

```
Num = 1000
x = np.zeros(Num)
y = np.zeros(Num)
b0 , b1 = 0.5 , 3.5
for i in range(Num):
    x[i] = i
    lam = np.exp( b0 + (b1/float(Num)) * (float(i)))
    y[i] = np.random.poisson(lam,1)
```

このスクリプトでは次の計算を行っている．

$$\lambda_i = \beta_0 + \frac{\beta_1}{\text{Num}} \text{i}$$

これは，λ_i の初期値は b0，最終値は b1 になるよう直線的に変化することを示している．また，見掛け上の係数は β_1/Num となることに注意されたい．

y のヒストグラムと系列のプロットを **図 5.11** に示す．

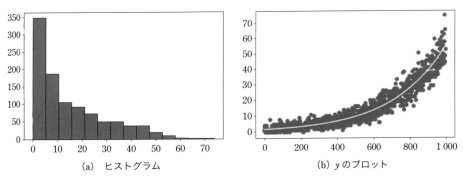

図 5.11 $z = \beta_0 + \beta_1 x_1$ **の場合**

このデータに対する回帰分析を次のように行う．

```
df = pd.DataFrame({'x':x, 'y':y})
glm_model = 'y ~ x'
result = smf.glm(formula=glm_model, data=df, family=sm.families.
    Poisson(link=sm.families.links.log)).fit()
print(result.summary())
```

この結果の一部を示す．

	coef	std err	z	P>|z|
Intercept	0.5198	0.028	18.355	0.000
x	0.0035	3.65e−05	95.100	0.000

この結果を見て，二つの係数ともゼロではないといえるので，これらを変換する計算と結果を次に示す．

```
b0, b1 = result.params
b1 = b1 * Num
print("b0 = %f   b1 = %f" % (b0,b1))
```

この計算で b1 = b1 * Num としているのは，先ほど述べた見掛け上の値 (β_1/Num) を元に戻すためである．

```
b0 = 0.519759   b1 = 3.469264
```

この結果と真の b0, b1 と比べて，近い値が得られていることが認められる．

この値を用いて，λ_i がどのように変化したかを図示するため次の計算とプロットを行う．

```
y_pre = np.exp(b0 + (b1/float(Num))*x)
plt.scatter(x[0:Num], y[0:Num])
plt.plot(x, y_pre, color = 'white')
```

このプロットは図 5.11(b) の白線で示される．これを見て，白線が y のほぼ真ん中を通っていることがわかる．このことをもう少し詳しく説明すると，y の集合平均が白線でよく表されているというのが正しい表現である．すなわち，ポアソン回帰モデルは λ_i を推定していることがわかる．

ここに集合平均は，標本平均と異なり，縦軸で考える．実際には，横軸のある地点を x で指定したとき，この x に対する y の値は 1 点しかないので不思議に思われるかもしれない．そこで，何回かデータ発生を行い，同じグラフに重ね合わせると，この x に対して複数の y が存在することとなる．同じ x の値をとる y の平均が集合平均となり，確率論で確率分布[*8] の本質を知る重要な考え方である．白線はこの集合平均を良く表している，というのが正しい表現である．

ここで，ポアソン回帰モデルを適用できるのは，図 5.11(b) に示すような "指数的な右肩上がりの形状" を示すデータ系列と勘違いしないようにされたい．

このことを確かめる．まず，図 5.11(b) は時系列データ（第 8 章を参照）ではないので，データの順番を変えることができる．これを作為的に行い，データの前半と後半を入れ替えたグラフを**図 5.12** に示す．

このデータの作成の仕方は先に示した Notebook に書いてあるので見られたい．このデータに対する回帰分析結果は，図 5.11 の場合と同じである．当然，図 5.12 のデータをシャフルしても同じ結果を得る．このときのプロットは，見た目には指数的な右肩上がりでは

[*8] この例は λ が変化するので，横軸を x としたときの非定常過程（確率論の用語）と言うためには，x が時間と同じ性質（独立の系列）でなければならず，実は表現が悩ましい例である．

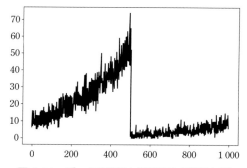

図 5.12　データの前半と後半を入れ替えた例

なくなる．このことは，図 5.11(b) に示すような形状ならばポアソン回帰モデルを適用してもよいが，そのような形状でなくてもポアソン分布に従うデータであるならばポアソン回帰モデルが適用できることを意味する．これは，データを見ただけで判断することは難しく，データの物理的背景から推測することが多い．

5.5.5　ロジスティック回帰モデル

ロジスティック回帰モデルを用いた回帰分析は，目的変数 y が 0，1 の 2 値をとるデータによく適用されている．例えば，

- ある植物種子へ，投与した肥料の量や日照時間（説明変数）により種子が発芽（$y=1$）するか否か（$y=0$）を予測したい
- 被験者 y の疾病の発生のあり（$y=1$），なし（$y=0$）と血圧や体重（説明変数）との関連性を考察したい

2 値をとるので，y の確率分布はベルヌーイ分布（Bernoulli distribution）となるが，ここでは，二項分布（binomial distribution）と称することとする．もちろん，ベルヌーイ分布と二項分布は異なるものであり，この背景は後節の数学的説明で説明される．

ロジスティック関数の導入

ロジスティック回帰モデルの目的は，確率 p を説明変数から推定できるモデルを得ることにある．ところが，離散確率の 0，1 という不連続な数を連続量である説明変数と関係づけて数値計算を実施することは大変難しい．そのため，離散確率を連続な関数で代替表現することを考える．さらに，連続に加えて，範囲 $[0,1]$ の間を単調増加させたいという要求を入れる．

この関数の候補はいくつかあるが，ここではロジスティック関数[*9]を用いることとする。このため，(5.17) 式において，$\alpha \to p$, $f(\cdot) \to$ ロジスティック関数に置き換える。すなわち，次のように表現する。

$$p = \frac{1}{1 + \exp(-z)} \tag{5.25}$$

このリンク関数は次である（この導出は後述）。

$$L[p] = \log_e \left(\frac{p}{1-p}\right) = z = \boldsymbol{x}\boldsymbol{\beta}^T \tag{5.26}$$

この式の導出は後節にある。このリンク関数は**ロジット関数**（logit function）としても知られている。これを用いて，ポアソン回帰モデルと同様にして $\boldsymbol{\beta}$ を求めることができ，(5.25) 式より p を推定できる。

カブトムシ問題

薬品の投薬量とカブトムシの生存率を取り上げる。この原典は次である。

- Annette J. Dobson and Adrian G. Barnett: An Introduction to Generalized Linear Models, 3rd ed., CRC Press 2008, p.127

データは次の形式である。

```
    n      x       y
0  59   1.6907    6
1  60   1.7242   13
2  62   1.7552   18
3  56   1.7842   28
```

ここに，n：薬品を与えたカブトムシの数，x：薬品の投薬量，y：そのうち死んだ数
このロジスティック回帰モデルを次のようにおく。

$$p = \frac{1}{1 + \exp(-(\beta_0 + \beta_1 x))} \tag{5.27}$$

この例のように，死亡（y）と生存（n−y）で表されるような場合のスクリプトは次となる。

File 5.8　GLM_Logistic_Beetle.ipynb

```
glm_model = 'y + I(n-y) ~ x'
result = smf.glm(formula=glm_model, data=df,
```

[*9] ロジスティック関数と同じようなものに，シグモイド関数 (sigmoid function)，双曲線正接関数などがある。ロジスティック関数は，P. F. Verhulst（ベルギー，1804–1849，数学者）が発案したと言われており，この名称の由来は兵站学（現在の高度物流に近い），フランス語の logis（住居）など諸説ある。

```
        family = sm.families.Binomial(link=sm.families.links.logit)).fit
           ()
print(result.summary())
b0, b1 = result.params
```

ここに，演算子 I() は，かっこ内の '−' が算術減算であることを表す．I() がないと，かっこ内の '−' は Patsy の表記（5.2 節を参照）と見なされ '−y' は y を除去することとなる．この結果の一部を示す．

	coef	std err	z	P>|z|
Intercept	−60.7175	5.181	−11.720	0.000
x	34.2703	2.912	11.768	0.000

この Intercept と x の coef がそれぞれ β_0, β_1 である．この係数を用いたロジスティック回帰モデルのプロットを**図 5.13** に示す．ここに，横軸は $z = \beta_0 + \beta_1 x$，縦軸は確率 p である．

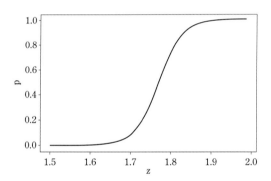

図 5.13　カブトムシ問題のロジスティック回帰モデル

このグラフを見ていえることは

- z の範囲（$1.6907 \leq z \leq 1.8839$）では，ほぼ $p = y/N$ である．
- これよりも注目すべきことは，z がこの範囲を超えたところでは，0 または 1 と見なすことができるので，投薬量 x から生存率をおよそ予測できることにある．

成績アップの分析

文献：Lee C. Spector and Michael Mazzeo: Probit Analysis and Economic Education, Journal of Economic Education, Vol. 11, Issue 2, pp. 37-44, 1980（経済教育関係の内容）において，教育プログラムである PSI（personalized system of instruction）が成績

アップに有効であるかの検証を行ったデータがある。

このデータは，次の William H. Greene による著書 Econometric Analysis（http://pages.stern.nyu.edu/~wgreene/Text/econometricanalysis.htm）から取得できるが，StatsModels のデータセットにあり，次のようにして取得できる。

File 5.9　GLM_Logistic_PSI.ipynb

```
data = sm.datasets.spector.load().data
df = pd.DataFrame(data)
df.head()
```

```
     GPA   TUCE   PSI   GRADE
0   2.66   20.0   0.0    0.0
1   2.89   22.0   0.0    0.0
2   3.28   24.0   0.0    0.0
3   2.92   12.0   0.0    0.0
4   4.00   21.0   0.0    1.0
```

これらの意味を次に表す。

- GPA（grade point average）：この場合は前期の成績で，（最低）0 〜 4（最高）の値をとる。
- TUCE（test of understanding in college economics）：統一テストの結果。
- PSI（personalized system of instruction）：ある教育プログラムを受けた（1），受けていない（0）。
- GRADE：成績が上がった (1)，上がっていない (0)

目的変数を GRADE として，PSI の受講が成績上昇に寄与したかどうかを調べるため，ほかの要因も説明変数として与える。GRADE が 2 値変数であるから，ロジスティック回帰モデルを用いた回帰分析を行う。このスクリプトが次である。

```
glm_model = 'GRADE ~ GPA + TUCE + PSI'
fit = smf.glm(formula=glm_model, data=df, family=sm.families.
    Binomial(link=sm.families.links.logit))
result = fit.fit()
print(result.summary())
```

この結果の一部を示す。

	coef	std err	z	P>|z|
Intercept	−13.0213	4.931	−2.641	0.008
GPA	2.8261	1.263	2.238	0.025
TUCE	0.0952	0.142	0.672	0.501
PSI	2.3787	1.065	2.234	0.025

この結果において，各説明変数の係数を見ると，TUCEの係数値がほかの二つに比べてレンジが1桁小さいので，GRADEに対する影響度はほかの二つに比べて小さいといえる。

次に，PSIとGPAを比べた場合，若干ではあるが，GPAのほうがGRADEへの影響度が高いといえる。しかしながら，この結果だけからは，PSIがGRADE向上に貢献したか否かは判断できにくい。実際，このデータの相関行列は次である。

```
           GPA       TUCE      PSI       GRADE
GPA     1.000000  0.386986  0.039683  0.497147
TUCE    0.386986  1.000000  0.112780  0.303055
PSI     0.039683  0.112780  1.000000  0.422760
GRADE   0.497147  0.303055  0.422760  1.000000
```

この結果も，やはり，PSIがGRADE向上に貢献したか否かは判断できにくいことを示している。

Notebookには，ほかにデータのグラフ化を行い，この貢献度合いの可視化を行っているので参照されたい。

5.5.6 数学的説明

ロジスティック回帰モデルでは，目的変数 y が0か1をとることを前提としている。このような場合の y はベルヌーイ分布である。

二項分布とは，例えば，ある1枚のコインがあり，表の出る確率は一定 p とされる。これを N 回試行（投げること）したときの，表と裏が出る分布をいう。すなわち，同一のものの試行で，かつ，p が一定であることが条件である。

したがって，次の二つの確率分布は異なる。

- N 枚のコインのそれぞれの表の出る確率 p_i が異なる場合，すべてのコインを1回だけ試行して N 個の表裏の分布を見る。⇒ N 個のベルヌーイ分布があり，各1回試行する。
- ある1枚のコインの表の出る確率 p は一定で，これを N 回試行して，N 回の表裏の分布を見る。⇒ 1個の二項分布があり，N 回試行する。

先の例では，個体により確率 p_i は異なると考えるのが自然であるからベルヌーイ分布が相応しい。ところが，複数の個体から一つのロジスティック回帰モデルを求めたいのがGLMの目的である。すなわち，モデルの数は一つであり，モデルが有する確率 p（連続値をとる）の数も一つにしたい。この点を鑑みて，二項分布という名称を導入しても良かろうということと推察される。

さて，ロジスティック回帰モデルの数値計算では尤度関数を導入しており，この計算においてベルヌーイ分布を用いている。この導出を数式を用いて説明する。ただし，わかり

やすさを第一に考えて，例を通した説明とする．

ある個体の発芽，生存などの成否 $(0,1)$ を目的変数 y_i，その説明変数（肥料，食料など）を x_i とおき，$(i = 1, \cdots, 4)$ とする．注意として，x_i の添え字 i は，$\boldsymbol{x}\boldsymbol{\beta}^\top$ と表現したときの説明変数の種別を表す添え字と異なり，単にサンプルの番号を表す．この混乱を避けるため，ここでは $z_i = \beta_0 + \beta_1 x_i$ という表現を用いる．ここに，添え字 i はサンプル番号を表す．

このデータは**表 5.4** とする．

表 5.4

y_i	0	1	1	0
x_i	10	50	70	20

y_i はそれぞれ 0 か 1 の値をとるが，それぞれの成否の確率 p_i は異なるため，ベルヌーイ分布で考える．すなわち，各 y_i の確率関数は

$$P(X = y_i) = p_i^{y_i}(1-p_i)^{1-y_i} \tag{5.28}$$

$$p_i = \frac{1}{1 + \exp(-(\beta_0 + \beta_1 x_i))} \tag{5.29}$$

これらを用いて，次の尤度関数（likelihood function）を考える．ここに，$L(\cdot)$ は先に示したリンク関数ではなく，尤度の頭文字を充てる慣習に従っているだけである．

$$\begin{aligned}
&L(\beta_0, \beta_1 | y_1, \cdots, y_4) \\
&= \prod_{i=1}^{4} P(X = y_i) = (1-p_1) p_2 p_3 (1-p_4) \\
&= \left(1 - \frac{1}{1 + \exp(-(\beta_0 + \beta_1 x_1))}\right) \frac{1}{1 + \exp(-(\beta_0 + \beta_1 x_2))} \\
&\quad \frac{1}{1 + \exp(-(\beta_0 + \beta_1 x_3))} \left(1 - \frac{1}{1 + \exp(-(\beta_0 + \beta_1 x_4))}\right) \\
&= \left(1 - \frac{1}{1 + \exp(-(\beta_0 + \beta_1 10))}\right) \frac{1}{1 + \exp(-(\beta_0 + \beta_1 50))} \\
&\quad \frac{1}{1 + \exp(-(\beta_0 + \beta_1 70))} \left(1 - \frac{1}{1 + \exp(-(\beta_0 + \beta_1 20))}\right)
\end{aligned} \tag{5.30}$$

上式を整理して，すべての項の乗算で表すようにしてから，次の対数尤度関数（log likelihood function）を考える．

$$l(\beta_0, \beta_1 | y_1, \cdots, y_4) = \log_e L(\beta_0, \beta_1 | y_1, \cdots, y_4) \tag{5.31}$$

$$= -(\beta_0 + 10\beta_1) - \log_e(1 + \exp(-(\beta_0 + 10\beta_1)))$$
$$- \log_e(1 + \exp(-(\beta_0 + 50\beta_1)))$$
$$- \log_e(1 + \exp(-(\beta_0 + 70\beta_1)))$$
$$- (\beta_0 + 20\beta_1) - \log_e(1 + \exp(-(\beta_0 + 20\beta_1)))$$

ここからの詳細は省くが，右辺をまとめなおして β_0，β_1 で偏微分して得られる非線形連立方程式を解くことで β_0，β_1 の推定値を求めることができる．

ここまでの説明で示したように，尤度関数を作成するのには二項分布でなくベルヌーイ分布である．また，y_i という目的変数（観測データ）を用いて，β_0，β_1 を求めるしくみも理解ができたであろう．

筆者は歴史的経緯を知らないが，回帰分析の分野で，ロジスティック回帰モデルが用いる確率分布を二項分布という習わしがあり，statsmodels でも Binomial $B(n,p)$ という名称を用いている．そのため，読者の混乱を招かないように，習慣に従い二項分布という呼称を用いることとする．

(5.26) 式の導出

この導出は次の式変形に基づく．

$$y = \frac{1}{1+\exp(-x)} \Leftrightarrow \frac{1}{y} = 1 + \exp(-x) \Leftrightarrow \log_e\left(\frac{1}{y}-1\right) = -x$$
$$\Leftrightarrow \log_e\left(\frac{1-y}{y}\right) = -x \Leftrightarrow \log_e\left(\frac{y}{1-y}\right) = x \tag{5.32}$$

Tea Break

本章で扱った回帰分析で，説明変数が多変数のものを重回帰と称している．重回帰の"重"は重いという意味ではなく，原語 multiple が意味する"多数の"，"多様な"という意味である．この意味より，素直に"多変数回帰"といってもらったほうがわかりやすいと思うのだが，なぜ重回帰というようになったかの経緯を筆者は知らない．

また，本章で扱った目的変数は 1 変数であったが，もちろん，これを多変数に拡張して，その定式化は容易である．ただし，定式化して得られる連立方程式の数値計算には注意を要する．この数値計算では解きにくさの問題（例えば条件数が非常に大きくなるなど）などがあり，10 次元を超える場合には，その数値誤差の注意を払わなければならない．

回帰分析に似たタイプの式を扱うものにシステム同定（system identification）がある．これは，ダイナミクスで表される現象を表すモデルの構造やパラメータ，次数を推定することを意味する．パラメータだけを推定する問題では，数百〜数十万の観測データ数から，回帰分析と同じようなタイプの連立方程式を解くことになり，このとき，数値計算上の解きにくさが推定モデルにどのような影響を与えるかの研究がなされている．

連立方程式を用いるものとして，オペレーションズ・リサーチ（OR：operation research）

分野の線形計画法（LP 法：linear programming）も代表的であろう。これは，等号だけでなく不等号も考慮でき，かつ，コスト関数の最大化（または最小化）を図ることを目的とする。このアルゴリズムを工夫することで，いまでは，LP 法における数百次元〜数千次元の解法に成功したというレポートがあり，最適化計画で改めて脚光を浴び始めている。

第6章 パターン認識

パターン (pattern) とは，物理的外界に存在する対象が，ほかの対象と区別されるための物理量や概念データのまとまりをいう。パターン認識 (pattern recognition) とは，画像，音声などのデータの分類，判別，識別を行う方法である。パターン認識という考え方は，紀元前の Plato, Aristotle の提唱が嚆矢といわれている。特に Aristotle は，物理的世界を観察し，それらを一般化する概念を打ち出している。現代に置き換えるならば，観察したもののデータ化と分類，判別，識別を行うことであろう。パターン認識はさまざまな方法論があり，本章では，ツールとして scikit-learn, SciPy を用いて，クラス分類とクラスタリングの扱い方を説明する。

6.1 パターン認識の概要

6.1.1 パターン認識とは

パターン認識としてクラス分類とクラスタリングを説明する。

クラス分類

いま，硬貨の分類を考える。手元に，真の硬貨 { 1 円, 5 円, 10 円, 50 円, 100 円, 500 円 } と，疑似硬貨 { 外国の硬貨, おもちゃの硬貨 } が混在して多数あるとする。これらを何かしらの手段で，真の硬貨であるならば何円硬貨か，または，疑似硬貨であるかを自動的に分類したい。このため，次のものを用意する。

- 特徴抽出器：センサを用いて物理量を測り特徴量を抽出する。
- 特徴ベクトル：硬貨の認識のために複数の特徴量をベクトル形式で表現したもの。
- クラス：この場合，6 種の硬貨と疑似硬貨の区別をクラスとして表す。この例では七つのクラスがある。クラスをラベルと称することがある。回帰分析でいう目的変数のようなものである。

- クラス分類器：特徴ベクトルを用いて，何円の真の硬貨か，または疑似硬貨なのかのパターン認識を行い，その結果をクラスとして出力する。

特徴ベクトルは，例えば，次のように表されるものとする。

特徴ベクトル = [直径, 厚さ, 重さ, 真円度, 光反射度, 透磁率]

あらかじめ，クラスと特徴ベクトルを照合して，この特徴ベクトルのときにはこのクラス，ということが分類できるクラス分類器を作成する。これを用いて，新たに未知の硬貨を入力したとき，これがどのクラス（どのコイン）であるかを出力する。このことを図的に説明したのが**図 6.1** である。これが**クラス分類**（classification）であり，パターン認識の一種である。この考え方は，あらかじめクラスが既知（事前にわかっている）のデータを用いて照合できることから，**教師あり学習**（supervised learning）の範疇に入る。

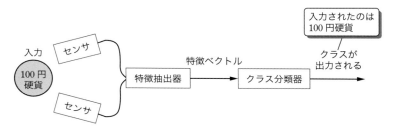

図 6.1　硬貨のクラス分類

本章で扱うクラス分類の主題は，特徴ベクトルが与えられたという条件のもとで，クラス分類器をどのように作るかにある。問題は，硬貨は経年により，削れ，くすみ，汚れがついて，新品とは異なる特徴ベクトルを示し，ほかのクラスのそれと重なる部分が生じているかもしれない。これをどのような考え方に従い，適するクラスに属するよう特徴ベクトルの許容範囲を決めるのかという点にクラス分類の困難さがあるといえる。

クラスタリング

先と異なり，クラスが未知であり（すなわち，どの硬貨が入力されたかがわからない），出力結果を照合または判定ができない場合がある。この場合，特徴ベクトルの似た者どうしのかたまり（クラスタのこと）をいくつか作成し，区別する（クラスタリングのこと）という考え方がある。これを説明したのが**図 6.2** である。

いくつかのクラスタを生成するのが**クラスタリング**（clustering）であり，やはり，パターン認識の一種である。ここに，先の硬貨のようなクラスは与えられていないので，クラスタリングの過程は**教師なし学習**（unsupervised learning）となる。クラスタを生成し

クラスタ（cluster）は房，集団，群れのようにかたまりを表す。クラスタに分類することをクラスタリングという。

クラスタの例：
ブドウの房，星団（star cluster），水クラスタ（water cluster），コンピュータクラスタ（computer cluster）などがある。

図 6.2　クラスタの図的説明

たとしても，これがどのようなクラスに属しているかの明確な判定はできないので，クラスタの属性や性質をあとで吟味しなければならない。

なお，クラス分類，クラスタリングを含めて，パターン認識器の構築において構成するパラメータを求めるのに用いるデータを**トレーニングデータ**（training data）[1]，作成したものが正しく機能するか否かを試験（test）するために用いられるデータを**テストデータ**（test data）という。

6.1.2　クラス分類の性能評価

2 クラスの教師あり学習をクラス分類で行ったとき，得られたクラス分類器の性能評価として，**混同行列**（confusion matrix）を用いる方法を説明する。

混同行列は**表 6.1**に示されるように，真のクラス，クラス分類器の出力，それぞれを 2 値（Positive，Negative）で表し，その正誤の数を見るものである。この正誤の場合は 4 通り（TP，FN，FP，TN）ある。

表 6.1　2 クラスの混同行列

		クラス分類器の出力	
		Positive	Negative
真のクラス	Positive	True Positive (TP)	False Negative (FN)
	Negative	False Positive (FP)	True Negative (TN)

表 6.1 にある正誤をさまざまに組み合わせた割合でクラス分類器の性能を評価する。よく使われる性能評価の指標を次に示す。

正答率（accuracy）：正しく分類できた割合 $= \dfrac{\text{TP} + \text{TN}}{\text{TP} + \text{FN} + \text{FP} + \text{TN}}$

適合率（precision）：Positive と分類したうち正しかった割合 $= \dfrac{\text{TP}}{\text{TP} + \text{FP}}$

再現率（recall）：真のクラスが Positive のうち，出力が Positive としたものの割合 $= \dfrac{\text{TP}}{\text{TP} + \text{FN}}$

---

[1] この名称の与え方は第 1 章を参照

F 値（F-measure） 適合率と再現率の調和平均 *2 $= \dfrac{2}{1/\text{precision} + 1/\text{recall}}$

このほかの評価指標として，真陽性率（TP rate）：真の Positive を正しく分類できた割合 $= \text{TP}/(\text{TP} + \text{FN})$，偽陽性率（FP rate）：真の Negative を誤分類した割合 $= \text{FP}/(\text{FP} + \text{TN})$ がある。なお，適合率と再現率は検索システムでよく用いられている。

6.1.3　ホールドアウトと交差検証

トレーニングデータはパターン認識器を作成するために用いられ，テストデータは作成したパターン認識器の性能評価を行うために用いられるものであった。このため，本来ならば，テストデータは新たに得られるのが望ましい。しかし，実際にはデータ数が少ないことが多いため，このデータをトレーニングデータとテストデータに分割して用いることがある。この分割の仕方として，ホールドアウトと交差検証を説明する。

ホールドアウト（holdout）

一つのデータセットを，例えば，トレーニングデータに 7 割，テストデータに 3 割に分割する方法である。簡易であるが，分離した片方に偏りのデータがあった場合に，クラス分類器の性能を保証できないという欠点がある。

交差検証（cross validation）

交差検証は，データセットを k 個に分割し，そのうちの $(k-1)$ 個をトレーニングデータ，残りの一つをテストデータに割り当てる。この割当てを，順繰りに k 回繰り返し，計算結果の評価を行う方法である。$k = 4$ の場合の交差検証を図的に表現したのが**図 6.3** である。

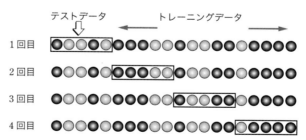

図 6.3 テストデータが全データの 1/4，トレーニングデータが 3/4，4 回交差検証を行う例

---

*2 同じ道のりを行きは時速 4 km，帰りは時速 6 km で歩いた場合，この平均速度は調和平均となり，時速 4.8 km となる。F-measure は，実際に計算するとわかるが，これと同様の考え方に基づく。

通常，各検証においてクラス分類器の性能が異なる結果を示すので，その平均をとるにしても，外れ値をどう処理するかは工夫のしどころである．

6.1.4 扱うパターン認識方法
本章で扱うパターン認識の方法を説明する．

クラス分類（教師あり学習）
- SVM（support vector machine，サポートベクタマシン）：有力な分類性能を有する，非線形にも対応する．
- kNN（k-nearest neighbors）：アルゴリズムは単純だが，性能は比較的良い．ただし，ノンパラメトリックのため，数式でクラス分類できない．

クラスタリング（教師なし学習）
- 非階層型：分割の良さの評価関数に基づき分割を探索する．k-mean を説明する．
- 階層型：類似度の高いものから順にまとまり（クラスタ）を作成する．このうち，樹形図（デンドログラム，dendrogram）を用いた凝集型を説明する．

scikit-learn は，問題の内容により，適切な方法を選べるように "algorithm cheat-sheet" を示している．この Web ページは，検索サイトのキーワードとして "scikit-learn"，"algorithm"，"cheat-sheet" より見つけることができる．この Web ページを見て，上記の SVM と kNN が classification というカテゴリーに用意されていることがわかる．上記の k-mean は，clustering というカテゴリーに用意されている．ただし，階層型クラスタリングだけは使いやすいものがなかったため，これだけは SciPy のものを用いることとする．

6.2 サポートベクタマシン（SVM）

サポートベクタマシン（SVM：support vector machine）は，教師ありデータに対して認識性能が比較的高く，よく用いられているパターン認識の一つである．その特徴は，線形分離できない問題に対処できること，また，二つのクラスの一部が混入している領域をソフトマージンの考え方で分離することなどがあげられる．

6.2.1 クラス分類とマージン最大化
2クラスに属するデータの特徴量が x_1 と x_2 で表される場合を考える．この特徴量を軸とした平面で表したとき，**図 6.4** に示すように丸印と四角印の二つのクラスがあるとする．
この二つのクラスを直線で分離することがクラス分類である．図 6.4 では，直線 $x_2 = ax_1 + b$ の候補として，L_1 と L_2 の2本を描いているが，実際には無数の候補がある．も

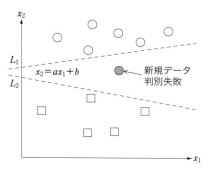

図 6.4　クラス分類の問題

し，L_1 を分離する線と決めたとする．これは，丸印ギリギリに位置するため，新規データ（図中，網掛けの丸印）を得た場合，この新規データは四角のクラスであると誤認識する．これを解決する考え方としてマージン最大化がある．

図 6.5 に示すように，二つのクラスを分離でき，かつ，データに接する平行の境界線の候補を見出す．

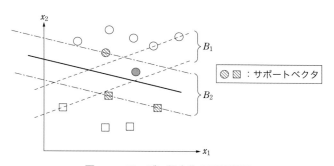

図 6.5　マージン最大化の図的説明

この図では候補 B_1 と B_2 が見出されたとする．この二つの候補のうち，B_2 のほうが余裕（マージン（margin））が広いので，この真ん中に**クラス分類線**（実線）を引く．この実線ならば，新規データ（網掛けの丸印）を得ても，正しいクラス分類が行われる．このように，SVM は，マージンを最大化するクラス分類線を見出す考え方を採用している．マージン最大化の定式化は本章 6.3 節に記す．

図中の破線データは，B_2 の境界線を支える（サポート（support））ベクトル（この例では位置ベクトルと考えて差し支えない）であることから，これらをサポートベクタと称する．

この例のように，クラス分類線で完全分離できることを**ハードマージン**（hard margin）と呼ぶ．これに対して，完全分離できない事例を扱う考え方が**ソフトマージン**（soft margin）

であり，6.2.4 項で述べる．

なお，このクラス分類線を，パターン認識分野ではしばしば**超平面**（hyperplane）と称する．超平面とは，初等幾何学において，n 次元空間において $(n-1)$ 次元の部分空間をいう．その性質として，一つの超平面は全体空間を二つの空間に分割する．これより，次の言い方ができる．

- 3 次元空間を分割するのは 2 次元超平面（平面）である．
- 2 次元空間（平面）を分割するのは 1 次元超平面（直線）である．
- 1 次元空間（直線）を分割するのは 0 次元超平面（点）である．

図 6.5 で，各直線は平面を二つに分けているので超平面とも称される．

6.2.2 非線形分離のアイディア

図 6.6，**図 6.7** に示すように，線形分離できないデータを高次元空間に写像する．この

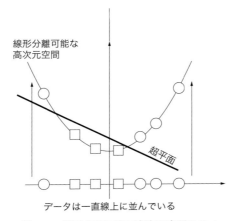

図 6.6 線形分離可能な高次元空間その 1

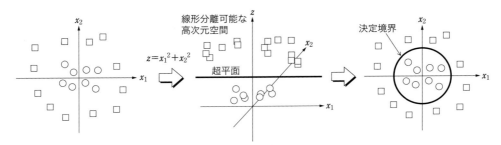

図 6.7 線形分離可能な高次元空間その 2

空間で線形分離できる場合に，この空間内で超平面を設け，この後に，もとの空間に戻す（逆写像）ことを行い，データのクラス分離を行う．これが非線形分離のアイディアである．

超平面は写像された高次元空間内のものであり，これが原空間に戻された（逆写像）ときの領域と境界（図の円状の実線）には { 分類，識別，クラス } 境界などいくつかの呼称があり，ここでは**決定境界** [*3]（decision boundary）という呼称を用いる．このことを次で示す．

6.2.3　線形，円形，月形データのハードマージン

ハードマージンの例として，生成するデータの分布は次を用いる．

- 線形：関数 sklearn.datasets.make_classification
- 円形：関数 sklearn.datasets.make_circles
- 月（三日月）形：関数 sklearn.datasets.make_moons

また，用いるサポートベクタマシンは次である

- sklearn.svm.SVC：support vector machine の中の Support Vector Classification という関数

この SVC が提供するカーネル（kernel，後述）には，'linear'（線形），'poly'（多項式），'rbf'（ガウス），'sigmoid'（シグモイド），'precomputed'（ユーザ定義関数）があり，データの生成を含めたこれらの使用方法は，例題を通して説明する．

線形データの分離

線形分離できる2クラスのデータを対象としたSVMの適用例を説明する．

File 6.1　SVM_HardMargine.ipynb

```
from sklearn import svm
from sklearn.datasets import make_classification, make_circles, \
                             make_moons
# 散布図で独自のカラーマップを使用
from matplotlib.colors import ListedColormap
cm_bright = ListedColormap(['#FF0000', '#0000FF'])

X, y = make_classification( n_samples=100, n_features=2,
            n_informative=2, n_redundant=0, n_classes=2,
            n_clusters_per_class=1,
            class_sep=2.0,
```

[*3] クラス分類器，決定境界（最終的にクラス分類を決定）は，ほぼ同じ意味であるから，うるさく使い分けしないこととする．なお，境界は線を表すので，境界線という言い方はしない．

```
                shift=None,
                random_state=5)
```

make_classification の引数のうち重要なものを説明する。ほかは sklearn.datasets.make_classification を参照されたい。

【スクリプトの説明】

- n_samples：サンプル数，n_features：特徴量ベクトル $= [x_1, \cdots, x_n]$ としたときの n
- n_informative：特徴量の生成に異なる正規乱数の分布数，n_redundant：特徴量のうち n_informative の線形和で表せる特徴量の次元数，n_classes：クラス数 $(0, 1, \cdots)$
- n_clusters_per_class：クラス内のクラスタの数
- class_sep：この数が大きくなるほど，クラスの分離距離が大きい
- random_state：任意の整数を与えると確率変数の発生の再現性がある

これより，説明変数が X，クラス（ラベルのこと）が y に格納される。このとき，説明変数の特徴量は 2 次元である。このデータに対し，線形カーネルを用いた SVM の適用の仕方は次である。

```
clf = svm.SVC(kernel='linear', C=1000) # clf:classification
clf.fit(X, y)
```

引数について，線形分離を行うときは kernel='linear' を指定．C は 6.2.4 項で説明する。計算した情報が次のように表示される。

```
SVC(C=1000, cache_size=200, class_weight=None, coef0=0.0,
  decision_function_shape='ovr', degree=3, gamma='auto',
  kernel='linear', max_iter=-1, probability=False,
  random_state=None, shrinking=True,
  tol=0.001, verbose=False)
```

SVM の結果は変数 clf に格納されている。これを用いて，マージンの境界（破線），決定境界（超平面），選ばれたサポートベクタを表示したのが **図 6.8** である。

この図はカラー表示であり Notebook で確認されたい。図で，青がクラス 1，赤がクラス 0 を表しており，SVM の分類の仕方がわかる。

SVM によるクラス分類は，クラス分類器を構築してデータの分類を行うだけではなく，新たにデータを得たときに，これがどのクラスに属するかをクラス分類器を用いて判定する。このことを行うため，新たに二つのデータを得たものとして，これをクラス分離器で判定させる。

```
testX=np.array([[1.0, -3.0], [1.0, -2.5]])
judge = clf.predict(testX)
judge
```

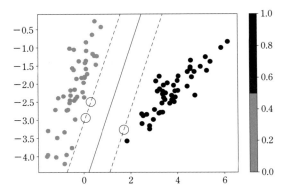

図 6.8　linear カーネル，マージンの境界（破線），決定境界（実線），サポートベクタ（白丸）

```
array([1, 0])
```

上記の結果は，1 番目のデータはクラス 1，2 番目のデータはクラス 0 に属することを示している．この結果は，図 6.8 に照らし合わせてみて，正しいことがわかる．

次に，円形と月形データに対して SVM を適用する．カーネルは，それぞれ，rbf, poly とした．この指定に決まりがあるわけではなく，読者自身でいろいろとカーネルを変えて分離結果を確かめられたい．

```
# ガウシアンカーネル
clf = svm.SVC(kernel='rbf', C=1000)
clf.fit(X, y)
```

```
# 多項式カーネル
clf = svm.SVC(kernel='poly', degree=3, coef0=1.0, C=1000)
clf.fit(X, y)
```

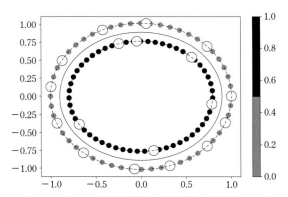

図 6.9　rbf カーネル，マージンの境界（破線），決定境界（実線），サポートベクタ（白丸）

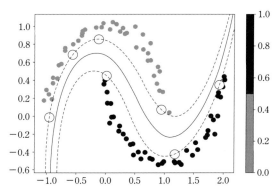

図 6.10 poly カーネル，マージンの境界（破線），決定境界（実線），サポートベクタ（白丸）

この結果を **図 6.9**，**図 6.10** に示す。

　円形データの場合，100％分離が行われている。月形データの場合，データの分布を視認して，多項式の次数 degree を 3 でできると仮定した。このとき，パラメータ coef0 は多項式が描くグラフのバイアスを変えるので，このグラフの出発点に影響を与える。このため，分離精度に大きく関与するため，このパラメータ調整も十分に行わなければならない。一方，次数に関しては，あまり大きく取りすぎるとオーバーフィッティングの様相を示すだけで，あまり分離精度には影響を与えない。

6.2.4　ソフトマージンとホールドアウト

　ハードマージンは 100％分離できるデータを対象とした。これに対して，ソフトマージンは 100％分離が困難なデータを対象とする。この考え方は，ほかのクラスへの混入を認めるが，その代わりにペナルティを科すという考え方である。これを **図 6.11** を用いて説明する。

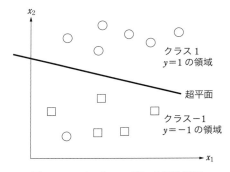

図 6.11　ソフトマージンの図的説明

図では，クラス1（丸印）のデータが一つクラス−1に混入している。

これを無理やり分離する超平面（曲線にならざるを得ない）を見つけるのではなく，この混入を認めるような超平面を求める考え方である．また，線形分離な場合でもノイズがある場合などは無理に線形分離な超平面を求めないほうがよいとされる．この考え方の定式化は後に示す．

ソフトマージンの場合，混入を認めるので，クラス分類器の性能を見ることが必要になる．このため，ソフトマージンの取扱い方は，次のステップを経るものとする．

ステップ1 データを発生させ，ホールドアウト法でトレーニングデータとテストデータに分割する．

ステップ2 トレーニングデータに対し，ソフトマージンを考慮したSVMを適用してクラス分類器を得る．

ステップ3 トレーニングデータに対するクラス分類器の性能評価を行う．

ステップ4 テストデータに対するクラス分類器の性能評価を行う．

このことを行うのが次のスクリプトである．

File 6.2 SVM_SoftMargine.ipynb

```
from sklearn.model_selection import train_test_split
from sklearn.metrics import accuracy_score, confusion_matrix, \
       precision_score, recall_score, f1_score, \
       classification_report
```

これらは，ホールドアウト，性能評価のため用いられるものである．データは次のように生成した後に，ホールドアウト法により，データを分割した．

```
X, y = make_classification( n_samples=100, n_features=2,
     n_informative=2, n_redundant=0, n_classes=2,
     n_clusters_per_class=1, class_sep=0.4,
     shift=None, random_state=5)

X_train, X_test, y_train, y_test = train_test_split(
     X, y, test_size=0.2, random_state=0)
```

この例では，テストデータに2割（test_size=0.2），残りの8割をトレーニングデータに充てた．

```
clf = svm.SVC(kernel='linear', C=10000) #clf:classification
clf.fit(X_train, y_train)
```

この引数Cが先に述べたペナルティの度合いであり，Cが小さいほど混入を認めることとなり，逆にCが大きいほどにハードマージンに近くなる．求めたクラス分類線，マージンの境界線をトレーニングデータの散布図とともに**図 6.12**に示す．

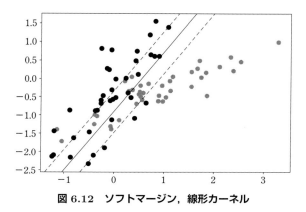

図 6.12 ソフトマージン，線形カーネル

このクラス分類器の性能評価のうち，誤認識が何個あるかを知るには次の混同行列を用いると便利である。

```
print('confusion = \n %s' % confusion_matrix(y_test, y_test_pred))
```

```
confusion =
[[32  7]
 [ 9 32]]
```

この結果，クラス 0 (●) の誤認識は 39 個中 7 個，クラス 1 (●) の誤認識は 41 個中 9 個である。他の性能評価指標は，関数 accuracy_score, precision_score, recall_score, f1_score を用いても行えるが，これらを一括して計算するのが次である。

```
print( classification_report(y_train, y_train_pred))
```

```
             precision    recall   f1-score   support
         0      0.78       0.82      0.80        39
         1      0.82       0.78      0.80        41

avg / total     0.80       0.80      0.80        80
```

この結果の見方は，クラス 0, 1, それぞれから見た，適合率 (precision)，再現率 (recall)，F 値 (f1-score) が表示されている。また，正答率 (accuracy) は avg/total を見ると 80% と表示されている。support はそれぞれのクラスのデータ数を示している。

このクラス分類器の性能評価として，テストデータに対する結果を次に示す。

```
y_test_pred = clf.predict(X_test)
print('confusion = \n %s' % confusion_matrix(y_test, y_test_pred))
print( classification_report(y_test, y_test_pred))
```

```
confusion =
[[10  1]
 [ 1  8]]
```

```
             precision    recall  f1-score   support
         0       0.91      0.91      0.91        11
         1       0.89      0.89      0.89         9

avg / total      0.90      0.90      0.90        20
```

トレーニングデータのクラス分離結果より，テストデータに対するクラス分離性能は高いという結果を得たが，データ分離の仕方をホールドアウトとしているため，このデータだけでクラス分類器の性能が確定したわけではないことに注意されたい．

6.2.5 交差検証とグリッドサーチ

データの分割法の一つである交差検証の方法は本章の前半ですでに述べた．ここでは，その使い方を説明する．また，SVCのパラメータの決め方としてグリッドサーチを説明する．

交差検証

図 **6.13** に示すデータは 2 クラスで，サンプル数は 400 である．

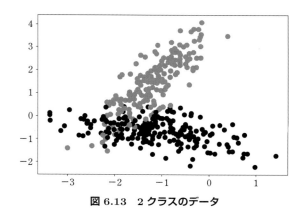

図 6.13　2 クラスのデータ

データを 5 分割する交差検証を行うため，関数 cross_val_score を用いる．ただし，線形カーネルを用い，C=1 として，異なるクラスの混入をかなり認めることとする．

File 6.3　SVM_CrossValidation.ipynb

```
CV = 5
clf = svm.SVC(kernel='linear', C=1)
```

```
scores = cross_val_score(clf, X, y, cv=CV, scoring='accuracy')
print(scores)
print("Accuracy: %0.2f (+/- %0.2f) for 95 %% confidence interval"
    % (scores.mean(), scores.std() * 2))
```

関数 cross_val_score の引数で，clf は用いるクラス分類方法を指定（svm.SVC 以外に複数の方法がある），cv=CV は交差検証の分割数，scoring='accuracy' は評価指標に正答率（accuracy）を指定している．

```
[ 0.8625   0.95    0.9375   0.8875   0.9125]
Accuracy: 0.91 (+/- 0.06) for 95 % confidence interval
```

この結果は，C の値を変えることで変化する．読者自身で確かめられたい．

関数 cross_val_validate は，評価指標を複数指定もできる．また，各試行の平均値を最終結果として出力する．さらに，分類器を求める時間（fit_time），テストデータの処理時間（score_time）も出力する．

```
scoring = ['accuracy', 'precision', 'recall', 'f1']
scores = cross_validate(clf, X, y, scoring=scoring, cv=CV)
for key,value in scores.items():
    print("{:16}:{:.2f}+/-{:.2f}".format(key, value.mean(), value.
        std()))
```

```
fit_time         :0.00+/-0.00
score_time       :0.00+/-0.00
test_accuracy    :0.91+/-0.03
train_accuracy   :0.91+/-0.01
test_precision   :0.95+/-0.03
train_precision  :0.95+/-0.01
test_recall      :0.86+/-0.04
train_recall     :0.86+/-0.01
test_f1          :0.91+/-0.03
train_f1         :0.91+/-0.01
```

ここまでの結果でいくつか注意点がある．

- 信頼区間（confidence interval）を求めているが，データなどが t 検定の仮定を満足しているならば，この値は意味がある．
- 交差検証で，評価指標（accuracy など）の平均値を求めることに強い意味（こうしなければならない）はない．今回の例のように，1 分割データ当たり 80（= 400/5）サンプル数で有意か否かが不明なためである．
- 評価指標が最大のときのクラス分類器を採用したくなるが，これもデータの偏りに依存する．このため，まずは散布図に超平面を描き，これを見ての考察を通してどのデータに対するクラス分類器のパラメータとするかを選ぶことが望ましい．

- 考察の方法として一番望ましいのは，データの背景にある物理的・社会的要因やデータ発生メカニズム（またはモデル）がわかっている場合，そのメカニズムを合理的に説明できるクラス分類を採用する。
- そのメカニズムが不明な場合，すなわち，データだけが与えられている場合であっても，とりあえず，あるクラス分類器を決めて，そのクラス分類の結果に対する何らかの論理的または合理的考察を与えることが大事である。
- これらの考察なしに，単にパッケージが計算した結果を鵜呑みにすることだけは避けてほしい。

なお，性能評価指標，決定境界（高次元空間の超平面が対応）の表示は，別の簡単に表示できる関数があり，それらについては次項で示す。

グリッドサーチ

良いクラス分類器を見出すには，カーネルの種類とそれに付随するパラメータの値を決定しなければならない。これを総当たり戦で行うことは，あたかも格子状（グリッド，grid）を隈なく探索（サーチ，search）することからグリッドサーチ（grid search）と称している。

先と同じデータに対する使用例を説明する。

File 6.4　SVM_GridSearch.ipynb

```
from sklearn.model_selection import GridSearchCV
from sklearn.metrics import accuracy_score, classification_report
from mlxtend.plotting import plot_decision_regions
```

このスクリプトの1行目はグリッドサーチのため，2行目は性能評価のためである。classification_reportは，Precision, Recall, F値とsupport（データ数）を示す。3行目は，決定領域を色分けして決定境界がどこにあるかを簡単にプロットする外部パッケージである。Anacondaとは別にインストールするものである（第1章で説明）。

次は，SVMのカーネルの種類，パラメータCの値，パラメータgammaの値の候補を選ぶ。そして，SVCのインスタンスを作る。

```
parameters = {'kernel':('linear', 'rbf'), 'C':[0.1, 1.0, 10.0], '
    gamma':[0.01, 0.1, 1.0, 10.0]}
svc = svm.SVC()
```

グリッドサーチを実行する。交差検証のための分割数はCV=5とした。

```
clf = GridSearchCV(svc, parameters, scoring='accuracy', cv=CV)
clf.fit(X, y)
```

```
GridSearchCV(cv=5, error_score='raise',
```

```
            estimator=SVC(C=1.0, cache_size=200, class_weight=None,
                coef0=0.0,
    decision_function_shape='ovr', degree=3, gamma='auto', kernel='
        rbf',
    max_iter=-1, probability=False, random_state=None, shrinking=
        True,
    tol=0.001, verbose=False),
            fit_params=None, iid=True, n_jobs=1,
            param_grid={'kernel': ('linear', 'rbf'), 'C': [0.1, 1.0,
                10.0], 'gamma': [0.01, 0.1, 1.0, 10.0]},
            pre_dispatch='2*n_jobs', refit=True, return_train_score='
                warn',
            scoring='accuracy', verbose=0)
```

交差検証におけるベストスコアと，このときの最適パラメータを表示する．

```
print('Best accuracy = ',clf.best_score_)
print(clf.best_params_)
```

```
Best accuracy = 0.925
{'C': 10.0, 'gamma': 1.0, 'kernel': 'rbf'}
```

この結果，与えたパラメータ候補の組合せの中で最適なクラス分類器は，rbf カーネルであり，カーネルパラメータ gamma，およびソフトマージンで用いる C の値が示された．

このクラス分類器の性能を改めて検証するために，新たにテストデータを 100 サンプル発生し，このデータにこのクラス分類器を適用するスクリプトを示す．

```
y_test_pred = best_clf.predict(X_test)
print('Accuracy score = ',accuracy_score(y_test, y_test_pred))
print(classification_report(y_test, y_test_pred))
plot_decision_regions(X_test, y_test, clf=best_clf, res=0.02,
    legend=2)
```

この結果が次である．

```
Accuracy score =  0.74
             precision    recall  f1-score   support

          0       0.66      1.00      0.79        50
          1       1.00      0.48      0.65        50
```

求めたクラス分類器の決定領域に合わせて，トレーニングデータとテストデータをプロットするスクリプトが次である．

```
fig, axes = plt.subplots(1, 2, figsize=(12,8), sharex=True, sharey
    =True)
plot_decision_regions(X,y, clf=best_clf,res=0.02, ax=axes[0],
    legend=2)
```

```
axes[0].set_xlabel('(a) Traing data')
plot_decision_regions(X_test, y_test, clf=best_clf, res=0.02, ax=
    axes[1], legend=2)
axes[1].set_xlabel('(b) Test data')
```

この結果を図 6.14 に示す．

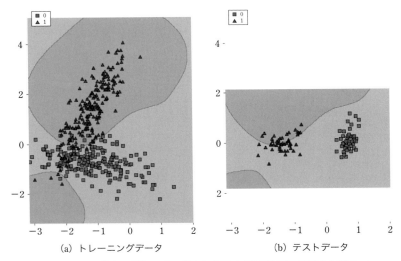

図 6.14　グリッドサーチで求めたクラス分類器の決定領域の図示

　ここに，両方の図ともスケールを合わせており，決定領域のスケールも同じであるが，関数 plot_decision_regions の都合で描画範囲が異なることに注意されたい．

　この例が示すように，同じ属性のテストデータを新たに発生させると，トレーニングデータほどに性能は示されなかった．先にも述べたように，このクラス分類器の性能の考察（または検証）を行うには，まず，グラフを見て，そこから，データの背景にある物理的・社会科学的観点をいかにして取り込むかが大事と考える．もし，これなしでこの結果（数値とグラフ）を見ても，この結果が良いのかそうでないのか，また，このクラス分類の意義に関する考察を深く進めることは難しい．

6.2.6　多クラス分類

　クラス分類問題で，クラスの数が 3 以上の場合を多クラス（マルチクラス：multiclass）と呼んで区別することがある．2 クラス分類器を用いて，クラス数が k （$k>2$）の多クラス問題を解く場合には，一対他分類器や一対一分類器がよく利用される．ここでは，基本的アイディアのみを述べて，scikit-learn の使い方を説明する．

一対他分類器（one-versus-rest classifier） one-vs-all ともいう。$i = 1, \cdots, k - 1$ の各クラス i それぞれについて，クラス i なら 1 を，その他のクラスなら 0 に分類する 2 クラス分類器を k 個用いる。クラス k は，$k - 1$ 個の分類器がすべて 0 を出力すればクラス k とわかる，という考え方を導入している。複数の分類器が 1 を出力したとき，最終的な解をどれにするか決定できない場合があるので，推定確率が最も高いものを採用するなどの工夫を行う。

一対一分類器（one-versus-one classifier） one-vs-one ともいう。k 個のクラスから二つのクラス $(i, j)(i \neq j)$ の組合せ $k(k - 1)/2$ 個について，クラス i と j とを 2 クラス分類を考える。よって，$k(k - 1)/2$ 個の 2 クラス分類器を用意することとなる。最終的なクラスは多数決によって決める。

scikit-learn のクラス分類に対する考え方は，"1.12. Multiclass and multilabel algorithms" に述べられている。ここには，上記の二つの方法を提供していることを述べている。

多クラス分類の例として，scikit-learn が提供する Iris（アイリス，3 クラス）と digits（手書き数字，10 クラス）データセットを用いる。

Iris の多クラス分類

Iris データには 3 クラス（0: Iris-Setosa, 1: Iris-Versicolour, 2: Iris-Virginica）がある。データのうち，まずは試しに説明変数を二つに限定して，Sepal（がく片）と Petal（花弁）の長さ〔cm〕によるクラス分類を行う。このため，iris.data の 0 番目と 2 番目の要素だけを抽出して X に格納，クラス（花弁の種類）を y に格納する。このデータに対して，グリッドサーチを実施し，その結果を出力する。

File 6.5 SVM_Multiclass_Iris.ipynb

```
from sklearn import datasets
iris = datasets.load_iris()
X = iris.data[:, [0, 2]]
y = iris.target

parameters = {'kernel':('linear', 'rbf', 'poly'), 'C':[0.1, 1.0,
    10.0],
              'gamma':[0.01, 0.1, 1.0, 10.0], '
                  decision_function_shape':('ovo', 'ovr')}
svm = SVC()

clf = GridSearchCV(svm, parameters, scoring='accuracy', cv=5)
clf.fit(X, y)

print('Best accuracy =', clf.best_score_)
```

```
print(clf.best_params_)
```

```
Best accuracy = 0.966666666667
{'C': 0.1, 'decision_function_shape': 'ovo', 'gamma': 10.0,
    'kernel': 'poly'}
```

すなわち，多項式カーネルで 'ovo' one-vs-one で，C=0.1, gamma=10.0 が良い分類性能を示している．この結果を用いて決定領域を示したのが図 **6.15** である．ただし，この結果は決定領域を図で表現できるように，説明変数を二つ（Sepal と Petal の長さ）に限定したものであった．

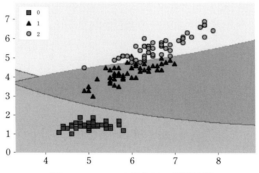

図 6.15 Iris の多クラス分類結果

次に，説明変数を四つすべて用いて多クラス分類を行う．ただし，SVC のパラメータは，上の Grid Search の結果に従う．

```
X = iris.data
y = iris.target
clf = SVC(C=0.1, kernel='poly', gamma=10.0,
    decision_function_shape='ovo').fit(X,y)
print(clf)
y_pred = clf.predict(X)
print('Accuracy = ',accuracy_score(y, y_est))
print(classification_report(y, y_est))
```

```
Accuracy =   1.0
             precision    recall  f1-score   support

          0       1.00      1.00      1.00        50
          1       1.00      1.00      1.00        50
          2       1.00      1.00      1.00        50

avg / total       1.00      1.00      1.00       150
```

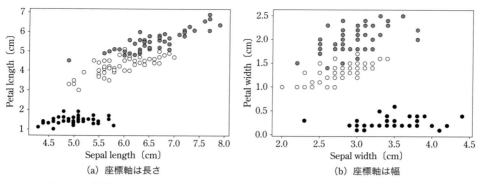

図 6.16　全説明変数を用いたクラス分類，クラス 0：●，クラス 1：○，クラス 2：●

正答率は 100％であった．**図 6.16**(a) は 2 種の長さを座標軸，(b) は 2 種の幅を座標軸にとって，それぞれのクラスを色分けして図示した．この結果を見ると，種により，長さと幅で，ある程度のクラス分類ができることが認められる．

digits の多クラス分類

digits データは，手書きの 1 桁の数字（0 〜 9）の画像データがあり，この数だけのクラスが 10 ある．画像データは 8×8 ピクセル，1 ピクセル当たり 0 〜 16 で表される色番号（17 色）があり，これが 1797 サンプル数ある．

File 6.6　SVM_Multiclass_Digits.ipynb

```
digits = datasets.load_digits() # load data
counter = 1
for i in range(0,10): #適当な範囲を指定
    plt.subplot(2,5,counter)
    counter += 1
    plt.imshow(digits.images[i])

# 画像データのフォーマットを見る
print(digits.images[0].shape)  #適当な番号を指定
print(digits.images[100])       #同上
```

```
(8, 8)
[[  0.   0.   0.   2.  13.   0.   0.   0.]
 [  0.   0.   0.   8.  15.   0.   0.   0.]
 [  0.   0.   5.  16.   5.   2.   0.   0.]
 [  0.   0.  15.  12.   1.  16.   4.   0.]
 [  0.   4.  16.   2.   9.  16.   8.   0.]
 [  0.   0.  10.  14.  16.  16.   4.   0.]
 [  0.   0.   0.   0.  13.   8.   0.   0.]
 [  0.   0.   0.   0.  13.   6.   0.   0.]]
```

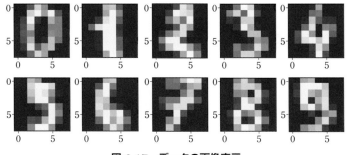

図 6.17 データの画像表示

多クラス分類を行うため，説明変数 X とラベル（目的変数）y を次のように与える．また，トレーニングデータとテストデータ，およびグリッドサーチ用のパラメータを次のように与えた．

```
X = digits.data
y = digits.target
X_train, X_test, y_train, y_test = train_test_split(X, y,
    test_size=0.1, random_state=0)

parameters = {'kernel':('linear', 'rbf'), 'C':[0.1, 1.0, 10.0],
    'gamma':[0.01, 0.1, 1.0, 10.0], 'decision_function_shape'
    :('ovo', 'ovr')}

svm = SVC()
clf = GridSearchCV(svm, parameters, scoring='accuracy', cv=5)
clf.fit(X_train, y_train)
```

グリッドサーチを行った結果が次である．

```
print('Accuracy =', clf.best_score_)
print(clf.best_params_)
```

```
Accuracy = 0.978354978355
{'C': 0.1, 'decision_function_shape': 'ovo', 'gamma': 0.01, '
    kernel': 'linear'}
```

このクラス分類器を用いて，テストデータに対する予測を行う．

```
y_test_pred = clf.predict(X_test)
print("Accuracy Score = %f \n" % accuracy_score(y_test,
    y_test_pred))
print("Classification report for classifier \n %s" %
    classification_report(y_test, y_test_pred))
```

予測した結果が次である．

```
Accuracy Score = 0.977778

Classification report for classifier
             precision    recall  f1-score   support

          0       1.00      1.00      1.00        11
          1       0.91      1.00      0.95        20
          2       1.00      1.00      1.00        16
          3       1.00      1.00      1.00        10
          4       0.91      1.00      0.95        10
          5       0.95      1.00      0.98        21
          6       1.00      0.96      0.98        25
          7       1.00      0.95      0.97        20
          8       1.00      0.96      0.98        23
          9       1.00      0.96      0.98        24

avg / total       0.98      0.98      0.98       180
```

テストデータに対する評価指標はみな 98％ であった．

最後に，予測性能を図で見るため，次の id に適当な番号を入れて，その id の画像を正しく認識するかを試みた．

```
id=11
dat = np.array([X_test[id]])
print("Predicted Number is %d " % clf.predict(dat))
print("Real      Number is %d " % y_test[id])
plt.matshow(X_test[id].reshape(8,8))
```

```
Predicted Number is 8
Real      Number is 8
```

この結果，正しい予測が行われた．また，このときの画像を**図 6.18** に示す．人間の視

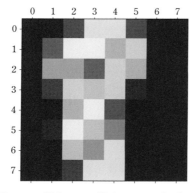

図 6.18　数字の 8 と推定された画像データ

認だけでは，これを正しく分類（認識）することは少し難しく，クラス分類器の性能が発揮された例といえる。

6.3 SVMの数学的説明

ここに興味のない読者は読み飛ばしても構わない。ここでは，SVMの説明にあったマージン最大化，カーネル関数を利用した非線形分離，および，ソフトマージンの考え方の定式化を示す。

6.3.1 マージン最大化

図 6.19 において，x_1, x_2 平面においてクラス 1（丸印）とクラス -1（四角印）がある。それぞれの座標は $\bm{x}_i = \{x_{1,i},\ x_{2,i}\},\ (i = 1, \cdots, N)$ で与えられている。

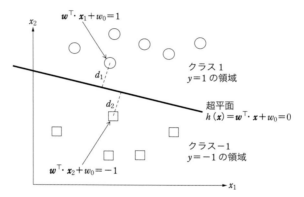

図 6.19 マージン最大化の図的説明

このとき，先に述べたようにマージン最大化の方針に基づき，この二つのクラスを超平面

$$h(\bm{x}) = \bm{w}^\top \cdot \bm{x} + w_0 = 0 \tag{6.1}$$

で分離できるような $\bm{w}, w_0$ を求めたい。ここに，$\bm{w} = [w_1, w_2]^\top$ である。

このため，まず，次の符号関数を導入する。

$$\mathrm{sgn}(u) = \begin{cases} 1 & (u \geq 0) \\ -1 & (u < 0) \end{cases}$$

これを用いて，各 $\bm{x}_i$ に対するクラス分類を表す y_i を次と定める。

$$y_i = \mathrm{sgn}\left(h\left(\bm{x}_i\right)\right)$$

このように定めたとき，次のことがいえる．

正しい分類を示した場合：$y_i h(\boldsymbol{x}_i) > 0$
誤った分類を示した場合：$y_i h(\boldsymbol{x}_i) < 0$

超平面 $h(\boldsymbol{x}) = 0$ から，一番近いデータまでの距離（または，マージン）を最大化することにあった．そのため，この距離を y_i まで含めた次の形で表現する．

$$d_i = y_i \frac{h(\boldsymbol{x}_i)}{\|\boldsymbol{w}\|}$$

これを用いて，SVM の考え方は

$$\min_i d_i$$

を求めることであった．ここで，$\boldsymbol{w}$ と w_0 を同じ定数倍しても超平面は変わらないことを考慮すると，サポートベクタに対しては

$$y_i h(\boldsymbol{x}_i) = 1$$

という条件をさらに設ける．

これらを用いて，SVM の考え方に基づく $\boldsymbol{w}, w_0$ を求めるということは，次をいう．

超平面までの距離が最小となるデータに対し，この距離（マージン）の最大化を図ることである．

これを式で表現すると次となる．

$$\arg\max_{\boldsymbol{w}, w_0} \left\{ \frac{1}{\|\boldsymbol{w}\|} \min_i [y_i h(\boldsymbol{x}_i)] \right\} \tag{6.2}$$
$$\text{subject to} \quad y_i h(\boldsymbol{x}_i) \geq 1$$

このままでは複雑なので，もう少し簡単に変換する．(6.2) 式の最小値が 1 であるから，次となる．

$$\max_{\boldsymbol{w}, w_0} \left\{ \frac{1}{\|\boldsymbol{w}\|} \min_i [y_i h(\boldsymbol{x}_i)] \right\} \to \min_{\boldsymbol{w}, w_0} \|\boldsymbol{w}\| \to \min_{\boldsymbol{w}, w_0} \frac{1}{2} \|\boldsymbol{w}\|$$

最後の係数 1/2 は，2 乗形式の最適化問題を解くとき，べき乗の 2 を相殺する便宜上のものである．結局，次の二次計画問題を解くことに帰着する．

$$\arg\min_{\boldsymbol{x}, w_0} \frac{1}{2} \|\boldsymbol{w}\|^2 \tag{6.3}$$
$$\text{subject to} \quad y_i h(\boldsymbol{x}_i) \geq 1$$

これを解く数値計算法はライブラリに委ねているので，これ以上の説明を行わない。

これまでの議論において，データは100%分類できる超平面が存在するという仮定を設けていた。すなわち，誤まった分類を許さない，という意味でハードマージンと称する。これはソフトマージンと対比させた用語である。

6.3.2　カーネル関数の利用

d 次元の学習データ $\boldsymbol{x}$ を写像空間 H に写像する関数を

$$\boldsymbol{\varphi}(\boldsymbol{x}): \ \boldsymbol{x} \in \boldsymbol{R}^d \ \to \ H$$

とし，これを用いて，空間 H 上で次の超平面が線形分離できるものとする。

$$h(\boldsymbol{\varphi}(\boldsymbol{x})) = \boldsymbol{w}^\top \cdot \boldsymbol{\varphi}(\boldsymbol{x})$$

このとき，$\boldsymbol{w}$ は $\{\boldsymbol{\varphi}(\boldsymbol{x}_1), \cdots, \boldsymbol{\varphi}(\boldsymbol{x}_N)\}$ で張られる H の部分空間に属する。すなわち

$$\boldsymbol{w} = \sum_{i=1}^N \alpha_i \boldsymbol{\varphi}(\boldsymbol{x}_i) \tag{6.4}$$

と書くことができる。ここに，$\{\alpha_1, \cdots, \alpha_N\}$ は適当な係数である。(6.4)式を(6.3)式に代入すると，係数 α に関する最適化問題になる。

$$\arg\min_{\alpha_1, \cdots, \alpha_N} \frac{1}{2} \sum_{i,j=1}^N \alpha_i \alpha_j \boldsymbol{\varphi}(\boldsymbol{x}_i)^\top \boldsymbol{\varphi}(\boldsymbol{x}_j) \tag{6.5}$$

$$\text{subject to} \quad y_i \left(\sum_{j=1}^N \alpha_j \boldsymbol{\varphi}(\boldsymbol{x}_j)^\top \boldsymbol{\varphi}(\boldsymbol{x}_i) + \alpha_0 \right) \geq 1, \quad (i=1, \cdots, N)$$

(6.5)式において，関数 $\boldsymbol{\varphi}(\boldsymbol{x}_i)$ が二次形式で現れている。この代わりとなる関数 $k(\boldsymbol{x}, \boldsymbol{y})$ を導入する。

$$k(\boldsymbol{x}, \boldsymbol{y}) = \boldsymbol{\varphi}(\boldsymbol{x})^\top \boldsymbol{\varphi}(\boldsymbol{y}) \tag{6.6}$$

$k(\boldsymbol{x}, \boldsymbol{y})$ はカーネル関数（kernel function）と呼ばれるものである。

これを導入する利点は，$\boldsymbol{\varphi}(\boldsymbol{x})$ を考えることなしに，直接カーネル関数を考えればよいためである。また，$\boldsymbol{\varphi}(\boldsymbol{x})$ を考えると，高次元または無限次元の計算が必要になるが，カーネル関数ならばそれを回避できることがある。

例えば，$\boldsymbol{x} = (x_1, x_2)$，$\boldsymbol{y} = (y_1, y_2)$ としたとき，次を考える。

$$k(\boldsymbol{x}, \boldsymbol{y}) = \left(1 + \boldsymbol{x}^\top \boldsymbol{y}\right)^2 = (1 + x_1 y_1 + x_2 y_2)^2$$

このとき，次の 6 次元を考える。
$$\varphi(\boldsymbol{x}) = \varphi(x_1, x_2) = \left(1, {x_1}^2, {x_2}^2, \sqrt{2}x_1, \sqrt{2}x_2, \sqrt{2}x_1x_2\right)$$

この $\varphi(\boldsymbol{x})$ を用いると
$$k(\boldsymbol{x}, \boldsymbol{y}) = \left(1 + \boldsymbol{x}^\top \boldsymbol{y}\right)^2 = \varphi(\boldsymbol{x})^\top \varphi(\boldsymbol{y})$$

が成り立つ。すなわち，6 次元の $\varphi(\boldsymbol{x})$ を用いると，この 2 乗形式にするための計算量が大きくなる。一方，カーネル関数 $k(\boldsymbol{x}, \boldsymbol{y})$ を用いれば，この計算量を低減できる。

次の例として，RBF カーネル（radial basis function kernel）があり，次で表現される。
$$k(\boldsymbol{x}, \boldsymbol{y}) = \exp\left(-\gamma \|\boldsymbol{x} - \boldsymbol{y}\|^2\right)$$

これをテイラー展開すると，$\varphi(\boldsymbol{x})$ は無限次元となり，これを用いると計算量は途中で打ち切ったとしても膨大となる。

カーネル関数を用いると，このように計算量を低減できるのでよく用いられる。しかし，(6.6) 式の等号が成り立つものでなければならない。この等号が成り立ち，かつ，クラス分類器としての役目を果たせるカーネル関数が調べられている。このうち，scikit-learn が提供しているものが，Web サイトの "4.7. Pairwise metrics, Affinities and Kernels" に示されている。これらを次に示す。

• 線形カーネル（linear kernel）
$$k(\boldsymbol{x}, \boldsymbol{y}) = \boldsymbol{x}^\top \boldsymbol{y}$$

• 多項式カーネル（polinomial kernel）
$$k(\boldsymbol{x}, \boldsymbol{y}) = \left(\gamma \boldsymbol{x}^\top \boldsymbol{y} + c\right)^d$$

ここに，$\gamma\ (\geq 0)$ を調整パラメータ，d をカーネル次数という。また，$c\ (\geq 0)$ をフリーパラメータといい，多項式における高次と低次の影響のトレードオフを調整するものである。

• シグモイドカーネル（sigmoid kernel）
$$k(\boldsymbol{x}, \boldsymbol{y}) = \tanh\left(\gamma \boldsymbol{x}^\top \boldsymbol{y} + c\right)^d$$

ニューラルネットワークでよく用いられる。

• RBF カーネル（radial basis function kernel）
すでに示したものである。$\gamma\ (>0)$ は調整パラメータで，$\gamma = 1/\sigma^2$ のとき，ガウシアンカーネルとなる。

- ラプラシアンカーネル（Laplacian kernel）

$$k(\boldsymbol{x}, \boldsymbol{y}) = \exp\left(-\gamma \|\boldsymbol{x} - \boldsymbol{y}\|_1\right)$$

ここに，$\|\cdot\|_1$ はマンハッタン距離である。ノイズのない機械学習でよく用いられる。

- カイ2乗カーネル（chi-squared kernel）

$$k(x, y) = \exp\left(-\gamma \sum_i \frac{(x[i] - y[i])^2}{x[i] + y[i]}\right)$$

ただし，データ $\{x[i]\}, \{y[i]\}$ は非負であること。また，最大値1に正規化されていることが多い。画像処理における非線形分離問題でよく用いられる。

scikit-learn は自作したカーネルの使用も認めている。これについては，scikit-learn "1.4. Support Vector Machines" の中の "1.4.6.1. Custom Kernels" を参照されたい。

6.3.3 ソフトマージン

ハードマージンが100%分離できるものを対象とした。これに対して，ソフトマージンはほかのクラスへの混入を認めるが，その代わりにペナルティを科す，という考え方である。これを図 **6.20** を用いて説明する。図では，クラス1（丸印）のデータが一つクラス -1 に混入している。

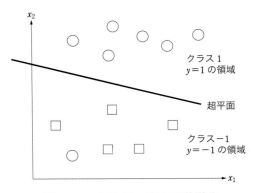

図 6.20　ソフトマージンの図的説明

これを無理やり分離する超平面（曲線にならざるを得ない）を見つけるのではなく，この混入を認めて直線状の超平面で分離を行うという考え方である。この考え方を定式化したものを導出過程なしで次に示す。

$$\arg\min_{\boldsymbol{w}, w_0} \left\{ \frac{1}{2} \|\boldsymbol{w}\|^2 + C \sum_{i=1}^N \xi_i \right\} \tag{6.7}$$

$$\text{subject to} \quad \xi_i \geq 1 - y_i h(\boldsymbol{x}_i), \quad \xi_i \geq 0 \quad (i = 1, \cdots, N)$$

ここに，ξ_i はスラック変数（slack variable）と呼ばれ，次のようにソフトマージンの許容性を図るものである．

$$\begin{cases} \xi_i = 0 & \text{マージン内で正しく分類} \\ 0 < \xi_i \leq 1 & \text{マージン境界を超えるがほぼ正しく分類} \\ \xi_i > 1 & \text{マージン境界を越えて誤分類} \end{cases}$$

すなわち，ハードマージンで課した $y_i h(\boldsymbol{x}_i) \geq 1$ の最小値が 1 であることをあきらめたものである．

C（> 0）は正則化係数と呼ばれ，この値を大きくすることで ξ_i の増加に対してより強いペナルティを与えることができ，$C \to \infty$ のときにハードマージンとなる．

6.4　k 最近傍法（kNN）

k 最近傍法（k-Nearest Neighbors）は，教師あり学習の一種で，アルゴリズムは単純であるが，単に分類したいという用途であるならば有力な手法である．ただし，ノンパラメトリック手法であるため，クラス分類線を式で表現できない．分類の仕方が，どのような意味や重要性を有するかの意味が陽的に表現されないため，クラス分類結果の評価に注意を要する．

6.4.1　アルゴリズムの考え方

図 6.21 を用いて説明する．

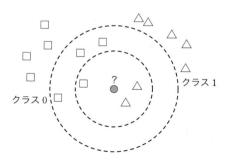

図 6.21　kNN のアルゴリズムの図的説明

1. 四角印のデータはクラス 0，三角印のデータはクラス 1 に属していて，そのラベル名および特徴量は既知とする（教師あり学習）．

2. 新たにデータ（網掛けの丸印）を得たとして，このクラスを判定したい．
3. このデータの位置から近い距離から順に k 個の既知データを考える．
4. k 個のクラスの多数決で，丸印のクラスを推定する．
5. $k = 3$（図で内側の円）ならば丸印はクラス 1，$k = 6$（図で外側の円）ならばクラス 0 となる．

ここに，次のことに留意されたい．

- 上記の距離にはいくつかの種類がある（第 1 章参照）．距離とは大きいか小さいかの比較ができればいいので，一般に用いられるユークリッド距離（定規で測るようなもの）以外にもいくつかの種類がある．sklearn が用意している距離は，sklearn.neighbors.DistanceMetric に示されている．
- k が偶数のとき，クラス 0, 1 が同数の場合が考えられる．この場合，棄却，確率的に決めるなどの方法がある．この計算を避けて，k を奇数とする考え方もある．

6.4.2 kNN の基本的使い方

kNN は教師あり学習である．このため，あらかじめ，トレーニングデータには教師データ（目標変数）を含めておく．この後に，新たなデータを得たとき，そのクラスを判定する．この手順を確かめるために，次のスクリプトを説明する．

File 6.7 kNN_Exam.ipynb

```
from sklearn.neighbors import KNeighborsClassifier
X = np.array([ [-3.0, -2.0], [-2.0, -1.0], [-1.0, -1.0], [1.0,
    1.0], [2.0, 1.0], [3.0, 2.0]])
y = np.array([0, 0, 1, 1, 1, 1])

neigh = KNeighborsClassifier(n_neighbors=3)
neigh.fit(X, y)
```

```
KNeighborsClassifier(algorithm='auto', leaf_size=30, metric='
    minkowski',
        metric_params=None, n_jobs=1, n_neighbors=3, p=2,
        weights='uniform')
```

この出力より，ミンコフスキー距離を用いているが，p=2 であるからユークリッド距離で測っている．また，距離に対する重み（weight）は一様（uniform）であることがわかる．

このデータの散布図を**図 6.22** に示す．

このもとで，次に示す新たなデータを 2 点得たとして，このクラスを判定する．

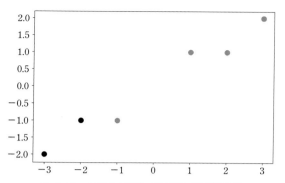

図 6.22 *k*NN のアルゴリズムの図的説明

```
X_test = np.array([ [-1.5, -1.0], [0.0, 0.5]])
print('Estimated class: ', neigh.predict(X_test))
```

```
Estimated class:  [0 1]
```

この結果，1番目のデータのクラスは 0，2番目は 1 と判定され，図を見て比較して正当なものとわかる．次に，今回，$k = 3$ としたので，データ 0番目，1番目それぞれで，最近傍のトレーニングデータの番号とそのデータまでの距離を以下に示す．

```
distances, indices = neigh.kneighbors(X_test)
print('Nearest index \n',indices)
print('Distance \n',distances)
```

```
Nearest index
 [[1 2 0]
 [3 2 4]]
Distance
[[ 0.5         0.5         1.80277564]
 [ 1.11803399  1.80277564  2.06155281]]
```

この出力と図を照らし合わせて見て，*k*NN のアルゴリズムの基本的考え方を見てとれるであろう．

6.4.3 Iris データ

Iris データのうち，Sepal（がく片）と Petal（花弁）の長さ〔cm〕を説明変数として用いて *k*NN を適用する例を述べる．ただし，この説明変数の設定は特に意味がなく，読者で自由に変更してもらいたい．

まず，iris.data の 0番目と 2番目のデータを X に格納し，データの内 2/15 をテストデー

タ，この残りをトレーニングデータとする．

File 6.8　kNN_Iris.ipynb

```
iris = datasets.load_iris()
X = iris.data[:, [0, 2]]
y = iris.target

X_train, X_test, y_train, y_test = train_test_split(X, y,
    test_size=2/15, random_state=123)
```

トレーニングデータの散布図を**図 6.23**に示す．ここに，クラス 0（●），クラス 1（○），クラス 2（●）と色分けした．

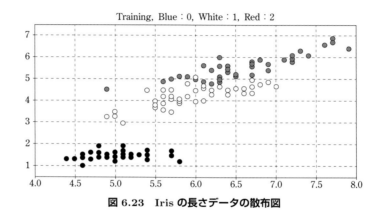

図 6.23　Iris の長さデータの散布図

このデータに対して，$k = 3, 7, 9$ とおいて，テストデータに対して kNN を適用したのが次である．

```
neigh = KNeighborsClassifier(n_neighbors=k)
neigh.fit(X_train, y_train)

y_test_pred = neigh.predict(X_test)
acc = accuracy_score(y_test, y_test_pred)
```

クラス分類した結果，k による結果の差異は認められなかったので，$k = 9$ の場合の性能評価を次に示す．

```
Accuracy = 0.85
             precision    recall  f1-score   support

          0       1.00      1.00      1.00         7
          1       0.71      0.83      0.77         6
          2       0.83      0.71      0.77         7

avg / total       0.86      0.85      0.85        20
```

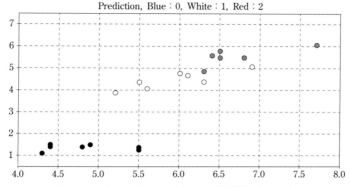

図 6.24 テストデータのクラス分類結果（$k=9$）

このときのクラス分類結果を **図 6.24** に示す．

テストデータのサンプル数が 20，正答率（Accuracy）が 85% より，三つ誤りがあったので，これがどれであるかを次のように調べた．

```
print('Real       =',y_test)
print('Estimation =',y_test_pred)
```

```
Real       = [1 2 2 1 0 2 1 0 0 1 2 0 1 2 2 2 0 0 1 0]
Prediction = [2 2 2 1 0 1 1 0 0 1 1 0 1 2 2 2 0 0 1 0]
```

これより，0, 5, 10 番目が誤っていることがわかる．この値を次で見る．

```
print('  0:',X_test[0],'\n  5:',X_test[5],'\n 10:',X_test[10])
```

```
 0: [ 6.3  4.9]
 5: [ 6.   4.8]
10: [ 6.9  5.1]
```

この数字を見ると，もとのトレーニングデータ（図 6.23）に基づき，kNN はクラス分類を行っているわけだから，トレーニングデータそのものの分類領域にクラスの混じり合いがあることがわかる．したがって，テストデータに対する誤った結果は，ある程度，許容せざるを得ないともいえる．

上記の結果は，2 次元の特徴量を用いたものであった．次に，すべての特徴量（4 次元）を用いたときのクラス分類性能を調べてみる．ただし，random_state を省いた．

```
X_train, X_test, y_train, y_test = train_test_split(iris.data,
    iris.target, test_size=2/15)
neigh = KNeighborsClassifier(n_neighbors=3)
neigh.fit(X_train, y_train)
```

```
y_test_pred = neigh.predict(X_test)
acc = accuracy_score(y_test, y_test_pred)
print('Accuracy =',acc)
print('Real       =',y_test)
print('Prediction =',y_test_pred)
```

```
Accuracy = 0.25
Real       = [2 1 2 0 2 1 2 1 1 2 2 1 2 0 1 2 1 1 2 0]
Prediction = [2 2 2 1 0 1 1 0 0 1 1 0 1 2 2 2 0 0 1 0]
```

この結果を見ると正答率は大幅に変わっている。これは特徴量を2次元から4次元に変えたことよりは，random_state を省いた影響が大きい。これを省くことでデータの分割をランダムに行うこととなり，トレーニングデータとテストデータの性質は変わる。実際，試行ごとに分類の結果は変わる。このように，データの分割，試行の仕方および結果の見方には注意が必要である。また，先の例ではユークリッド距離を用いており，円状に判別することとなり，この点で kNN の分類性能の限界があることも指摘できる。

この例からいえることは，データの性質やアルゴリズムの性質から分類性能には限界があるので，Iris の植物学的なメカニズム（因果関係ともいえる）を考究して，種と長さ/幅にどのような関連性があるかを別に見出す工夫が必要である。

6.4.4 sklearn が用意している距離

距離は distance, metric とも表現される。距離は2点間を何らかの指標に基づき測ることができ，他の2点間の距離との大小が比較できるものである。

sklearn が用意している距離を**表 6.2** に示す。

表 6.2 sklearn が用意する距離関数（sklearn.neighbors.DistanceMetric より引用）

identifier	class name	args	distance function
"euclidean"	EuclideanDistance	●	sqrt(sum((x − y)^2))
"manhattan"	ManhattanDistance	●	sum(|x − y|)
"chebyshev"	ChebyshevDistance	●	max(|x − y|)
"minkowski"	MinkowskiDistance	p	sum(|x − y|^p)^(1/p)
"wminkowski"	WMinkowskiDistance	p, w	sum(w * |x − y|^p)^(1/p)
"seuclidean"	SEuclideanDistance	V	sqrt(sum((x − y)^2 / V))
"mahalanobis"	MahalanobisDistance	V or VI	sqrt((x − y)' V^−1 (x − y))

ここに，ミンコフスキー距離（Minkowski Distance）は $p=2$ のときユークリッド距離に等しくなる。

また，**ノルム**（norm）という用語がある。これは大きさを表す量である。ベクトル空間では，ベクトルの大きさとなる。また，この場合は距離に相当する。例えば，2点間の直線

距離の差からなるベクトルを対象としたユークリッドノルムは，ユークリッド距離に等しい．等しいように見えるが，距離は 2 点間を指し，ノルムは量を表すことに違いがある．

6.5　k 平均法

k 平均法（k-means）は，教師なし学習のクラスタリングの一種で，非階層型クラスタリング手法に分類される．k 個のクラスタ[*4] の平均（重心とすることが多い）をとることから，k-means と称された[*5]．

大域的解を得られる保証がなく，局所解をとる場合があるので，クラスタリング結果の評価に注意を要する．

6.5.1　アルゴリズムの考え方

定式化については，後に述べる．ここでは，アルゴリズムを図 6.25 を用いて説明する．

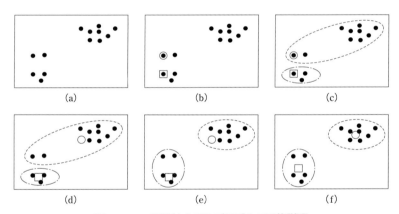

図 6.25　k 平均法のアルゴリズムの図的説明

(a) 複数のデータ（黒丸）が得られたとする．各データのクラスは未定である．また，クラスタ数は 2 とする．

(b) 二つのクラスタの中心（白抜きの丸（クラス 1）と四角（クラス 2））の初期値を，例えば図に示すデータの位置とする．

(c) ほかのデータはそれぞれ，近いほうのクラスタに属するものとする．二つの楕円（破

[*4] クラスタの意味は，本章前半で述べた．
[*5] J. MacQueen: Some methods for classification and analysis of multivariate observations, Proc. Fifth Berkeley Symp. on Math. Statist. and Prob., Vol. 1, 281-297, Univ. of Calif. Press, 1967

線）は属するクラスタを表すが，この破線自体は概念的なもので実際にはこの線はなく，実際には属するクラスの値（1 か 2）がデータに与えられる．

(d) クラス 1, 2, それぞれのクラスのデータの位置に基づき，改めてクラスタ中心を計算し，その位置にクラスタ中心が移動する．この際のクラスタ中心の計算は，重心を用いることが多い．

(e) (c) を実行．この結果，いくつかのデータは属するクラスが変わる．

(f) (d) を実行．この結果，クラスタ中心位置が変わる．クラスタ中心位置が収束するまで，この一連の操作と計算を繰り返す．

6.5.2　make_blobs を用いたクラスタリング

インクのしみのような小さなクラスタをいくつか生成する sklearn.datasets.make_blobs を用いて，k 平均法の評価を行う．

make_blobs の使い方例を次に示す．ここに，生成するデータが分布する中心の数 centers=4 は，クラスタの数とみなすことができる．また，データ（説明変数）の特徴量の種類の数を n_features=2 とおいた．

File 6.9　kMeans_Blobs.ipynb

```
from sklearn.datasets import make_blobs
from sklearn.cluster import KMeans

X, y = make_blobs(           # 今回，目的変数（教師データ）は用いない
    n_samples=600,           # サンプル数
    n_features=2,            # データ（説明変数）の特徴量の種類
    centers=4,               # データのグループ数
    cluster_std=1.0,         # データのばらつきの標準偏差
    random_state=2)          # 確率変数の再現性を設定
```

このデータの散布図を**図 6.26** に示す．

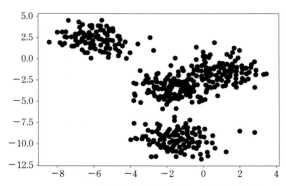

図 6.26　make_blobs によるデータ生成，クラスタ数はいくつ？

クラスタ数は未知という前提であるから，初めは図を見て，クラスタ数を推定するしかない．クラスタ数を 3 として KMeans() を適用してみる．

```
kmeans = KMeans(n_clusters=3)
y_train_est = kmeans.fit_predict(X_train)
```

この結果を図 6.27 に示す．

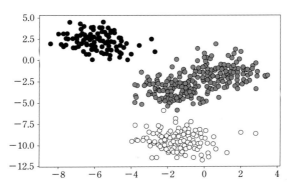

図 6.27　クラスタ数 3 とおいたクラスタリング結果

次に，クラスタ数を 4 とおいた結果を図 6.28 に示す．

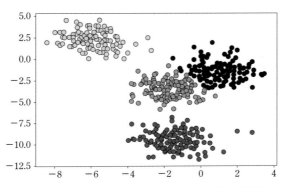

図 6.28　クラスタ数 4 とおいたクラスタリング結果

二つの結果を見比べて，どちらが良いかという優劣はつけることはできない．なぜならば，k 平均法のアルゴリズムがデータの特徴量を単なる距離として見て，その中心（例えば重心）を計算論的に求めているだけであり，分類したクラスタの属性は考えていないためである．

この優劣の検証を行うには，ほかのサンプルを得て同様のクラスタリングを行い，その結果と照合する，または，データが生成される物理的，社会科学的メカニズム（またはモ

6.5.3 卸売業者の顧客データ

ポルトガルの卸売業者の顧客データ（UCI Machine Learning Repository にある）に対し，k 平均法を適用してみる。440 件の顧客データがあり，**表 6.3** に示す内容が記録されている。年間支出の単位は単位通貨である。

ここでの目的は，販路（Channel），顧客の地域（Region）は無視して，各卸商品の年間支出額と商品とで，何らかの分類があるのか否かを k 平均法を適用して考えることとする。

表 6.3 ラベルの説明

Channel	販路，1: Horeca（Hotel/Restaurant/Cafe の略称），2: 小売
Region	顧客の地域，1: リスボン市，2: ポルト市，3: その他
Fresh	生鮮品の年間支出（通貨単位，m.u. = monetary unit）
Milk	牛乳の年間支出（通貨単位）
Grocery	食料雑貨の年間支出（通貨単位）
Frozen	冷凍食品の年間支出（通貨単位）
Detergents_Paper	洗剤と紙類の年間支出（通貨単位）
Delicassen	惣菜の年間支出（通貨単位）

	Fresh	Milk	Grocery	Frozen	Detergents_Paper	Delicassen
0	12669	9656	7561	214	2674	1338
1	7057	9810	9568	1762	3293	1776
2	6353	8808	7684	2405	3516	7844
3	13265	1196	4221	6404	507	1788
4	22615	5410	7198	3915	1777	5185

なお，UCI にあるデータ https://archive.ics.uci.edu/ml/datasets/wholesale+customers は，ファイル名に空白があるので，これを下線に変えて，次の Web サイトにアップした。

File 6.10　kMeans_Wholesale.ipynb

```
df_all = pd.read_csv("https://sites.google.com/site/
    datasciencehiro/datasets/Wholesale_customers_data.csv")
#不要なカラムを削除
df_1 = df_all.drop(['Channel', 'Region'], axis=1)
df_1.head()
```

このデータに対して，クラスタ数 $k = 4$ として分析する。ここに，sklearn.cluster.KMeans へのデータフォーマットは，numpy.ndarray であるから，次のように pandas からの変換

を行う．その後に，クラスタ数 n_cluster=4 とおいて（この 4 という数字は試行錯誤で決めた），クラスタリング結果はクラスタ番号 0,1,2,3 で表されるから，これをもとの DataFrame に追加する．

```
cstmr_data = np.array([
    df_1['Fresh'].values,
    df_1['Milk'].values,
    df_1['Grocery'].values,
    df_1['Frozen'].values,
    df_1['Detergents_Paper'].values,
    df_1['Delicassen'].values
])
cstmr_data = cstmr_data.T # Transpose

clstr = KMeans(n_clusters=4).fit_predict(cstmr_data)
#クラスタリング結果を追加
df_1['cluster_id'] = clstr
```

次に，クラスタ番号ごとに，各支出額の平均値をとった結果を表とグラフ（**図 6.29**）に示す．

```
df2 = df_1.groupby('cluster_id').mean()
df2
df2.plot.bar( alpha=0.6, figsize=(6,4), stacked=True, cmap='Set1')
```

cluster_id	Fresh	Milk	Grocery	Frozen	Detergents_Paper	Delicassen
0	36144.482759	5471.465547	6128.793103	6298.655172	1064.000000	2316.724138
1	19888.272727	36142.363636	45517.454545	6328.909091	21417.090909	8414.000000
2	4808.842105	10525.010526	16909.789474	1462.589474	7302.400000	1650.884211
3	9087.463768	3027.427536	3753.514493	2817.985507	1003.003623	1040.525362

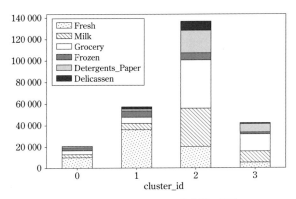

図 6.29 クラスタごとの支出額の平均

図 6.29 を見ると，次のことがいえる．

- クラスタ番号 = 0 顧客（79 件），Fresh（生鮮品）や Frozen（冷凍食品）の支出額が比較的高い
- クラスタ番号 = 1 顧客（7 件），すべてのジャンルで支出額が高い
- クラスタ番号 = 2 顧客（77 件），Milk, Grocery, Detergents_Paper の支出額が比較的高い
- クラスタ番号 = 3 顧客（280 件），全体的に支出額が低い傾向

これより，Grocery と Detergents_Paper の支出額が比較的高く，また，スクリプトでは相関行列を求め，これを見ると，この二つの相関度が高いことから，この二つだけでのクラスタリングを改めて実施し，この結果を散布図としてプロットする．

```
cstmr_data = np.array([df_1['Grocery'].tolist(),
                       df_1['Detergents_Paper'].tolist()
                      ])
cstmr_data = cstmr_data.T
clstr = KMeans(n_clusters=3).fit_predict(cstmr_data)

plt.scatter(cstmr_data[:,0], cstmr_data[:,1], c=clstr, cmap=cm.bwr
           , edgecolors='k')
```

図 6.30 は，相関度の高い 2 変数を三つのクラスタに分類した結果である．これを見て，このクラスタの分割に意味があると考えたならば，何らかの仮説を立てて，この分類の妥当性を検証することが必要である．

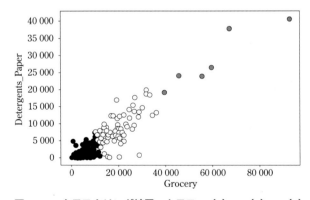

図 6.30　クラスタリング結果，クラス 0 (●)，1 (○)，2 (●)

このように，クラスタリングは，クラスタに分類できたとしても，それがどのような意味をもつかまでは示さないので，データのクラス分類の過程における端緒を担うものと考えればよいであろう．

6.5.4 数学的説明

k 平均法の定式化を示す。N 個のデータ $\{x_1, \cdots, x_N\}$ が得られたとする。ここに，各データは d 次元の特徴量を有するものとする。

データの中から k 個の代表ベクトル $\boldsymbol{C} = \{c_1, \cdots, c_k\}$ を適当に選ぶ。これが k 個のクラスタの代表ベクトルとなる。代表ベクトルの候補として，平均値（重心とも言える）が良く選ばれる。このとき，次の評価関数 L を最小にするように，データを k 個のクラスタに振り分ける。

$$L(\boldsymbol{c}_1, \cdots, \boldsymbol{c}_k) = \arg\min_{C} \sum_{i=1}^{k} \sum_{\boldsymbol{x} \in \boldsymbol{c}_i} \|\boldsymbol{x} - \boldsymbol{c}_i\|^2 \qquad (6.8)$$

振り分ける指標は距離を用いることになるが，ユークリッド距離を採用したときの振り分けるイメージは 6.5.1 項に示したようになる。

このアルゴリズムには，次のような問題点があることが指摘されている。

- クラスタは超球状（2 次元ならば円状）を仮定している。よって，超球に入り込んだ多種データの抽出は困難である[*6]。
- 誤差総和を基準としているが，遠方に少数のデータが固まっているとき，多数のデータからなるクラスタが分断されることがある。また，クラスタの代表ベクトルは原データとならない可能性が高い[*7]。

6.6 凝集型階層クラスタリング

階層型クラスタリングの中で，分割型よりもよく用いられる凝集型（aggregation）を説明する。このクラスタリングには，SciPy パッケージを用いる。

6.6.1 アルゴリズムの考え方

アルゴリズムは，次の考え方に沿っている。

1. N 個のデータを対象としたとき，初期状態として N 個のクラスタがあるとする。
2. x_i, x_j の距離 $d(x_i, x_j)$ からクラスタ間の距離 $d(C_i, C_j)$ を計算し，この最小距離の二つのクラスタを逐次的に併合する。
3. 一つのクラスタに併合するまで，これを繰り返す。

[*6] S. Guhaa, R. Rastogib and K. Shimc: Cure an efficient clustering algorithm for large databases, Vol. 26, Issue 1, 35-58, ELSEVIER, 2001

[*7] A. K. Jain: Data clustering: 50 years beyond K-means, Vol.31, Issue 8, 651-666, ELSEVIER, 2010

初期状態での距離はユークリッド距離を採用する．クラスタリング過程での距離はいくつかの種類があるが，下記の説明では平均的な距離を用いることとする．

上記の考え方を**図 6.31** を用いて説明する．図において，$C_i, (i = 0, \cdots, 4)$ はクラスタ番号（初期状態ではデータ番号と等しい），かっこ内は xy 座標を表している．

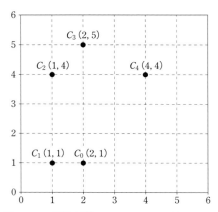

図 6.31 凝集型階層クラスタリングの考え方

ステップ 1 図において各データ間の距離（初めはユークリッド距離とする）を行列形式で表したものを**距離行列**（distance matrix）といい，**表 6.4** に示す．また，C_i と C_j 間の距離を $d_{i,j}$ と表現する．

表 6.4 距離行列 1

	C_0	C_1	C_2	C_3
C_1	1.0000			
C_2	3.1623	3.0000		
C_3	4.0000	4.1231	1.4142	
C_4	3.6056	4.2426	3.0000	2.2361

ステップ 2 表 6.4 を見て，距離最小は C_0 と C_1 の距離 $d_{0,1} = 1$．よって，C_0 と C_1 を併合し，新たなクラスタ C_{01} を作成する．C_{01} と C_2 間の距離 $d_{01,2}$ は次で計算する．

$$d_{01,2} = \frac{d_{0,2} + d_{1,2}}{2} = \frac{3.1623 + 3.0000}{2} = 3.0811$$

同様にして C_3，C_4 に対して計算した結果を距離行列 2 として**表 6.5** に示す．

ステップ 3 表 6.5 を見て，距離最小の C_2，C_3 を併合して，新たなクラスタ C_{23} を作成する．C_{23} と C_4 の距離は先と同様にして求め，この結果を距離行列 3 として**表 6.6**

6.6 凝集型階層クラスタリング

表 6.5　距離行列 2

	C_{01}	C_2	C_3
C_2	3.0811		
C_3	4.0616	1.4142	
C_4	3.9241	3.0000	2.2361

表 6.6　距離行列 3

	C_{01}	C_{23}
C_{23}	3.5713	
C_4	3.9241	2.6180

に示す。

ステップ 4　表 6.6 を見て，距離最小の C_{23}，C_4 を併合して，新たなクラスタ C_{234} を作成する。最後に，C_{01} と C_{234} を併合して一つのクラスタを完成する。C_{01} と C_{234} の距離は，それぞれが含む元々のデータの位置の総当たりをこの総当たりの数 (2×3) で割るという平均的な考え方

$$d_{01,234} = \frac{3.1623 + 4 + 3.6056 + 3 + 4.1231 + 4.2426}{2 \times 3} = 3.6889$$

より求まる。

6.6.2　デンドログラム

デンドログラム（dendrogram）とは，木の幹枝が分岐するようすになぞらえた図のことである。この分岐をクラスタリング，枝の長さを距離に相当させることで，クラスタリングの結果をデンドログラムで視覚的に確認することができる。ここでは，SciPy パッケージを用いてクラスタリングとデンドログラム描画を行う。

SciPy が用意する距離は次があり，パラメータ method で指定する。

- 単リンク法（single linkage metho），method= 'single'，最短距離法ともいう。
- 完全リンク法（complete linkage metho），method= 'complete'
- 群平均法（group average method or UPGMA），method= 'average'，UPGMA（Unweighted Pair Group Method with Arithmetic mean）ともいう。
- ウォード法（Ward's method），method= 'ward'
- 重心法（centroid method or UPGMC），method= 'centroid'，UPGMC（Unweighted Pair-Group Method using Centroids）ともいう
- 重み付き平均法（weighted average method or WPGMA），method= 'weighted'，UPGMC（Unweighted Pair-Group Method using Centroids）ともいう。

- メディアン法（median method or WPGMC），method= 'median'，WPGMC (Weighted Pair-Group Method using Centroids) ともいう。

先の例のクラスタリングとデンドログラム描画を行うスクリプトでは，次のような import とデータ設定となる。

File 6.11　CLST_Aggregation.ipynb

```
from scipy.cluster import hierarchy
data = np.array([[2,1], [1,1], [1,4], [2,5], [4,4]])
```

このデータの配置は図 6.31 に示したものである。群平均法の結果とデンドログラムを示す。

```
result_ave = hierarchy.linkage(data, method='average')
print(result_ave)

var = hierarchy.dendrogram(result_ave)
```

print(result_ave) で示される結果の見方を**図 6.32** に示す。

図 6.32

この結果の見方は，初期状態でクラスタが 0～4 あり，併合したクラスタ番号，併合する際に距離行列の中の最小距離を表している。併合されたクラスタから，5 からのクラスタ番号が順に付けられている。

図 6.33(a) に示すデンドログラムの縦軸は距離を表している。この図で距離を 3 で区切ってみると（破線），二つのクラスタに分割でき，これを表したのが図 (b) である。このようにして，デンドログラムで適当な距離で区切ることでいくつかのクラスタを得ることができる。

群平均法とウォード法が外れ値に比較的強いとされている。実用上はウォード法がよく使われているようである。上記のスクリプトには，ウォード法と単リンク法の結果も示しているので，比較して見られたい。

ここで，上記の例のデータに 1 点追加しただけで，群平均法とウォード法とでクラスタリング結果が異なることを上記の Notebook に示しているので参照されたい。このことは，

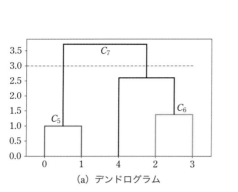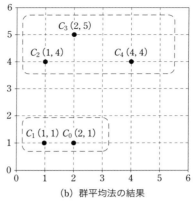

図 6.33　群平均法の結果

クラスタリング結果はデータの性質に大きく依存するので，いろいろな手法を試してみて結果を吟味することが大事であることを指摘している．

6.6.3　富山県の市町村別人口動態

富山県の中の富山市，高岡市など 15 市町の人口動態を調べてみる．市町村別人口動態（平成 28 年 10 月 1 日〜平成 29 年 9 月 30 日）のデータは，http://www.pref.toyama.jp/sections/1015/lib/jinko/ から探すことができる．

各市町村の自然増加（natural），転入総数（in），転出総数（out）に注目したクラスタリングを行う．

データは次から読込むことができる．

File 6.12　CLST_Aggregation_Toyama.ipynb

```
url = 'http://www.pref.toyama.jp/sections/1015/lib/jinko/_dat_h29/
    jinko_dat005.xls'
data_orig = pd.read_excel(url, header=None)
```

data_orig は余計なデータがあるため，これらを除去してデータ加工を行う説明が上記の Notebook に記述されている．データ加工の最終段階で，df の各列にラベル，city:市の名前，natural:自然増加, in:転入総数, out:転出総数として与えたのが次のスクリプトで，この数字を**表 6.7** に示す．

```
df.columns = ['city', 'natural', 'in', 'out']
df.head()
```

この Notebook には，相関行列図を示しているので参照されたい．この相関結果より，3 変数とも相関性が高いことが認められる．特に，in と out との相関係数は 1 に近い値を示

表 6.7

	city	natural	in	out
0	富山市	−1584	12301	11284
1	高岡市	−1085	4779	4759
2	魚津市	−252	1077	1281
3	氷見市	−522	845	1060
4	滑川市	−150	1063	971

しており，強い相関性が認められる。

このため，これよりも相関性が小さくなる natural（自然増加）と in（転入総数）との相関性を見るために，この散布図を**図 6.34** に示す。さらに，ウォード法によるクラスタリングの結果を**図 6.35** に示す。

散布図では，富山市と高岡市が飛び離れていて，射水市，南砺市，氷見市で一つのクラ

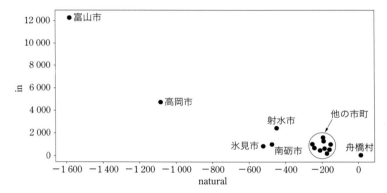

図 6.34　natural（自然増加）と in（転入総数）との散布図

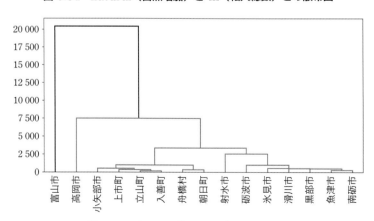

図 6.35　ウォード法によるデンドログラム

スタ，その他の市町村で別の一つのクラスタを形成しているように見える．ただし，散布図は2変数だけしか見ていないことに注意されたい．

一方，デンドログラムで，高さ2600付近で区切ってみると，四つのグループ｛富山市｝，｛高岡市｝，｛小矢部市〜朝日町｝，｛射水市〜南砺市｝のクラスタに分類された．この結果は，先の相関図と少しクラスタ分けが異なるように見受けられるが，これ以上の考察は行わないこととする．

このように，同一のデータに対して，異なる分析から異なる結果を得ることがあり，そこから初めてデータが有する背景を調査することとなる．この背景調査のきっかけを与えてくれるのがデータ分析であろう．

Tea Break

本章で説明したクラス分類はSVMのみを扱ったが，基礎アルゴリズムの学習を目的とするならば線形分類，また，高度な分類（機械学習など）を修得することを考えるならばベイズ法の学習をお勧めする．ベイズ法（ベイズ推定（Bayesian inference）とも言う）とは，ベイズの事後確率（Bayesian posterior probability）が最大となるよう確率的推論を繰り返すことで，よく最尤法（モデルの尤もらしさを尤度で表し，この最大化を図る）と対比される．

また，本章で扱った手書き文字を表す図の分類は，視覚認識のメカニズムを何ら考慮せずに，データの特徴量だけを見た分類であった．高度な分類を行うには，このメカニズムを学ぶことも大事である．例えば，視覚心理の遠近法やゲシュタルト心理学（Gestalt Psychology, ゲシュタルト法則ともいうことがある．ゲシュタルトはドイツ語の形態（gestalt）という意味）を学ぶことも良いであろう．ただし，この心理をどう計算論に落とし込むかが大事である．視覚の計算論とイメージの脳内表現の融合に大きな影響を与えたのがデビット・マー（David Marr, 英, 1945-1980, 神経科学者）である．筆者は書籍"ビジョン（Vision）"で説明されている2.5次元視覚モデルと脳内表現されたイメージの説明には感銘した．

本章のタイトルにあるパターンは，人が認知できる模様，図柄，規則性などを意味し，そこには何らかの規則性や様式が存在する．パターンを用いている用語は，行動パターン，模様パターン，記号パターン，攻略パターンなどがあり，あらゆる分野で用いられている．

パターン認識の創始者は，プラトン（Plato, 古代ギリシャ，紀元前400年中期〜300年中期，哲学者）とアリストテレス（Aristotle, 古代ギリシャ，紀元前300年代，哲学者，プラトンの弟子）といっても過言ではないであろう．両者とも，数学，物理学のみならず，自然現象，人の見方，考え方，行動様式など，いくつもの視点を融合させて哲学という論に昇華させていて，パターン認識はこの一部である．例えば，人がある行動パターンを示すとき，そのパターンを分析するには，その人の身体的特徴，好み，家庭環境のみならず，幼いときからの学習環境，文化宗教的背景，経済状況などを考慮することが厳密な方法論であり，まさしく哲学の領域となる．筆者はこの領域に踏み入れることは恐れ多いので控えることとする．

パターン認識の"認識"に対応する英語はrecognitionとされているが，認識にはcognitionもある．接頭語のre-は何を意味するのか？　例えば，ある物体を見ているとすると，眼球

を通して網膜に映った情報は脳に伝達され情報処理される。この段階で cognition が行われる。この認識に心理（psychology）の状態が作用して cognition の結果を多様にする。このように cognition の結果を心理に基づき再度（re-）情報処理することが recognition である。例えば，ことわざに"幽霊の正体見たり枯れ尾花"がある。これは，平常心（心理）で見ればただの花も恐怖心（心理）が cognition の情報を幽霊と re-cognition したことになる。

第7章
深層学習

深層学習（ディープラーニング（deep learning）とも呼ばれる）は2010年ごろからよく聞かれるようになってきた機械学習の手法の一つである．深層学習は2種類の系統があり，一つはニューラルネットワークから発展したもの，もう一つは強化学習にニューラルネットワークを組み込むことで発展したものである．本章では，初めに深層学習の概要とその種類について説明する．次に，深層学習のフレームワーク（計算ツールを意味する）であるChainerの使い方の説明を行う．この後に，各種深層学習の使い方について説明する．

7.1 深層学習の概要と種類

深層学習は新しく開発された手法でなく，ニューラルネットワーク（NN：neural network）をもととした学習手法である．深層学習を使用した例として，「画像認識率が人間の能力を超えた[1]」「文学的な文章を書いた[2]」「モナリザを笑わせた画像を生成した[3]」などが挙げられる．また，「将棋で人間に勝てるようになった[4]」も深層学習の例としてインパクトを与えた事例である．最初の三つの例と将棋の例は深層学習の枠組みではあるが，異なる手法が使われていることは意外に知られていない．そこで，深層学習の発展を図7.1に示して，その違いを説明する．

7.1.1 深層学習とは

まず，NNから発展した深層学習について述べる．ここではほかの手法と区別するために，

---

[1] Large Scale Visual Recognition Challenge 2015 (ILSVRC2015)：http://image-net.org/challenges/LSVRC/2015/results
[2] 気まぐれ人工知能のプロジェクト：作家ですのよ，公立はこだて未来大学など：https://www.fun.ac.jp/~kimagure_ai/
[3] 鈴木雅大：深層生成モデルを用いたマルチモーダル学習 https://www.slideshare.net/masa_s/ss-62920389
[4] 山本一成：人工知能はどのようにして名人を超えたのか？，ダイヤモンド社，2017

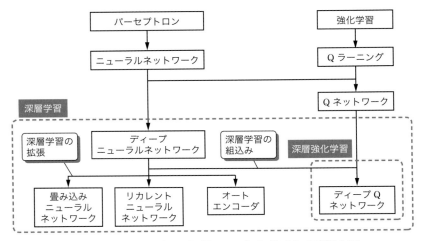

図 7.1 深層学習の変遷（網掛けはスクリプトとして実現する）

NN[*5]から発展して深層学習になったものをディープニューラルネットワーク[*6]（DNN：deep newral network）と呼ぶこととする。DNNのもととなったNNはパーセプトロン[*7]を発展させた手法である。NNとは次節に詳しく示すが，図7.2のようにノードと呼ばれる丸印がリンクと呼ばれる線で結合されたものとなっており，入力層，中間層，出力層の3層からなるものが一般的である。そして，図7.3のように中間層がないものがパーセプトロン，図7.4のように中間層が多数あるものがDNNとなる。このように中間層を増やすことで発展してきた点がそれぞれの手法の違いとしてはわかりやすい。そして，図7.1の破線に囲まれた部分が深層学習と呼ばれる部分となる。

DNNにはいろいろな派生があるがここでは三つの派生を示している。左から畳み込みニューラルネットワーク[*8]（CNN：convolutional newral network），リカレントニューラルネットワーク[*9]（RNN：recurrent newral network），オートエンコーダ[*10]（AE：autoencoder）である。本節の最初に挙げた「画像認識」「文章作成」「画像生成」の三つの

[*5] R. E. David, H. E. Geoffrey and W. J. Ronald: Learning representations by back-propagating errors, Nature 323, pp. 533-536, 1986
[*6] Y. LeCun, Y. Bengio and G. Hinton：Deep learning, Nature, Vol. 521, pp. 436-444, 2015
[*7] R. Frank：The Perceptron: A Probabilistic Model for Information Storage and Organization in the Brain, Psychological Review Vol. 65, No. 6, pp. 386-408, 1958
[*8] K. Fukushima：Neocognitron: a self-organizing neural network model for a mechanism of pattern recognition unaffected by shift in position, Biol. Cybernetics, Vol. 36, No.4, pp. 193-202, 1980
[*9] J. J. Hopfield：Neural networks and physical systems with emergent collective computational abilities, PNAS, Vol. 79 No. 8, pp. 2554-2558, 1982
[*10] G. E. Hinton and R. R. Salakhutdinov：Reducing the Dimensionality of Data with Neural Networks, Science, Vol. 313, No. 5786, pp. 504-507, 2006

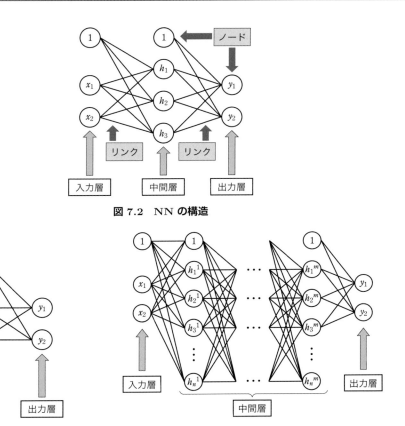

図 7.2　NN の構造

図 7.3　パーセプトロンの構造　　図 7.4　DNN の構造

例は，それぞれこれらの技術を使って実現されているものである。さらに，これらの派生はそれぞれ独立して使われるのではなく，CNN と AE を組み合わせて使うなどが行われている。例えば，「モナリザが笑った画像を生成した」という例では AE がキーとなる技術だが，CNN も使って実現している。

　次に，強化学習から発展した深層強化学習について述べる。強化学習は人間が教えることなく自ら学ぶという強力な概念をもっていたが，その実現が難しいという問題があった。その後，強化学習を実現可能な方法に変更した Q ラーニング（QL：Q-Learning）が考案されさまざまな成果を上げた。その QL に NN を組み込んだ Q ネットワークに発展したのだが，当時の NN が現在のような成果を上げられなかったように，Q ネットワークも大きな成果は上げられなかった。その後，DNN が考案され，さまざまな成果を上げるようになってきた。その DNN を QL に組み込んだディープ Q ネットワーク（DQN：Deep Q-Network）が考案され，これをもととして発展させることで，先に示したように「将棋で人間に勝てるようになった」などの成果が上げられている。この DQN は DNN を組み

込んでいるため，深層学習として紹介されることが多い。図 7.1 では DNN を QL に組み込んでいるが，DNN の派生である CNN を組み込むこともできる。さらに，QL 以外の強化学習の方法を使って深層強化学習として発展している。

　ここで，深層学習と深層強化学習の違いを別の角度から示すこととする。深層学習は教師付き学習に分類される手法であり，深層強化学習は半教師付き学習に分類される手法である。教師あり学習は学習データに対してすべての答えを用意しておく必要があるが，半教師あり学習は良い状態と悪い状態だけ指定しておき，それに至る過程は試行錯誤的に自分で学習していく方法である。例えば，**図 7.5** に示す迷路を例にとる。図 (a) の迷路は人間が見れば，右に一つ，下に二つ移動すればゴールに到達できることがわかる。QL の場合は，壁にぶつかるのは悪い状態，ゴールに到達したら良い状態であるというように決めておくことになる。壁にぶつかりながら，迷路を進み，ゴールに到達することを繰り返すうちにゴールまでの道筋を学習するというものである。この迷路探索問題を教師あり学習で解く場合を考える。この場合は，スタート位置から右に行くと正解，左，上，下に行くと不正解として，すべての行動に対して答えを用意する必要がある。そして，8 番の位置にいる場合も同様に，下に行くと正解，それ以外に行くと不正解のようにすべてのマスに対して答えを用意する必要がある。図 (a) に示す程度の大きさの迷路ならば解けるが，これが図 (b) のように 99×99 マスの迷路になるとすべてのマスに正解をつけることは簡単ではない。また，人間が教えた動作以外はできないため，人間以上の性能を出すことはできないということになる。

　以上の変遷から，深層強化学習（ディープ Q ネットワーク）を理解するには深層学習

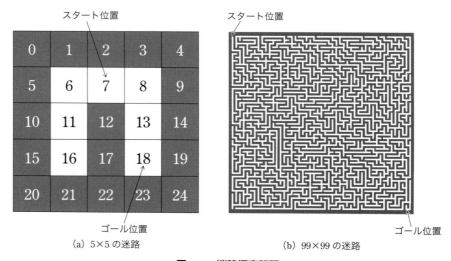

(a) 5×5 の迷路　　　　　　　　(b) 99×99 の迷路

図 7.5　迷路探索問題

（DNN）と強化学習（Qラーニング）を理解する必要があることがわかる。このため，Pythonスクリプトの実現では，次の順序で説明を行う。

1. NNの説明（7.3節）
2. DNNの説明（7.4節）
3. CNNの説明（7.5節）
4. QLの説明（7.6節）
5. DQNの説明（7.7節）

7.1.2　深層学習の活用例

　深層学習の方法や原理はわかっても，どのように活用するのかわかりにくい場合がある。そこで，活用法についてここでまとめておく。深層学習では例えば，イヌとネコの画像を大量に与えて学習しておき，学習後にイヌもしくはネコの画像を入力したら，写っているのがイヌであるのかネコであるのかを判別することができる。これには以下に示す2段階の手順で実行する必要がある。

1. トレーニングデータを学習して，テストデータで学習できているかチェックしながら「モデル」を作る。
2. 「モデル」を読み込んで新たなデータを分類する。

　「モデル」とは得られた入力（画像）に対する答え（イヌもしくはネコ）を導くためのNNを構成する計算パラメータが多く集まったものと考えるとよい。モデルの詳細はこの後の節で説明する。本書では，学習して「モデル」を作るだけにとどまらず，モデルを読み込んで，新たなデータを分類することまでを説明することで，実際に使いこなす方法を示す。これにより，深層学習の学習方法から使う方法までを示す。

　一方，深層強化学習はうまく動作するように振る舞うことを学習の目的としている。例えば，対戦ゲームでは相手に勝つように振る舞うこととなる。そして，その学習結果を利用して，人間が対戦する。これには深層学習のように2段階で実行する必要がある。

1. コンピュータ同士で対戦を繰り返しながら学習して「モデル」を作る。
2. 「モデル」を読み込んで人間と対戦する。

7.1.3　用語の説明

　本章で使う用語を簡単にまとめておく。なお，これらはオライリー・ジャパン社から出

版されている「ゼロから作るディープラーニング」[*11] に詳しく述べられている。また，これらを使った深層学習の例が多くある書籍を参考文献として挙げておく[*12,*13]。

- エポック（epoch）：学習回数に相当する値である。学習においてすべてのトレーニングデータを1度だけ入力として使用したときに1エポックとなる。
- バッチ（batch）：トレーニングデータをいくつかまとめて学習するときのサイズである。これにより学習速度が向上するだけでなく，学習効果も上がることが多くある。
- 活性化関数：各ノードの値を処理するときに用いられる関数である。NNではシグモイド関数がよく用いられてきたが，DNNではReLU関数を用いることが多いなどいくつかの活性化関数が提案されている。
- 損失関数：学習した結果と正解ラベルの差を計算するための関数である。2乗和誤差や交差エントロピーなどが用いられる。
- 最適化関数：学習の重みを変えるための関数である。AdamやSGDなどさまざまな関数が提案されている。
- 畳み込み（convolution）：主にCNNの処理に使われる手法で，画像でいう「フィルタ」に相当する。この処理に用いられるパラメータが学習により更新され，特徴量が抽出されるようなる。
- プーリング（pooling）：主にCNNの処理に使われる手法で，特徴量を保ちながら画像を小さくする処理が行われる。この処理は学習により変更されない。
- ストライド（stlide）：主にCNNの処理に使われる手法で，畳み込みやプーリングの範囲の移動量である。
- パディング（padding）：主にCNNの処理に使われる手法で，入力画像の周囲に0を配置することで畳み込み処理による画像の縮小を防ぐ。
- ドロップアウト（dropout）：学習時にあえてランダムに選んだノードを使わないように設定する処理である。これによりオーバーフィッティングの防止につながることが多くある。
- LSTM（long short-term memory）：主にRNNの処理に使われる手法で，重要な情報は長く保持し，重要度の低い情報は忘却する処理を行う。

7.2 Chainer

本節では，深層学習を簡単に行うために本書で用いるChainerについて述べ，その基本

[*11] 斎藤康毅：ゼロから作る Deep Learning, オライリー・ジャパン, 2016
[*12] 小高知宏：強化学習と深層学習, オーム社, 2016
[*13] 牧野浩二，西崎博光：算数&ラズパイから始めるディープラーニング, CQ出版社, 2018

的な使い方を示す．

7.2.1 概要とインストール

　深層学習が大きく発展した理由の一つに計算機性能の向上があるが，それと同時にさまざまな企業や団体から深層学習を簡単に行うためのフレームワーク（ライブラリ）が，「無料で」提供されているのも大きい．例えば，Google 社が提供する TensorFlow や Microsoft 社の The Microsoft Cognitive Toolkit，Amazon 社の MXNet などがある．本書では Preferred Networks 社の Chainer を対象として深層学習を行うためのスクリプトを示す．

　Chainer はほかのフレームワークに引けをとらない性能をもっており，ほかのフレームワークに比べて簡単に深層学習が構築できる利点を有する．さらに，ChainerRL という深層強化学習用のフレームワークも提供されている点から本書で採用することとした．

　Chainer の詳細は以下の公式ホームページで確認できる．

`https://chainer.org/`

　また，Preferred Networks は日本の会社であるため，日本語の情報も豊富にあることもうれしい．

`https://www.preferred-networks.jp/ja/`

　Chainer は，Linux OS（Ubuntu/CentOS）で動作するフレームワークであるが，Windows Anaconda（Python3 系）を使う方法も説明する．なお，macOS の場合はターミナルから Linux OS と同じコマンドで動作する．

　インストールとその確認は以下のコマンドで行うことができる．なお，バージョン指定をせずにインストールすると最新版をインストールすることができるがその場合はスクリプトが動作しない場合がある．

　以下に Chainer と ChainerRL のインストールの方法を示し，サンプルスクリプトを用いたインストールの確認方法を示す．

Linux OS（Ubuntu）

```
$ sudo apt install python3-pip
$ sudo apt install python3-tk
$ sudo pip3 install --upgrade pip
$ sudo pip3 install matplotlib
$ sudo pip3 install chainer==4.0.0
$ sudo pip3 install chainerrl==0.3.0
$ wget https://github.com/chainer/chainer/archive/v4.0.0.tar.gz
$ tar xzf v4.0.0.tar.gz
$ python3 chainer-4.0.0/examples/mnist/train_mnist.py
```

　最後のコマンドを実行すると以下の表示がなされる．なお，Download から始まる行は

2回目以降の実行では表示されない。

```
GPU: -1
# unit: 1000
# Minibatch-size: 100
# epoch: 20

Downloading from http://yann.lecun.com/exdb/mnist/train-images-
    idx3-ubyte.gz...
Downloading from http://yann.lecun.com/exdb/mnist/train-labels-
    idx1-ubyte.gz...
（中略）
epoch       main/loss    validation/main/loss    main/accuracy
    validation/main/accuracy    elapsed_time
1           0.191859     0.0820334               0.9421
    0.9741                      23.3399
2           0.0752082    0.0764384               0.97635
    0.9762                      47.5395
     total [#####..................................................]
       11.67%
this epoch [###############..................................]
    33.33%
        1400 iter, 2 epoch / 20 epochs
    24.978 iters/sec. Estimated time to finish: 0:07:04.370946.
```

Windows コマンドプロンプト（または PowerShell）

```
$ pip install -upgrade pip
$ pip install chainer==3.4.0
$ pip install chainerrl==0.3.0
```

以下のサイトにアクセスして，ファイルをダウンロードする。

https://github.com/chainer/chainer/archive/v4.0.0.tar.gz

このダウンロードしたファイルは Windows 標準の解凍ソフトでは解凍できないため，Lhaplus や 7zip など tar.gz 形式に対応した解凍ソフトを使用する必要がある。解凍したファイルを，例えば Documents フォルダの下に DQN フォルダを作り，その下に移動したとする。インストールの確認は，Anaconda を起動して以下のコマンドを実行することで行う。実行後は Linux OS の場合と同様の表示がなされる。

```
$ python Documents/DQN/chainer-4.0.0/examples/mnist/train_mnist.py
```

次に ChainerRL（深層強化学習用フレームワーク）のインストール成否の確認方法を示す。これは Linux OS と Windows に共通である。まず，File 7.1 を用意して，それを実行する。実行後に図 7.6 が表示されればインストールができている。これは，OpenAI の

gym[*14] を利用している．なお，このプログラムは Warning で停止する．

File 7.1 ChainerRL のインストール確認用スクリプト（chainerrl_test.py）

```
# -*- coding: utf-8 -*-
import gym
env = gym.make('CartPole-v0')
env.reset()
for _ in range(100):
    env.render()
    env.step(env.action_space.sample())
```

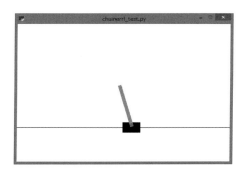

図 7.6 ChainerRL のテストスクリプトの実行結果

7.2.2 実行と評価

本項では File 7.2 を実行する方法をまず示し，それにより得られた結果の見方を示す．なお，このスクリプトは**表 7.1** に示す入出力関係をもつ 2 入力 1 出力の AND 論理演算子を学習している．

表 7.1 AND 論理演算子の入出力関係

入力 1	入力 2	出力
0	0	0
0	1	0
1	0	0
1	1	1

Linux OS の場合は python3 コマンドを使用し，Windows 上にインストールした Anaconda の場合は python コマンドを使用する．

[*14] OpenAI Gym：https://gym.openai.com/

Linux OS の場合

```
$ python3 and.py
```

Windows+Anaconda の場合

```
$ python and.py
```

実行結果は以下となる．左からエポック数（学習回数），トレーニングデータの誤差，テストデータの誤差，トレーニングデータの精度，テストデータの精度，経過時間の順に並んでいる．最初は精度が 0.5（正答率 50％）だったが，学習するにつれて 0.75 になり，最終的には 1（すべて正解）になっていることがわかる．また，誤差とは教師データと出力結果の差を表しているため，0 に近づくほど良い．この例では学習終了までに約 169 秒かかっているが，**図 7.7** と **図 7.8** のグラフ出力を行わない場合は約 14 秒で終了する．また，実行のたびに学習時の初期値が変わるため異なった結果となる．

```
epoch       main/loss       validation/main/loss    main/accuracy
    validation/main/accuracy    elapsed_time
1           0.811663        0.809617                0.5             0.5
                            0.00768863
2           0.809617        0.80758                 0.5             0.5
                            0.509369
3           0.80758         0.805548                0.5             0.5
                            0.818347
（中略）
200         0.540078        0.539227                0.75            0.75
                            68.661
201         0.539227        0.538373                0.75            0.75
                            69.045
202         0.538373        0.537518                0.75            1
                            69.3743
203         0.537518        0.536662                1               1
                            69.7038
204         0.536662        0.535833                1               1
                            70.0289
205         0.535833        0.534995                1               1
                            70.3578
（中略）
498         0.350747        0.35022                 1               1
                            168.247
499         0.35022         0.349706                1               1
                            168.551
500         0.349706        0.349167                1               1
                            168.853
```

実行後には図 7.7 と図 7.8 に示す誤差グラフ（loss.png）と精度グラフ（accuracy.png）が result フォルダの下にできる．図 7.7 はエポック数（学習回数）と誤差の関係を示し，

図 7.8 はエポック数と精度の関係を示している。これらの図では見にくいが，トレーニングデータとテストデータのそれぞれの線が描かれている。誤差は 0 に近づくほどよく，精度は 1 に近づくほど良い。例えば，この問題ではエポックが 100 になる頃には精度が 1 になっているため，これ以上学習する必要がないことがわかる。また，今回の AND 論理演算子の入出力関係の学習では生じていないが，オーバーフィッティングが生じた場合は，テストデータの誤差が増大していくため，オーバーフィッティングしているかどうかの判定にも用いることができる。

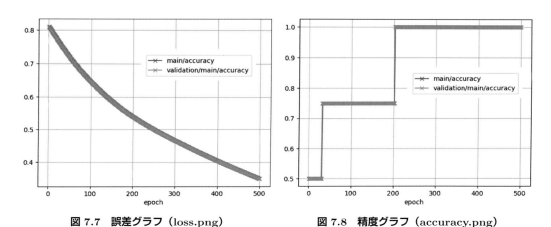

図 7.7　誤差グラフ（loss.png）　　　　図 7.8　精度グラフ（accuracy.png）

File 7.2　AND 論理演算子（and.py）

```
# -*- coding: utf-8 -*-
import numpy as np
import chainer
import chainer.functions as F
import chainer.links as L
import chainer.initializers as I
from chainer import training
from chainer.training import extensions

# NN の設定
class MyChain(chainer.Chain):
    def __init__(self):
        super(MyChain, self).__init__()
        with self.init_scope():
            self.l1 = L.Linear(None, 3)
            self.l2 = L.Linear(None, 2)
    def __call__(self, x):
        h1 = F.relu(self.l1(x))
        y = self.l2(h1)
        return y
```

```
# データの設定
trainx = np.array(([0,0], [0,1], [1,0], [1,1]), dtype=np.float32)
trainy = np.array([0, 0, 0, 1], dtype=np.int32)
train = chainer.datasets.TupleDataset(trainx, trainy)
test = chainer.datasets.TupleDataset(trainx, trainy)

# Chainer の設定
# ニューラルネットワークの登録
model = L.Classifier(MyChain(), lossfun=F.softmax_cross_entropy)
optimizer = chainer.optimizers.Adam()
optimizer.setup(model)
# イテレータの定義
batchsize = 4
train_iter = chainer.iterators.SerialIterator(train, batchsize)#
    学習用
test_iter = chainer.iterators.SerialIterator(test, batchsize,
    repeat=False, shuffle=False)# 評価用
# アップデータの登録
updater = training.StandardUpdater(train_iter, optimizer)
# トレーナーの登録
epoch=500
trainer = training.Trainer(updater, (epoch, 'epoch'))

# 学習状況の表示や保存
trainer.extend(extensions.LogReport())#ログ
trainer.extend(extensions.Evaluator(test_iter, model))# エポック数の
    表示
trainer.extend(extensions.PrintReport(['epoch', 'main/loss', '
    validation/main/loss','main/accuracy', 'validation/main/
    accuracy', 'elapsed_time'] ))#計算状態の表示
trainer.extend(extensions.PlotReport(['main/loss', 'validation/
    main/loss'], 'epoch',file_name='loss.png'))#誤差のグラフ
trainer.extend(extensions.PlotReport(['main/accuracy', 'validation
    /main/accuracy'],'epoch', file_name='accuracy.png'))#精度のグラフ

# 学習開始
trainer.run()

#モデルの保存
chainer.serializers.save_npz("result/out.model", model)
```

7.2.3 NN 用スクリプトの説明

　Chainer を使って深層学習のスクリプトを今後説明するために，ここでは，その骨子となる NN 用のスクリプトの説明を行う．これを学ぶことにより，この後の各種深層学習のスクリプトの説明では変更点だけ示す．

　File 7.2 で用いた NN の構造を**図 7.9** に示す．NN はこの図に示すようにノード（丸印）

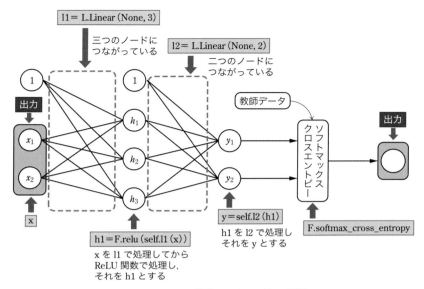

図 7.9 NN の構造とスクリプトの関係

がリンク（線）によってつながった構造をしており，それが層として並んでいる。左にあるのが入力層，中間にあるのが中間層（隠れ層），右にあるのが出力層と呼ばれている。そして，入力層にはノードが二つ，中間層には三つ，出力層には二つのノード使われている。なお，図 7.9 には File 7.2 で用いた NN を構成するためのスクリプトも示してある。

　File 7.2 のスクリプトを説明する。本項の内容は発展版であるため，後の節を読んでさらに深層学習を知るときに必要に応じて読んでも良い。

(1) ライブラリ，フレームワークのインポート

　まずライブラリやフレームワークのインポートをしている。その中で Chainer のスクリプトを書きやすくするための省略形の設定をしている。この書き方は公式サンプルでもこのように設定しているため，本書でもそれに倣う。

(2) NN の設定【重要】

　クラス（class）の中で NN の構造を設定している。この構造を変えることでさまざまな NN を作ることができる。この設定の仕方は次節以降に示す。

(3) トレーニングデータ・テストデータの設定【重要】

　その後，データを作成している。さまざまな問題に適用するためにはこの部分を変える必要がある。この変える方法も次節以降に例を用いながら示す。

(4) chainer の設定

　損失関数や最適化関数の登録を行う部分が続いている。本書で使用する以外の損失関数や最適化関数を設定することもできるが，本書では変更しない。この中に二つの重要な変

- batchsize：バッチサイズと呼ばれ，これを変えることで学習精度が変わる。データ数が多い場合は 100 程度にすることが多い。逆に，データ数が少ない場合はデータ数と同じにすることがよく行われる。問題によって変更すべき値である。
- epoch：学習回数に相当するエポック数を決める変数となる。学習が収束しない場合はこの値を大きくするとうまくいく場合が多い。

(5) 学習状況の表示や保存

実行中の学習状況をターミナルに表示したり，学習精度などをグラフ化したりする部分である。グラフ化する部分を実行すると学習が遅くなる場合があるため，不必要な場合はコメントアウトすることを勧める。

(6) 学習の開始

trainer.run() で学習が始まる。

7.3 NN（ニューラルネットワーク）

NN は図 7.1 に示したように DNN のもととなるものである。ここでは File 7.2 に示した NN をもとにして，一部を変更することでさまざまな問題に適用する方法を示す。これにより，DNN への導入になるとともに，簡単な問題の場合は NN で解くことができるようになる。

7.3.1 概要と計算方法

NN の計算方法をここで示す。本節の内容は知っていたほうが DNN をうまく使いこなせる。ここでは図 7.10 に示す中間層を 1 層だけ入れた NN を構築し，具体的な計算方法

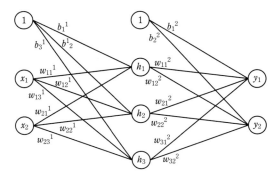

図 7.10　NN のノードの値と重み

を説明する。NN のリンクには図 7.10 に示すように重みが設定されている。

まず，出力層のノードの一つである y_1 の計算を行う。中間層の各ノードの値を h_1, h_2, h_3 とすると，出力 y_1 は以下のように計算される。これは各ノードの値に重みを掛けて足し合わせる計算となっている。なお，y_2 も同様に計算できる。

$$y_1 = w_{11}{}^2 h_1 + w_{21}{}^2 h_2 + w_{31}{}^2 h_3 + b_1{}^2$$

次に，中間層のノードの一つである h_1 の計算を行う。これは，単純にノードの値に重みを掛けて足し合わせるだけでない。まず，y_1 を計算したときと同様に a_1 を計算する。そして計算した a_1 を活性化関数と呼ばれる関数で変換したものが h_1 となる。なお，h_2 と h_3 も同様に計算できる。

$$a_1 = w_{11}{}^1 x_1 + w_{21}{}^1 x_2 + b_1{}^1$$
$$h_1 = f(a_1)$$

ここで，活性化関数によく用いられる関数を四つ紹介する。

(a) シグモイド関数 $f(x) = \dfrac{1}{1+e^{-x}}$

(b) ハイパボリックタンジェント関数 $f(x) = \tanh(x)$

(c) ReLU 関数 $f(x) = \begin{cases} x & if \quad x \geq 0 \\ 0 & if \quad x < 0 \end{cases}$

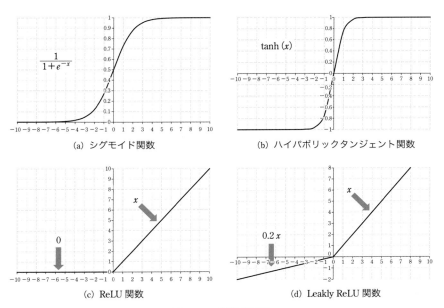

図 **7.11** 活性化関数

(d) Leakly ReLU 関数 $f(x) = \begin{cases} x & if \quad x \geq 0 \\ 0.2x & if \quad x < 0 \end{cases}$

それぞれをグラフで表したものが**図 7.11**(a)〜(d) となる。

最後に，出力の扱いについて述べる。これは，y_1 が y_2 より大きい場合には判定が 0 となり，逆の場合は 1 となる。NN の学習はこれらの重みを調整して，入出力関係がうまくいくようにすることとなる。

例として，**表 7.2** のように重みを決めて，h_1, h_2, h_3 を計算し，その値を使って y_1 と y_2 を計算してみよう。なお，活性化関数は ReLU 関数を用いる。ここでは，読者が実際に計算したときの検算として使うことを望み，中間層の計算結果も載せる。その結果を**表 7.3** に示す。判定が表 7.1 の出力と同じとなっていることがわかる。

表 7.2 図 7.10 の NN の重み

w_{11}^1	w_{12}^1	w_{13}^1	w_{21}^1	w_{22}^1	w_{23}^1
-0.3	0.5	0.1	0.2	0.3	0.4
b_1^1	b_2^1	b_3^1	b_1^2	b_2^2	
0.8	-0.1	0.1	0.8	0.1	
w_{11}^2	w_{12}^2	w_{21}^2	w_{22}^2	w_{31}^2	w_{32}^2
-0.1	0.5	-0.2	0.3	0.4	0.3

表 7.3 各ノードの計算結果

入力 x_1	入力 x_2	中間層 a_1	中間層 a_2	中間層 a_3
0	0	0.8	-0.1	0.1
1	0	0.5	0.4	0.2
0	1	1.0	0.2	0.5
1	1	0.7	0.7	0.6

中間層 h_1	中間層 h_2	中間層 h_3	出力 y_1	出力 y_2	判定
0.8	0.0	0.1	0.76	0.53	0
0.5	0.4	0.2	0.75	0.53	0
1.0	0.2	0.5	0.86	0.81	0
0.7	0.7	0.6	0.83	0.84	1

7.3.2　NN スクリプトの変更

まず，NN の入出力関係の変更について示す。File 7.2 に示したスクリプトは表 7.1 に示したような 2 入力の AND 論理演算子を学習した。ここでは，ExOR（**表 7.4**），3 入力の

AND (**表 7.5**), 3 入力中に含まれる 1 の数 (**表 7.6**) の 3 種類に対応させる.

(1) **ExOR 論理演算子**

ExOR 論理演算子は表 7.4 に示すような入出力関係であり, これは中間層をもたない NN (パーセプトロン) では学習できないことが知られている[*15]. この論理演算子は AND 論理演算子と入力の数, 出力の数は同じである. ここでは, 入出力関係のみ変えるスクリプトの中で File 7.2 と異なる点を File 7.3 に示す.

表 7.4　ExOR 演算子の入出力関係

入力 1	入力 2	出　力
0	0	0
0	1	1
1	0	1
1	1	0

File 7.3　ExOR 論理演算子 (exor.py)

```
#データの設定
trainx = np.array(([0,0], [0,1], [1,0], [1,1]), dtype=np.float32)
trainy = np.array([0, 1, 1, 0], dtype=np.int32)
```

(2) **3 入力の AND**

3 入力の AND 論理演算子は表 7.5 に示すような入出力関係である. この論理演算子は 2 入力の AND 論理演算子と出力の数は同じだが, 入力の数が異なる. この入出力関係のみ変えるスクリプトを File 7.4 に示す.

表 7.5　3 入力の AND 論理演算子の入出力関係

入力 1	入力 2	入力 3	出　力	入力 1	入力 2	入力 3	出　力
0	0	0	0	1	0	0	0
0	0	1	0	1	0	1	0
0	1	0	0	1	1	0	0
0	1	1	0	1	1	1	1

File 7.4　3 入力の AND 論理演算子 (and_in3.py)

```
#データの設定
trainx = np.array(([0,0,0], [0,0,1], [0,1,0], [0,1,1], [1,0,0],
    [1,0,1], [1,1,0], [1,1,1]), dtype=np.float32)
trainy = np.array([0, 0, 0, 0, 0, 0, 0, 1], dtype=np.int32)
```

[*15] 吉冨康成：ニューラルネットワーク, 朝倉書店, 2002

(3) 3 入力中に含まれる 1 の数

3 入力の AND 論理演算子と同じ入力を用いて，入力の中にある 1 の個数を数えるものを作る。これは**表 7.6**に示すような入出力関係となる。これは 3 入力の AND 論理演算子と入力の数は同じだが，出力が 4 種類となる点が異なる。この入出力関係と NN の設定を変えるスクリプトを File 7.5 に示す。ここでは NN の出力も変更している点に注意されたい。

表 7.6　3 入力の AND 論理演算子の入出力関係

入力 1	入力 2	入力 3	出　力	入力 1	入力 2	入力 3	出　力
0	0	0	0	1	0	0	1
0	0	1	1	1	0	1	2
0	1	0	1	1	1	0	2
0	1	1	2	1	1	1	3

File 7.5　3 入力の AND 論理演算子 (count.py)

```
            self.l2 = L.Linear(None, 4)
（中略）
#データの設定
trainx = np.array(([0,0,0], [0,0,1], [0,1,0], [0,1,1], [1,0,0],
    [1,0,1], [1,1,0], [1,1,1]), dtype=np.float32)
trainy = np.array([0, 1, 1, 2, 1, 2, 2, 3], dtype=np.int32)
```

次に，NN のネットワークの構造を変更する方法を示す。演算子 AND の入出力関係はそのままに**図 7.12** に示すように中間層のノードの数を変える方法と，**図 7.13** に示すように中間層の数を変える方法を示す。

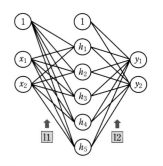
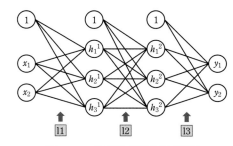

図 7.12　中間層のノード数の変更　　図 7.13　中間層の層の数の変更

(1) 中間層のノード数の変更

図 7.12 に示すように中間層のノードの数を 3 から 5 に変更するスクリプトを File 7.6 に示す。これは NN の中の値を一つ変更するだけで実現できる。

File 7.6　中間層のノード数の変更（and_hn.py）

```
        self.l1 = L.Linear(None, 5)
```

(2) 中間層の数の変更

中間層の数を変えるには File 7.7 に示すように NN の構造全体を変える必要がある。ここでは，l1 は入力層から中間層のリンクを表し，l2 は中間層から中間層のリンク，l3 は中間層から出力層のリンクである。そして，そのリンクを使って各層を計算するように変更する必要がある。

File 7.7　3入力の AND 論理演算子（and_hr.py）

```
class MyChain(chainer.Chain):
    def __init__(self):
        super(MyChain, self).__init__()
        with self.init_scope():
            self.l1 = L.Linear(None, 3)
            self.l2 = L.Linear(None, 3)
            self.l3 = L.Linear(None, 2)
    def __call__(self, x):
        h1 = F.relu(self.l1(x))
        h2 = F.relu(self.l2(h1))
        y = self.l3(h2)
        return y
```

最後に，学習した結果にテストデータを入力して，分類するためのスクリプトを示す。これは File 7.2 の最後に File 7.8 を付けることで実現する。これは，trainx の中にある (0,0)，(0,1)，(1,0)，(1,1) を順に呼び出してテストをしている。

File 7.8　学習後にテストデータを用いて分類する方法（and_test.py）

```
# 学習結果の評価
for i in range(len(trainx)):
    x = chainer.Variable(trainx[i].reshape(1,2))
    result = F.softmax(model.predictor(x))
    print("input: {}, result: {}".format(trainx[i], result.data.
        argmax()))
```

これを実行した結果を以下に示す。入力に対する分類結果が result の後に表示される。

```
input: [0. 0.], result: 0
input: [0. 1.], result: 0
input: [1. 0.], result: 0
input: [1. 1.], result: 1
```

File 7.8 では，学習した後にテストデータを入れて答えを検証した。しかし，この方法では毎回学習する必要が生じてしまう。実際には学習により得られたモデルを読み込んで，新たなデータを入れて検証することが行われる。なお，モデルとは学習後の NN のパラメー

タが集まったものと考えてよい。

　これには，まず学習してモデルを作る必要がある。これは，File 7.2 に示したスクリプトの最後に書かれている以下のスクリプトにより行われる。

```
chainer.serializers.save_npz("result/out.model", model)
```

　これにより，File 7.2 に示した and.py を実行後に，result フォルダの下に out.model という名前のモデルファイルが作成される。ここでは，それを読み込んで前節に示す方法でテストする方法を示す。

　モデルファイルを読み込むためには，NN などの設定は同じものを用いなければならない。そのため，File 7.2 の model = … から始まる行まではニューラルネットワークの設定であるため同じとなる。そして，File 7.9 に示すようにリストを読み込む部分を付け足す。その後は File 7.8 と同じスクリプトとなる。実行後は File 7.8 の実行結果と同じ表示がなされる。

File 7.9　モデルファイルの読込み（and_model.py）

```
chainer.serializers.load_npz("result/out.model", model)
```

　トレーニングデータやテストデータをスクリプト中に書いていたが，実際に使う場合にはスクリプト中にデータを書かずに，ファイルに書いてあるデータを読み込むこととなる。そこで，ここでは以下の二つの読込み方法を示し，それぞれの実現方法について示す。

（1）データと答えが一つになったファイル

　以下のファイルを読み込むこととする。これは AND 論理演算子の入出力関係を示していて，最初の 2 列が入力，最後の 1 列が出力を表している。このファイルを train_data.txt とする。

```
train_data.txt

0 0 0
0 1 0
1 0 0
1 1 1
```

　File 7.2 のトレーニングデータとテストデータを作っている部分を以下とすることで，ファイルを読み込んでトレーニングデータとテストデータを設定することができる。

File 7.10　トレーニングデータの読込み（and_train_data.py）

```
#データの設定
with open('test.txt', 'r') as f:
    lines = f.readlines()

data = []
for l in lines:
```

```
        d = l.strip().split()
        data.append(list(map(int, d)))
data = np.array(data, dtype=np.int32)
trainx, trainy = np.hsplit(data, [2])
trainy = trainy[:, 0]    #次元削減
trainx = np.array(trainx, dtype=np.float32)
trainy = np.array(trainy, dtype=np.int32)
train = chainer.datasets.TupleDataset(trainx, trainy)
test  = chainer.datasets.TupleDataset(trainx, trainy)
```

(2) 検証のためのデータの読込み

学習済みのモデルが書かれたファイル (out.model) を読み込んで，さらに検証のためのデータを分類する File 7.9 の方法を拡張する．ここでは，テストデータをファイルから読み込むことを行う．読み込むファイルは以下とし，ファイル名は test_data.txt とする．

```
test_data.txt

0 0
0 1
1 0
1 1
```

File 7.9 のテストデータを作っている部分を File 7.11 とすることで，ファイルを読み込んでテストデータを設定することができる．

File 7.11　トレーニングデータの読込み (and_test_data.py)

```
#データの設定
with open('test_data.txt', 'r') as f:
    lines = f.readlines()

data = []
for l in lines:
    d = l.strip().split()
    data.append(list(map(int, d)))
trainx = np.array(data, dtype=np.float32)
```

7.4　DNN（ディープニューラルネットワーク）

ここでは，NN を拡張した DNN を扱う．まず，DNN とはどのようなものかを説明する．その後，scikit-learn に付属している Iris データの分類を行う．また，ファイルからデータを読み取って学習する方法と，モデルを使ってテストデータを判別する方法を示す．そして最後に，自分で用意したデータを読み込むことを行う．

7.4.1　概要と実行

まず，DNN の概要について示す．DNN は図 7.4 に示したように NN の層を深くしたものである．計算方法は NN のときと同じで，中間層への入力に重み付けをして足し合わせた値に活性化関数を施したものとなる．

ここでも AND 論理演算子を例題として，**図 7.14** に示す DNN を実現するためのスクリプトを File 7.12 に示す．これは File 7.2 の NN の設定を変更しただけとなる．なお活性化関数として ReLU 関数を用いた．ここでは，設定の仕方と NN の構造の対応関係をわかりやすくするために中間層のノード数は一定ではなく，それぞれの層で違うノード数としている．しかし，通常は中間層のノード数は同じにすることが多い．

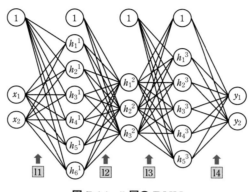

図 7.14　5 層の DNN

File 7.12　5 層の DNN（and_DNN.py）

```
class MyChain(chainer.Chain):
    def __init__(self):
        super(MyChain, self).__init__()
        with self.init_scope():
            self.l1 = L.Linear(None, 6)
            self.l2 = L.Linear(None, 3)
            self.l3 = L.Linear(None, 5)
            self.l4 = L.Linear(None, 2)

    def __call__(self, x):
        h1 = F.relu(self.l1(x))
        h2 = F.relu(self.l2(h1))
        h3 = F.relu(self.l3(h2))
        y = self.l4(h3)
        return y
```

次に，scikit-learn に付属の Iris データを対象として DNN で分類を行う．Iris データは特徴量として，がく片長（Sepal Length），がく片幅（Sepal Width），花びら長（Petal

Length），花びら幅（Petal Width）があり，4次元の入力となる．そして，3種類の品種（species）が教師データとしてあり，出力は3次元となる．ここでは中間層を2層とし，そのノード数を10ノードに設定したものを用いる．

これを実現するNNの部分はFile 7.13となる．なお，File 7.13のLinear関数のように第1引数に数値を与えることもできる．

File 7.13　Irisデータの分類：NNの設定（Iris_DNN.py）

```
class MyChain(chainer.Chain):
    def __init__(self):
        super(MyChain, self).__init__()
        with self.init_scope():
            self.l1 = L.Linear(4, 10)
            self.l2 = L.Linear(10, 10)
            self.l3 = L.Linear(10, 3)
    def __call__(self, x):
        h1 = F.relu(self.l1(x))
        h2 = F.relu(self.l2(h1))
        y = self.l3(h2)
        return y
```

次に，Irisデータを読み込んでトレーニングデータとテストデータの作成はFile 7.14となる．ここでは，読み込んだデータの80%をトレーニングデータとし，20%をテストデータとする．また，エポック数は1000，バッチサイズは100とした．

File 7.14　Irisデータの分類：データの読込み（Iris_DNN.py）

```
epoch = 1000
batchsize = 100

#データの設定
iris = load_iris()
data_train, data_test, label_train, label_test = train_test_split(
    iris.data, iris.target, test_size=0.2)
data_train = (data_train).astype(np.float32)
data_test = (data_test).astype(np.float32)
train = chainer.datasets.TupleDataset(data_train, label_train)
test = chainer.datasets.TupleDataset(data_test, label_test)
```

以上を実行すると以下が出力される．その結果，トレーニングデータの97%，テストデータの100%が分類できる結果が得られる．

```
epoch       main/loss    validation/main/loss   main/accuracy
    validation/main/accuracy    elapsed_time
1           1.76274      2.24476                0.37
    0.266667                    0.0105114
2           1.99183      2.2075                 0.3
    0.266667                    0.0238616
```

```
3            1.84808       2.17072           0.35
     0.266667              0.0359796
（中略）
998          0.0713724     0.0318348         0.97          1
                           58.2679
999          0.0630466     0.0316305         0.97          1
                           58.3214
1000         0.0613143     0.0307905         0.97          1
                           58.374
```

7.4.2 ファイルデータの扱い方

ここでは練習のため，Iris データをファイルに出力し，そのファイルを読み込んでモデルを作成することを行う．その後，ファイルに書かれた検証のためのデータを読み込んで学習結果をチェックする．

まず，Iris データを二つに分ける．90% をトレーニングデータとテストデータ（iris_train_data.txt と iris_train_label.txt），10% をモデルの検証用データ（iris_test_data.txt と iris_test_label.txt）とする．これは，File 7.15 のスクリプトを実行することで実現できる．トレーニングデータとラベルが一緒になったファイルの読込みは File 7.10 で示したため，ここでは別々のファイルにしたものを作成し，それを読み込むこととした．

File 7.15　Iris データをファイルに出力（Iris_data.py）

```python
# -*- coding: utf-8 -*-
import numpy as np
from sklearn.model_selection import train_test_split
from sklearn.datasets import load_iris

iris = load_iris()
data_train, data_test, label_train, label_test = train_test_split(
    iris.data, iris.target, test_size=0.1)
np.savetxt('iris_train_data.txt', data_train,delimiter=',')
np.savetxt('iris_train_label.txt', label_train,delimiter=',')
np.savetxt('iris_test_data.txt', data_test,delimiter=',')
np.savetxt('iris_test_label.txt', label_test,delimiter=',')
```

ファイルの読込みは File 7.14 を File 7.16 に変更することで実現できる．これは File 7.10 に似た処理である．そして，このスクリプトを実行することで学習モデルをつくる．

File 7.16　Iris データの分類：ファイルの読込み（Iris_file_train.py）

```python
# データの設定
with open('iris_test_data.txt, 'r') as f:
    lines = f.readlines()
data = []
for l in lines:
    d = l.strip().split(',')
```

```
        data.append(list(map(float, d)))
trainx = np.array(data, dtype=np.float32)

with open('iris_test_label.txt', 'r') as f:
    lines = f.readlines()
data = []
for l in lines:
    d = l.strip().split()
    data.append(list(map(float, d)))
trainy = np.array(data, dtype=np.int32)[:,0]

trainx = np.array(trainx, dtype=np.float32)
trainy = np.array(trainy, dtype=np.int32)
train = chainer.datasets.TupleDataset(trainx, trainy)
test  = chainer.datasets.TupleDataset(trainx, trainy)
```

学習が終わった後で，その学習モデルを読み込み，検証のためのデータを分類する．そして，検証したデータの分類結果と正解データを以下のように横に並べて表示する．

File 7.17　Irisデータの分類：モデルとファイルの読込み（Iris_model.py）

```
#データの設定
with open('iris_test_data.txt', 'r') as f:#検証データ
    lines = f.readlines()
data = []
for l in lines:
    d = l.strip().split(',')
    data.append(list(map(float, d)))
test = np.array(data, dtype=np.float32)

with open('iris_test_label.txt', 'r') as f:#正解ラベル
    lines = f.readlines()
data = []
for l in lines:
    d = l.strip().split()
    data.append(list(map(float, d)))
label = np.array(data, dtype=np.int32)[:,0]

# NNの登録
model = L.Classifier(MyChain(), lossfun=F.softmax_cross_entropy)
#モデルの読込み
chainer.serializers.load_npz("result/Iris.model", model)
# 学習結果の評価
for i in range(len(test)):
    x = chainer.Variable(test[i].reshape(1,4))
    result = F.softmax(model.predictor(x))
    print("input: {}, result: {}, ans: {}".format(test[i], result.
        data.argmax(), label[i]))
```

これを実行すると以下の表示がなされる．入力データをinputの後ろに示し，resultの後ろには分類結果，ansの後ろにはファイルに書かれた正解データが示されている．入力

分類結果と答えが一致していることが確認できる。

```
input:  [6.4  2.9  4.3  1.3], result: 1, ans: 1
input:  [5.   3.3  1.4  0.2], result: 0, ans: 0
input:  [6.1  2.8  4.   1.3], result: 1, ans: 1
input:  [6.6  2.9  4.6  1.3], result: 1, ans: 1
input:  [5.7  2.6  3.5  1. ], result: 1, ans: 1
input:  [4.9  3.1  1.5  0.1], result: 0, ans: 0
input:  [5.7  2.9  4.2  1.3], result: 1, ans: 1
input:  [5.4  3.4  1.7  0.2], result: 0, ans: 0
input:  [6.7  3.   5.2  2.3], result: 2, ans: 2
input:  [7.4  2.8  6.1  1.9], result: 2, ans: 2
input:  [6.3  2.9  5.6  1.8], result: 2, ans: 2
input:  [5.8  2.7  5.1  1.9], result: 2, ans: 2
input:  [7.7  2.8  6.7  2. ], result: 2, ans: 2
input:  [5.3  3.7  1.5  0.2], result: 0, ans: 0
input:  [5.1  3.4  1.5  0.2], result: 0, ans: 0
```

以上に示した train_data.txt に相当するトレーニングデータをつくれば，読者自身でつくったトレーニングデータを用いて学習することができる。ここでは入力が6次元で出力が4次元のデータがあるものとする。まず6次元のデータとした場合にはトレーニングデータの読込みは次のようになる。

```
trainx, trainy = np.hsplit(data, [6])
```

そして出力が4次元であるため，出力層につながるリンクを以下のように変更する。

```
self.l3 = L.Linear(10, 4)
```

7.5　CNN（畳み込みニューラルネットワーク）

　深層学習の発展版である画像処理に強い方法である CNN の説明を行う。まず，CNN の原理を示し，フィルタとは何か，どのように設定や計算するのかについて示す。その後，手書き文字認識の学習方法と，学習モデルの使い方を示す。そして，読者が CNN を使ってさまざまなデータを学習して使いこなせるように，トレーニングデータのつくり方と作成したトレーニングデータを用いた学習方法を示す。なお，本節の一部では USB カメラを用いてリアルタイムに分類やトレーニングデータの作成を行う方法も示す。

7.5.1　概要と計算方法

　画像認識では画像中の各ピクセルの縦横斜めの関係が重要となる。ここで，7.4 節で述べた DNN に画像を入力することを考える。この場合は図 **7.15** に示すように画像をスライスして1列に並べて入力をつくることとなる。なお，これは MNIST_DNN.py として用

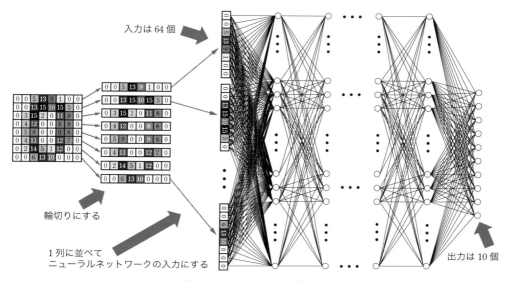

図 7.15 DNN への画像入力

意してある。

　この場合，縦や斜めの関係性が薄くなる。そこで，図 7.16 のように「畳み込み」と「プーリング」という二つの処理を用いることで，縦横斜めの関係性を保ったまま画像の特徴を抽出する方法が CNN の特徴となっている。ここでは詳しい説明は省くが，畳み込みとプーリングは図 7.16 のように畳み込みにより画像枚数を増やし，プーリングにより画像を小さ

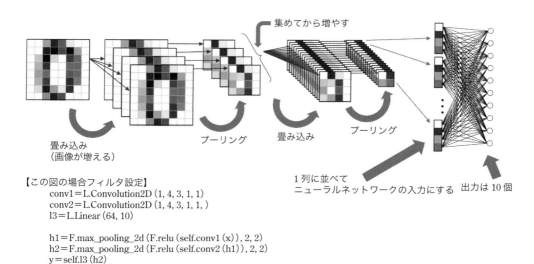

図 7.16 CNN の画像処理

くすることを繰り返すことで，小さな画像を大量につくる。そして，十分小さくなった画像を縦に並べて，最後は DNN により分類を行う。

畳み込み処理をするときに設定できるパラメータには以下の四つがある。図 7.16 に示したように，畳み込み処理とプーリング処理によって画像サイズが変わる。そこで，画像サイズの変更を計算する方法をこの後に示す。

- 畳み込みフィルタサイズ：FW（フィルタの横のサイズ），FH（フィルタの縦のサイズ）
  畳み込みと呼ばれる計算を行う範囲を設定する。3 や 5 程度がよく用いられる。
- ストライド：S
  フィルタを動かす量を決める。通常は 1 だが，2 を設定すると畳み込み処理でも画像が小さくなる。
- パディング：P
  画像の周りに 0 を配置する。1 を設定した場合は 1 重に，2 を設定した場合は 2 重に配置することとなる。
- フィルタ数：N
  畳み込み処理では複数のフィルタを用いることで画像を増やす。例えば，図 7.16 の例では 1 回目の畳み込みは 4 枚のフィルタを用いて，2 回目では 16 枚用いている。Chainer では最後のフィルタの数が重要となる。

プーリングに設定できるパラメータは二つあるが，通常は同じ値を設定する。

- プーリングフィルタサイズ：PW（フィルタの横のサイズ），PH（フィルタの縦のサイズ）
  プーリングと呼ばれる処理をする範囲を設定する。2 がよく用いられる。
- ストライド：
  フィルタを動かす量を決める。通常はプーリングフィルタサイズと同じとする。

入力画像の横のサイズを IW，縦のサイズを IH とすると，畳み込み処理とプーリング処理を行うと画像サイズは以下のように変更される。なお，OW は出力画像の横のサイズ，OH は縦のサイズとする。

$$OW = \left(\frac{IW + 2P - FW}{S} + 1\right) \times \frac{1}{PW}$$

$$OH = \left(\frac{IH + 2P - FH}{S} + 1\right) \times \frac{1}{PH}$$

以上より，画像のピクセル数が $IW \times IH$ から $OW \times OH$ となる。畳み込み処理とプーリング処理は図 7.16 に示すように複数回繰り返すことが多い。

例として，8×8 の画像に畳み込みフィルタ（サイズ：3×3，パディングサイズ：1，ストライドサイズ：1）を適用して，2×2 のプーリングフィルタを適用することを 2 回行った場合の画像サイズを求める．そして，フィルタ数は 16 とする．この処理は図 7.16 と同じである．ここでは画像の縦横のサイズが同じであるため，横の場合だけ計算する．

- 1 回目の畳み込みとプーリング：

$$\left(\frac{8 + 2 \times 1 - 3}{1} + 1 \right) \times \frac{1}{2} = 4$$

- 2 回目の畳み込みとプーリング：

$$\left(\frac{4 + 2 \times 1 - 3}{1} + 1 \right) \times \frac{1}{2} = 2$$

畳み込み処理とプーリング処理で画像を小さくしたものを DNN に入れる．このときの入力数は以下として計算される．

$$2 \times 2 \times 16 = 64$$

7.5.2　学習と検証

scikit-learn に付属している手書き文字の分類（MNIST：Mixed National Institute of Standards and Technology database，手書きの数字「0〜9」に正解ラベルが与えられているデータセット）を行う．これは画像であるため，DNN よりも CNN のほうが望ましい．ここでは，畳み込みフィルタ（サイズ：3×3，パディングサイズ：1，ストライドサイズ：1）を適用して，2×2 のプーリングフィルタを適用することを 2 回行う．1 回目の畳み込み処理のフィルタの数を 16，2 回目の畳み込み処理のフィルタの数を 64 とする．

これを実現する NN の部分は，File 7.18 となる．そして，scikit-learn の手書き文字を扱うには File 7.19 とすればよい．ここでは，80% をトレーニングデータ，20% をテストデータとしている．

File 7.18　MNIST データの分類：NN（MNIST_CNN.py）

```
class MyChain(chainer.Chain):
    def __init__(self):
        super(MyChain, self).__init__()
        with self.init_scope():
            self.conv1=L.Convolution2D(1, 16, 3, 1, 1) # 1 層目の畳み込み層（フィルタ数は 16）
            self.conv2=L.Convolution2D(16, 64, 3, 1, 1) # 2 層目の畳み込み層（フィルタ数は 64）
            self.l3=L.Linear(256, 10) #クラス分類用
    def __call__(self, x):
        h1 = F.max_pooling_2d(F.relu(self.conv1(x)), 2, 2) # 最大値
```

```
        プーリングは 2 × 2，活性化関数は ReLU
        h2 = F.max_pooling_2d(F.relu(self.conv2(h1)), 2, 2)
        y = self.l3(h2)
        return y
```

File 7.19　MNISTデータの分類：トレーニングデータの作成（MNIST_CNN.py）

```
digits = load_digits()
data_train, data_test, label_train, label_test = train_test_split(
    digits.data, digits.target, test_size=0.2)
data_train = data_train.reshape((len(data_train), 1, 8, 8))#8x8の行
    列に変更
data_test = data_test.reshape((len(data_test), 1, 8, 8))#
data_train = (data_train).astype(np.float32)
data_test = (data_test).astype(np.float32)
train = chainer.datasets.TupleDataset(data_train, label_train)
test = chainer.datasets.TupleDataset(data_test, label_test)
```

学習後に生成されるモデルを用いて画像を分類する．ここでは 2 通りの画像を入力する方法を示す．なお，この数字は Windows のペイントを使い筆者が書いたものである．そのため，MNIST_CNN.py を 1 回は実行しておく必要がある．

(1) ファイルからの入力

数字の画像をファイルとして用意して，それを読み取ることを行う．スクリプトのあるフォルダに number フォルダを作成し，その下に**図 7.17** に示すような 1.png や 2.png，3.png などという画像ファイルをつくっておく．

図 7.17　DNN への画像入力

これを読み込んで判定するスクリプトを File 7.20 に示す．なお，MNIST_CNN.py によって得られたモデルを利用する．

File 7.20　MNISTデータの分類：ファイルの読み込み（MNIST_CNN_File.py）

```
# 検証データの評価
img = Image.open("number/3.png")
img = img.convert('L') # グレースケール変換
img = img.resize((8, 8)) # 8x8にリサイズ
img = 16.0 - np.asarray(img, dtype=np.float32) / 16.0 # 白黒反転，0〜
    15に正規化，array化
img = img[np.newaxis, np.newaxis, :, :] # 4次元テンソルに変換（1x1x8x8，
    バッチ数xチャンネル数x縦x横）
x = chainer.Variable(img)
y = model.predictor(x)
c = F.softmax(y).data.argmax()
```

```
print(c)
```

(2) **カメラ画像の入力**

　カメラで画像を取得して，それをリアルタイムに表示することを行う。実行すると**図 7.18**に示すようにカメラ画像が表示される。その中の四角で囲まれた部分が認識する部分を表している。この例では 7 を映して，7 と判定されている。なお，q キーを押すと終了する。

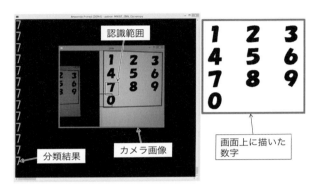

図 7.18 DNN への画像入力

　これを実現するスクリプトを File 7.21 に示す。

　カメラ画像の読込みには OpenCV を利用する。OpenCV は以下のコマンドでインストールできる。

Linux OS（Ubuntu）

```
$ sudo pip3 install opencv-python
```

Windows コマンドプロンプト（または PowerShell）

```
$ pip install opencv-python
```

　変数 d で読み込む範囲を決めて，resize 関数でその範囲の画像を切り出している。その後，8×8 の画像に変換している。そして，predictor 関数と softmax 関数で判定している。

File 7.21 MNIST データの分類：トレーニングデータの作成（MNIST_CNN_camera.py）

```
#学習モデルの読込み
chainer.serializers.load_npz("result/CNN.model", model)

#画像の取得と評価
cap = cv2.VideoCapture(0)
while True:
```

```
        ret, frame = cap.read()
        gray = cv2.cvtColor(frame, cv2.COLOR_BGR2GRAY)
        xp = int(frame.shape[1]/2)
        yp = int(frame.shape[0]/2)
        d = 40
        cv2.rectangle(gray, (xp-d, yp-d), (xp+d, yp+d), color=0,
            thickness=2)
        cv2.imshow('gray', gray)
        if cv2.waitKey(10) == 113:
            break
        gray = cv2.resize(gray[yp-d:yp + d, xp-d:xp + d],(8, 8))
        img = np.zeros((8,8), dtype=np.float32)
        img[np.where(gray>64)]=1
        img = 1-np.asarray(img,dtype=np.float32)   # 0～1に正規化
        img = img[np.newaxis, np.newaxis, :, :]    # 4次元テンソルに変換
        (1x1x8x8, バッチ数 x チャンネル数 x 縦 x 横)
        x = chainer.Variable(img)
        y = model.predictor(x)
        c = F.softmax(y).data.argmax()
        print(c)
cap.release()
```

7.5.3 トレーニングデータの作成法

読者がCNNを使いこなすには，対象となるトレーニングデータを作成する必要がある。ここでは，2通りの入力画像を作成する方法を示す。

(1) デジタルカメラ（デジカメ）で撮影

これは簡単な方法に思えるが，撮影した画像から対象物を切り出して，ファイルサイズを整えることが必要となる。また，画像は大量に必要となり，100枚以上あることが望ましい。

(2) USBカメラで撮影

USBカメラに映った画像をキーボードのキーを押すことで保存するスクリプトを示す。ここではaキーを押すとimgフォルダの下にあらかじめ作成しておいたaフォルダに，bキーを押すとbフォルダに通し番号を付けて保存するスクリプトをFile 7.22に示す。なお，qキーを押すとスクリプトが終了する。実行すると図7.18のようなウィンドウが表示される。黒枠の中が保存される画像となる。

File 7.22　カメラ撮影によるトレーニングデータの作成（CameraShot.py）

```
# coding:utf-8
import cv2

n1 = 0
n2 = 0
cap = cv2.VideoCapture(0)
```

```
while True:
    ret, frame = cap.read()
    gray = cv2.cvtColor(frame, cv2.COLOR_BGR2GRAY)
    xp = int(frame.shape[1]/2)
    yp = int(frame.shape[0]/2)
    d = 40
    cv2.rectangle(gray, (xp-d, yp-d), (xp+d, yp+d), color=0,
        thickness=2)
    cv2.imshow('gray', gray)
    c =cv2.waitKey(10)
    if c == 97:
        cv2.imwrite('a/{0}.png'.format(n1), gray[yp-d:yp + d, xp-d
            :xp + d])
        n1 = n1 + 1
    elif c == 98:
        cv2.imwrite('b/{0}.png'.format(n2), gray[yp-d:yp + d, xp-d
            :xp + d])
        n2 = n2 + 1
    elif c == 113:
        break
cap.release()
```

ファイルからトレーニングデータを読み取る方法を File 7.23 に示す。img フォルダの下にある a フォルダと b フォルダからそれぞれ画像を読み込んでトレーニングデータを作成する方法を示す。これを実行する前に File 7.22 に示す CameraShot.py を実行して分類したい画像を集めておく必要がある。

File 7.23 MNIST データの分類：撮影したトレーニングデータを用いたトレーニングデータの読込み（MNIST_Input.py）

```
print('loading dataset')
train = []
label = 0
img_dir = 'img'
for c in os.listdir(img_dir):
    print('class: {}, class id: {}'.format(c, label))
    d = os.path.join(img_dir, c)
    imgs = os.listdir(d)
    for i in [f for f in imgs if ('png' in f)]:
        train.append([os.path.join(d, i), label])
    label += 1
train = chainer.datasets.LabeledImageDataset(train, '.')
```

7.6　QL（Q ラーニング）

DQN のスクリプトを作るには，QL のスクリプトを作成することができる必要がある。

そこで，まず QL[*16] の原理の説明から行う．そして，QL をスクリプトで実現する方法を説明する．そして，応用として，瓶取りゲームを対象とした対戦ゲームを作成する．

7.6.1　概要と計算方法

QL を理解するうえで重要な用語が四つある．

- 状態：s_t
- 行動：a
- 報酬：r
- Q 値：$Q(s_t, a)$

そして，QL とは Q 値を更新していく学習となる．Q 値の更新を式に表すと (7.1) 式となる．なお，α と γ は定数であり，以下の例では 0.4 と 0.9 とする．

$$Q(s_{t+1}, a) \leftarrow \alpha Q(s_t, a) + (1 - \alpha)(r + \gamma \max Q) \tag{7.1}$$

これらを図 7.19 に示す迷路探索をもとにして説明を行う．

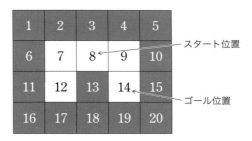

図 7.19　迷路探索問題（(7.1) 式の状態（s_t）に相当）

状態について述べる．迷路探索の例では，状態とはどの位置にいるかということに相当する．状態は数字で表されることが多く行われていて，例えば，図 7.19 に書かれている数字が状態を表す数字である．スタート位置にいる場合は $s_t = 8$ となる．そして，右に一つ移動した場合は $s_{t+1} = 9$ となる．

行動について述べる．行動も数字で表す．ここでは上方向を $a = 0$ とする．同様に右，下，左方向を $a = 1$，$a = 2$ と $a = 3$ とする．これにより，行動を数字で表すことができるようになる．これをまとめると**表 7.7** となる．

報酬について述べる．報酬は 2 種類あり，ゴールに到達したら与えられる正の報酬，壁が

[*16] C. J. C. H. Watkins：Learning from delayed rewards, PhD thesis, Cambridge University, 1989

表 7.7 行動と番号の関係

行動	a
上	0
右	1
下	2
左	3

ある方向に移動した場合に与えられる負の報酬である．この例では，ゴールに到達するとは14番の位置に移動することであり，その場合は1が与えられる（もっと大きな数でもよい）．そして，負の報酬は壁にぶつかったときであり，例えば，3番や13番など灰色のマスの位置に移動した場合に与えられ，−1が与えられる（もっと小さな数でもよい）．報酬をに書き入れると**図 7.20**となる．なお，この迷路を対象としたスクリプトはmazeQL_small.pyとして用意してある．

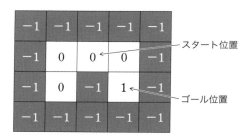

図 7.20 迷路の報酬（(7.1) 式の報酬（r）に相当）

Q値について述べる．Q値とは，ある状態において行動の選びやすさを示す値である．そして，**図 7.21**に示すように，各状態に設定されている値である．なお，この図のQ値の値は実際にスクリプトを実行して得られた値である．各マスの四つの数字は，上から$a=0$，$a=1$，$a=2$，$a=3$のQ値を示している．

例えば，8番の位置のQ値は次のようになっている．

$$Q(8,0) = -0.360$$
$$Q(8,1) = 0.562$$
$$Q(8,2) = -0.360$$
$$Q(8,3) = 0.000$$

この場合は一番大きなQ値となる行動1，つまり右に移動する行動が選ばれる．図7.21を見ると，スタート位置からQ値の高い順に追っていくとゴール位置へ到達できることがわかる．

−0.200 −0.200 −0.200 −0.200	−0.200 −0.200 0.000 −0.200	0.000 0.000 0.080 −0.200	0.000 0.000 0.000 −0.200	0.000 0.000 0.000 0.000
−0.200 0.000 −0.200 −0.200	−0.380 0.000 0.000 −0.200	−0.360 0.562 −0.360 0.000	−0.200 −0.200 0.893 0.000	0.000 −0.200 0.000 0.000
−0.200 0.000 −0.200 0.000	0.000 −0.200 −0.200 −0.200	0.000 0.000 0.000 0.000	0.000 0.000 0.000 0.000	0.000 0.000 0.000 0.000
−0.200 −0.200 0.000 0.000	0.000 −0.200 −0.200 −0.200	−0.200 0.000 −0.200 0.000	0.000 0.000 0.000 0.000	0.000 0.000 0.000 0.000

上から 1 番目の値　上方向の Q 値
上から 2 番目の値　右方向の Q 値
上から 3 番目の値　下方向の Q 値
上から 4 番目の値　左方向の Q 値

図 7.21　迷路の Q 値（(7.1) 式の Q 値（Q）に相当）

ここまで，四つの重要な用語を説明した。(7.1) 式を更新するにはあとは $\max Q$ が求まればよい。この $\max Q$ とは，行動した先の Q 値の最も大きい Q 値という意味である。図 7.21 では，9 番の Q 値は次のようになっているため，$\max Q$ は 0.893 となる。

$$Q(9,0) = -0.200$$
$$Q(9,1) = -0.200$$
$$Q(9,2) = 0.893$$
$$Q(9,3) = 0.000$$

以上より，8 番の位置で 1 の行動（右に動く）をとった場合は，以下のように更新される。

$$Q(8,1) \leftarrow 0.4 \times 0.562 + (1-0.4)(0 + 0.9 \times 0.893) = 0.70702$$

また，$Q(8,1)$ 以外の Q 値は変更しない。

それでは，続けて 9 番の位置にいる場合の行動を考える。QL では Q 値の大きい行動をとる。そのため，$a=2$（下方向）へ移動する行動をとる。この場合には報酬が得られる。また，たいていの場合ゴールに達した後は次の行動をせずに，初期位置から再度学習を始める。そのため，ゴールの Q 値はすべて 0 となっていることが多く，この例でもすべて 0 とする。そこで，9 番の位置で $a=2$ の行動をした場合の Q 値の更新は以下のように行われる。

$$Q(9,2) \leftarrow 0.4 \times 0.893 + (1-0.4)(1 + 0.9 \times 0) = 0.9572$$

7.6.2 実行方法

迷路探索を QL で解くためのスクリプトを File 7.24 に示す。ここでは QL のスクリプトがどのようなものかを示すために全文を示すこととした。

File 7.24　QL で迷路探索（mazeQL.py）

```python
# -*- coding: utf-8 -*-
import numpy as np
import cv2

MAP_X = 10
MAP_Y = 10

MAP = np.array([
-1, -1, -1, -1, -1, -1, -1, -1, -1, -1,
-1,  0,  0,  0, -1,  0,  0,  0,  0, -1,
-1,  0, -1,  0,  0,  0, -1, -1,  0, -1,
-1,  0, -1, -1,  0, -1, -1,  0,  0, -1,
-1,  0, -1,  0,  0,  0,  0, -1,  0, -1,
-1,  0, -1, -1, -1,  0, -1,  0,  0, -1,
-1,  0,  0,  0, -1,  0,  0,  0,  0, -1,
-1,  0, -1,  0, -1, -1,  0, -1, -1, -1,
-1,  0,  0,  0, -1,  0,  0,  0,  1, -1,
-1, -1, -1, -1, -1, -1, -1, -1, -1, -1,
], dtype=np.float32)

QV=np.zeros((MAP_X* MAP_Y,4), dtype=np.float32)

img = np.zeros((480,640,1), np.uint8)
font = cv2.FONT_HERSHEY_SIMPLEX

pos = 12
pos_old = pos

def reset():
    global pos, pos_old
    pos = 12
    pos_old = pos

def step(act):
    global pos, pos_old
    pos_old = pos
    x = pos%MAP_X
    y = pos//MAP_X
    if (act==0):
        y = y-1
    elif (act==1):
        x = x + 1
    elif (act==2):
        y = y + 1
    elif (act==3):
```

```python
            x = x - 1
        if (x<0 or y<0 or x>=MAP_X or y>=MAP_Y):
            pos = pos_old
            reward = -1
        else:
            pos = x+y*MAP_X
            reward = MAP[pos]
        return reward

def random_action():
    act = np.random.choice([0, 1, 2, 3])
    return act

def get_action():
    global pos
    epsilon = 0.01
    if np.random.rand()<epsilon:
        return random_action()
    else:
        a = np.where(QV[pos]==QV[pos].max())[0]
        return np.random.choice(a)

def UpdateQTable(act, reward):
    global pos, pos_old, QV
    alpha = 0.2
    gamma = 0.9
    maxQ = np.max(QV[pos])
    QV[pos_old][act] = (1-alpha)*QV[pos_old][act]+alpha*(reward +
        gamma*maxQ);

def disp():
    global pos
    img.fill(255)
    d = 480//MAP_X
    for s in range(0, MAP_X*MAP_Y):
        x = (s%MAP_X)*d
        y = (s//MAP_X)*d
        if MAP[s]==-1:
            cv2.rectangle(img,(x,y),(x+d,y+d),0,-1)
        cv2.rectangle(img,(x,y),(x+d,y+d),0,1)
    x = (pos%MAP_X)*d
    y = (pos//MAP_X)*d
    cv2.circle(img,(x+d//2,y+d//2),int(d//2*0.8),32,5)
    if (MAP[pos]==-1):
        cv2.circle(img,(x+d//2,y+d//2),int(d//2*0.8),224,5)
    else:
        cv2.circle(img,(x+d//2,y+d//2),int(d//2*0.8),32,5)
    for s in range(0, MAP_X*MAP_Y):
        x = (s%MAP_X)*d
        y = (s//MAP_X)*d
```

```
            for a in range(0, 4):
                cv2.putText(img,str('%03.3f' % QV[s][a]),(x+1,y+(a
                    +1)*(d//5)), font, 0.3,127,1)
    cv2.imshow('res',img)
    cv2.waitKey(1)

n_episodes = 1000
for i in range(1, n_episodes + 1):
    reset()
    while(1):
        disp()
        action = get_action()
        reward = step(action)
        UpdateQTable(action, reward)
        if reward==1:
            break
```

まずこのスクリプトを実行した結果を図 7.22 に示す。黒い円がエージェントの位置を示していて，スタート位置からゴール位置まで移動するアニメーションが表示される。このスクリプトも OpenCV を用いる。インストール方法は 7.5.2 項を参考にされたい。

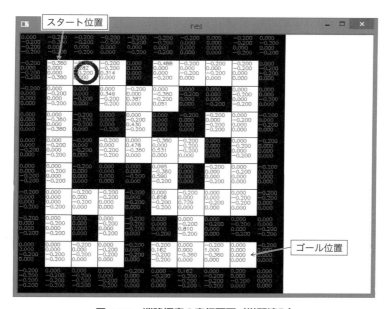

図 7.22　迷路探索の実行画面（学習済み）

QL のスクリプトは，図 7.23 のフローチャートに従って動作する。初めに，変数の初期化を行った後，disp 関数で図 7.22 の表示を行う。そして，get_action 関数により行動を決める。その行動に従い，step 関数で状態を変える（位置を動かす）。その後，UpdateQTable

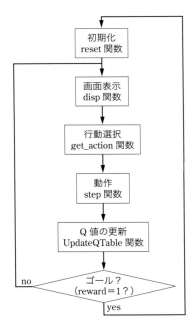

図 7.23 フローチャート（QL で迷路探索）

関数で Q 値を更新する。そして，ゴールに到達したときに報酬 1 がもらえるので，報酬が 1 ならばエピソードを終了して初期位置から再度学習を開始する。これを繰り返すことで Q 値が更新されてスタートからゴールに到達するような経路を自動的に見つけ出すことができる。図 7.22 は，学習終了時の Q 値を図 7.21 と同様に示している。この場合も，スタート位置から Q 値の高い順に追っていくとゴール位置へ到達できる。

それぞれの変数と関数について説明する。

- MAP 配列：迷路を決めるための配列で，通れる場所は 0，壁は -1，ゴールは 1 として表している。この値はそのまま報酬となる。
- QV 配列：迷路の各マスの Q 値を保存するための変数である。マスの数は 100 であり，行動の数は上下左右の四つあるため，100×4 の配列を用意している。そして，Q 値の初期値はすべて 0 としている。
- get_action 関数：Q 値の高い行動を選択する関数である。そして，Q 値が同じ場合は，同じ Q 値をもつ行動のうち一つをランダムに選択する。さらに，QL では，Q 値の高い行動のみを行うと学習がうまくいかないことが知られている[17]。これを回避する方法として ε–greedy 法が用いられる。これは，ある確率でランダムな行動

---

[17] R. S. Sutton, A. G. Barto（三上貞芳，皆川雅章訳）：強化学習，森北出版，2000

を選択するという方法で，0〜1までのランダムな値を発生させて，設定したεという値よりも小さかった場合，ランダムな行動を選択するというものである．逆に，ランダムな値がεより大きかった場合はQ値の高い行動を選択することとしている．ランダムな行動を起こす関数としてrandom_action関数を用意し，それを用いる．

- random_action 関数：フローチャートにはなかったが，get_action 関数で使われる関数である．この関数は取り得る行動をランダムに返す．また，この関数は深層強化学習でも必要となる重要な関数である．
- step 関数：選択された行動をもとに位置を更新するための関数である．まず，位置をx方向の位置とy方向の位置に分け，行動により位置を更新している．そして，設定している迷路の範囲を超える，例えばx方向の位置が0より小さくなるなどが起きると前の位置に戻して報酬として-1を与えることとする．それ以外は壁であっても移動させ，MAP配列に示した報酬を返す．
- UpdateQTable 関数：Q値を更新するための関数である．ここでは，(7.1)式を計算している．
- reset 関数：状態などを初期化するための関数である．必ずしも必要ないが，このように設定しておくとエピソード開始時に初期状態へ戻しやすい．
- disp 関数：QLではどのような動作が行われているか表示したほうがわかりやすい場合が多い．そこで，図7.22に示すように迷路と現在位置，各マスのQ値を表示するための関数を作成した．

7.6.3 瓶取りゲーム

瓶取りゲームとは，2人で行うゲームで，決められた数の瓶があり，1〜3本の瓶を取り合い，最後の1本を取ったほうが負けというゲームである．このゲームをQLで学習する．なお，このゲームは瓶の数によって先手必勝，後手必勝が決まっている．例えば，9本の場合は後手必勝となる．なぜなら，**表7.8**に示すように相手が残り本数が5本目となる瓶を取った場合，どのような取り方をしても9本目を取らせることができる．例えば，相手が残り本数5本のときに3本取ると残り本数が2本となり，プレーヤーが1本取ると相手が最後の1本を取ることとなるため，プレーヤーの勝ちとなる．同様に考えると，5本目を取らせるためには1本目を取らせればよいことになる．そのため，後手必勝である．つ

表7.8 瓶取りゲームの必勝法

残り	9	8	7	6	5	4	3	2	1
必勝法	*	3	2	1	*	3	2	1	*

まり n を自然数として，$4n+1$ 本の瓶の場合は後手必勝，それ以外は先手必勝となる。

ここでは，二つのエージェントが競い合いながら強くなる QL 示す。瓶の本数を 9 本にして，このスクリプトを実行した結果を以下に示す。はじめは勝ち負けが半々だが，1000 回試行した後は後手（エージェント 1）が必ず勝つようになる。以下に，1000 回の学習が終了したときのエージェント 0（先攻）とエージェント 1（後攻）の Q 値を示している。エージェント 1 に着目してこの結果を評価する。Agent 0 や Agent 1 と書かれた下には三つの数字が横に並び，それが 10 行書かれている。1 行目が残り 9 本のときの Q 値であり，2 行目が 8 本のときの Q 値である。それぞれの列に三つ並んだ数は，左から 1 本取るときの Q 値，2 本取るときの Q 値，3 本取るときの Q 値を示している。例えば，エージェント 1 は 8 本残っているときには 3 本取ることとなる。この結果と表 7.8 を比較すると，エージェント 1 は必勝法をマスターしていることがわかる。

```
1 : 0 Loose, 1 Win!!
2 : 0 Win!!, 1 Loose
3 : 0 Loose, 1 Win!!
（中略）
999 : 0 Loose, 1 Win!!
1000 : 0 Loose, 1 Win!!
Agent 0
[[  -81.          -81.          -81.       ]
 [    0.            0.            0.       ]
 [    0.            0.4359375     0.       ]
 [    0.47109374    0.          -22.25     ]
 [  -90.          -90.          -90.       ]
 [    0.            0.            0.984375 ]
 [    0.            0.875       -50.       ]
 [    0.5           0.            0.       ]
 [ -100.         -100.         -100.       ]
 [    0.            0.            0.       ]]
Agent 1
[[   0.80999994   0.            0.       ]
 [ -14.934375    0.            0.9      ]
 [ -10.0546875   0.9         -33.75     ]
 [   0.9          0.            0.       ]
 [ -50.625      -44.9375      -33.75     ]
 [   0.           0.            1.       ]
 [   0.           1.          -75.       ]
 [   1.         -50.          -50.       ]
 [ -87.5        -93.75        -87.5      ]
 [   0.           0.            0.       ]]
```

瓶取りゲームを学習する QL のスクリプトは図 7.24 のフローチャートに従って動作する。これは迷路探索と似ている。まず，先攻が get_action 関数により行動を決める（取る瓶の数を決める）。その行動に従い，step 関数で状態を変える（瓶を取る）。その後，UpdateQTable 関数で相手の Q 値を更新する。そして最後の 1 本を取った場合，done 変数が True にな

7.6 QL（Qラーニング）　227

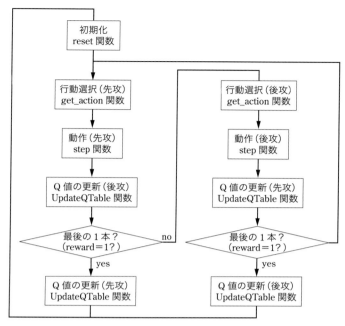

図 7.24　フローチャート（QL で瓶取りゲーム）

るように step 関数で設定しておき，done が True ならば UpdateQTable 関数で自分の Q 値を更新する．最後の 1 本でなければ後攻について同様に Q 値を更新する．ここでは，フローチャートの部分だけを File 7.25 に示す．一つ前の瓶の数，報酬，行動のすべてについて二つの配列で設定している点がポイントとなる．また，Q 値も二つ用意する必要がある．

File 7.25　QL で瓶取りゲーム（bottleQL.py）

```
QV0=np.zeros((BOTTLE_N+1,3), dtype=np.float32)
QV1=np.zeros((BOTTLE_N+1,3), dtype=np.float32)
QVs = [QV0, QV1]
（中略）
for i in range(1, n_episodes + 1):
    pos = 0
    pos_old = [0,0]
    rewards = [0,0]
    actions = [0,0]
    while(1):
        actions[0] = get_action(pos, i, QVs[0])
        pos_old[0] = pos
        pos, rewards, done = step(pos, actions[0], 0)
        UpdateQTable(actions[1], rewards[1], pos, pos_old[1], QVs
            [1])
        if (done==True):
```

```
            UpdateQTable(actions[0], rewards[0], pos, pos_old[0],
                QVs[0])
            print('{} : 0 Loose, 1 Win!!'.format(i))
            break
        actions[1] = get_action(pos, i, QVs[1])
        pos_old[1] = pos
        pos, rewards, done = step(pos, actions[1], 1)
        UpdateQTable(actions[0], rewards[0], pos, pos_old[0], QVs
            [0])
        if (done==True):
            UpdateQTable(actions[1], rewards[1], pos, pos_old[1],
                QVs[1])
            print('{} : 0 Win!!, 1 Loose'.format(i))
            break
(中略)
agent0.save('agent0')
agent1.save('agent1')
```

最後に学習したQ値を用いてコンピュータと対戦する方法を示す。File 7.25で学習したエージェントのQ値を読み込むこととする。変更点は以下の4点である。9本のゲームだと面白味がないだけでなく，後手必勝となるため，プレーヤーが先攻だと必ず負ける。そこで，20本で学習したエージェントの後攻のQ値を使うこととする（bottleQL_20.py）。なお，File 7.25では先攻と後攻のQ値をQV0.txtとQV1.txtとして保存している。

実行すると以下のようにゲームが始まる。このサンプルスクリプトの瓶の数は20本なので先手必勝のゲームである。うまく瓶を取れば必ずプレーヤーが勝てる。

```
[1-3]1
act:1, pin:19
act:2, pin:17
[1-3]2
act:2, pin:15
act:2, pin:13
[1-3]3
act:3, pin:10
act:1, pin:9
[1-3]3
act:3, pin:6
act:1, pin:5
[1-3]2
act:2, pin:3
act:2, pin:1
[1-3]1
act:1, pin:0
You Loose!
```

これは，File 7.25の一部を以下のように変更することで実現できる。

(1) 学習したQ値を読み取る

- 追加

    QV = np.loadtxt('QV1.txt')

(2) 取り除く瓶を数値で入力

- 修正前

    actions[0] = get_action(pos, i, QVs[0])

- 修正後

    actions[0] = int(input('[1-3]'))-1

(3) Q値の更新を削除

- 削除

    UpdateQTable(actions[0], rewards[0], pos, pos_old[0], QVs[0])

    UpdateQTable(actions[1], rewards[1], pos, pos_old[1], QVs[1])

(4) ランダム動作の削除

- 修正前

    epsilon = 0.5 * (1 / (episode + 1))

- 修正後

    epsilon = 0

(5) 動作と残りの本数の表示

- 追加

    print('New Game pin:'.format(BOTTLE_N - pos))

    print('act:0, pin:1'.format(actions[0]+1, BOTTLE_N - pos))

    print('act:0, pin:1'.format(actions[1]+1, BOTTLE_N - pos))

(6) 勝敗の表示の変更

- 修正前

    print('Win!!' ,i)

    print('Loose' ,i)

- 修正後

    print('You loose.')

    print('You win!')

7.7 DQN（ディープQネットワーク）

深層強化学習[*18]として，ここではDQNを説明する。初めに，QLとDQNの違いを通して，DQNの原理を説明する。その後，すでに述べた迷路探索問題をDQNで解く方法を示す。そして，瓶取りゲームの学習と対戦の考え方と実現法を示す。

7.7.1 概　要

QLは，各状態に対応したQ値の表を作成するものである。これは**図7.25**として表せる。例えば，状態2のときには最大のQ値の行動3を選択することとなる。一方，DQNの場合はこの表の代わりに**図7.26**のようにNNを用いる。これだけの違いだと簡単に感じるかもしれない。しかし，NNの場合には入力に対する答えが用意されていなければならないが，QLの枠組みではその答えは用意されていない。これは迷路探索においてもスタート位置から右に動くことが正解であるが，その正解は用意されていないので，NNの答

図7.25　QLでの行動の選び方

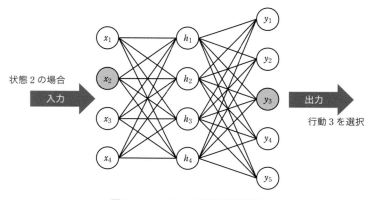

図7.26　DQNの行動の選び方

[*18] 牧野浩二，西崎博光：Pythonによる深層強化学習入門 ChainerとOpenAI Gymではじめる強化学習，オーム社，2018

えが用意されていないことと同じである．それを解決する方法は難しいのだが，Chainer ではそれを関数化しているため使いやすくしてある．

7.7.2 実行方法

DQN で迷路探索をするためのスクリプトを File 7.26 に示す．File 7.26 は File 7.24 をもとにして作成されており，異なる部分だけ示す．

File 7.26　DQN で迷路探索（mazeDQN.py）

```
（前略）
import chainerrl
import copy

（中略）

def step(act):
    （同じ）

def random_action():
    （同じ）

def disp():
    （Q値ではなく行動を示す以外同じ）
    map = copy.copy(MAP)
    for s in range(0, MAP_X*MAP_Y):
        x = (s%MAP_X)*d
        y = (s//MAP_X)*d
        tmp = map[s]
        map[s] = 10
        act = agent.act(map)
        map[s] = tmp
        cv2.putText(img,str('%d' % act),(x+1,y+d), font, 1,127,1)


# Q-関数の定義
class QFunction(chainer.Chain):
    def __init__(self, obs_size, n_actions, n_hidden_channels
        =256):
        super(QFunction, self).__init__(
            l0=L.Linear(obs_size, n_hidden_channels),
            l1=L.Linear(n_hidden_channels, n_hidden_channels),
            l2=L.Linear(n_hidden_channels, n_hidden_channels),
            l3=L.Linear(n_hidden_channels, n_actions))

    def __call__(self, x, test=False):
        h = F.leaky_relu(self.l0(x))
        h = F.leaky_relu(self.l1(h))
        h = F.leaky_relu(self.l2(h))
        return chainerrl.action_value.DiscreteActionValue(self.l3(
```

```
            h))
q_func = QFunction(MAP_X*MAP_Y, 4)
optimizer = chainer.optimizers.Adam(eps=1e-2)
optimizer.setup(q_func)
q_func.to_cpu()

explorer = chainerrl.explorers.LinearDecayEpsilonGreedy(
    start_epsilon=1.0, end_epsilon=0.1, decay_steps=100,
    random_action_func=random_action)

replay_buffer = chainerrl.replay_buffer.PrioritizedReplayBuffer(
    capacity=10 ** 6)

gamma = 0.95

agent = chainerrl.agents.DoubleDQN(
    q_func, optimizer, replay_buffer, gamma, explorer,
    replay_start_size=50, update_interval=1,
        target_update_interval=10)

n_episodes = 100   # 100回
n_steps = 1000     # 100回
for i in range(1, n_episodes + 1):
    reset()
    reward = 0
    done = False
    for j in range(1, n_steps + 1):
        disp()
        map = copy.copy(MAP)#マップのコピー
        map[pos] = 10
        action = agent.act_and_train(map, reward)
        reward = step(action)
        if (reward==1):
            done = True
            break
    print(i, j)
    map = copy.copy(MAP)
    map[pos] = 10
    agent.stop_episode_and_train(map, reward, done)
agent.save('agent')
```

まずこのスクリプトを実行した結果を**図 7.27** に示す．0 は上方向へ移動するマスであることを示している．同様に 1, 2, 3 はそれぞれ，右，下，左方向へ移動するマスであることを示している．このルールで図 7.27 をたどると，スタートからゴールへ向かうことができる．また，黒い壁の部分は白い通路へ戻す方向へ移動するように設定されていることも読み取れる．なお，この学習には大幅な時間を要することに留意した実行をされたい（休

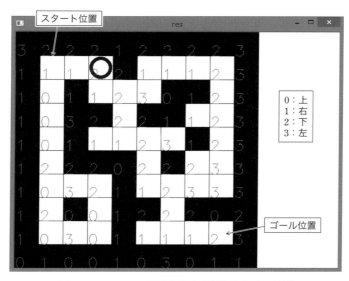

図 7.27　DQN で迷路探索を実行したときの表示

憩時間を利用するなど)．

　DQN のスクリプトは **図 7.28** のフローチャートに従って動作する．これは図 7.23 に示した QL で迷路探索をするためのフローチャートに似ている．まず，DQN の初期設定がある．その後は学習の繰り返しとなり，agent.act_and_train 関数により行動を決める．その行動に従い，QL で用いたものと同じ step 関数で状態を変える (位置を動かす)．そして，ゴールに到達したときに報酬 1 がもらえるので，報酬が 1 ならばエピソードを終了する．そして，stop_episode_and_train 関数で学習を終了してから，初期位置に戻して再度学習を開始する．これを繰り返すことで NN が更新されてスタートからゴールに到達するような経路を自動的に見つけ出すことができる．

　File 7.26 の説明を行う．

　まず，動作のための関数 (step 関数)，ランダム動作を行うための関数 (random_action 関数) は QL と同じである．画面表示関数 (disp 関数) は Q 値を示すのではなく，その場所にエージェントが存在したとすると，次にどの行動を行うのかを agent.act 関数で調べてその番号を表示している．そして，QL のときに用いた行動を決める関数と Q 値を更新する関数は，DQN では agent.action_and_train 関数を用いて行う．そして，ゴールに到達すると agent.stop_episode_and_train 関数を用いて学習をいったん終了させて再度スタート位置から始める．なお，これらの学習のための関数には学習する対象となる情報 (ここでは map 配列全体) をコピーしてから関数の引数として設定する必要がある．

　また，DQN を実現するときの NN を設定する必要がある．なお，ここでは活性化関数

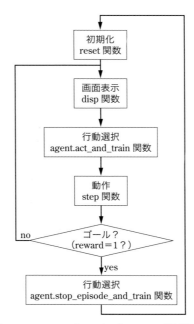

図 7.28　フローチャート（DQN で迷路探索）

として leakly_ReLU 関数を用いている．出力ノードを計算する部分には深層強化学習用の chainerrl.action_value.DiscreteActionValue 関数を使用する点に特徴があるが，それ以外は深層学習の設定の仕方と同じである．

そして，DNN の設定と同様に optimizer, explore, replay_buffer を設定し，それを agent に登録する．

学習には map 配列中にエージェントの位置のマスを 10 として入力データを作成することとした．

7.7.3　瓶取りゲーム

瓶取りゲームを DQN で実現するためのスクリプトを File 7.27 に示す．File 7.27 は File 7.25 をもとにして作成されているので，異なる部分だけ示す．

File 7.27　DQN で瓶取りゲーム（bottleDQN.py）

```
（前略）
import chainerrl
import copy


BT=np.zeros(1, dtype=np.float32)
```

```
（中略）
def step(act, pos, turn):
    (同じ)

def random_action():
    (同じ)

（中略）

explorer = chainerrl.explorers.LinearDecayEpsilonGreedy(
    start_epsilon=1.0, end_epsilon=0.01, decay_steps=1000,
    random_action_func=random_action)

replay_buffer0 = chainerrl.replay_buffer.PrioritizedReplayBuffer(
    capacity=10 ** 6)
replay_buffer1 = chainerrl.replay_buffer.PrioritizedReplayBuffer(
    capacity=10 ** 6)

gamma = 0.95

agent0 = chainerrl.agents.DoubleDQN(q_func, optimizer,
    replay_buffer0, gamma, explorer, minibatch_size = 100,
    replay_start_size=100, update_interval=1,
    target_update_interval=100)
agent1 = chainerrl.agents.DoubleDQN(q_func, optimizer,
    replay_buffer1, gamma, explorer, minibatch_size = 100,
    replay_start_size=100, update_interval=1,
    target_update_interval=100)

n_episodes = 1000

for i in range(1, n_episodes + 1):
    BT[0:BOTTLE_N] = 0
    pos = 0
    pos_old = 0
    rewards = [0,0]
    actions = [0,0]
    bt = BT.copy()
    while(1):
        actions[0] = agent0.act_and_train(bt, 0)
        pos_old = pos
        pos, rewards, done = step(actions[0], pos, 0)
        BT[pos_old:pos] = 1
        bt = BT.copy()
        if (done==True):
            BT[0:BOTTLE_N] = 0
            for j in range(0, BOTTLE_N):
                BT[0:j] = 1
                TEST[j] = agent1.act(BT)+1
            print('1 Win!!',i,rewards,TEST)
```

```
                break
            actions[1] = agent1.act_and_train(bt, 0)
            pos_old = pos
            pos, rewards, done = step(actions[1], pos, 1)
            BT[pos_old:pos] = 1
            bt = BT.copy()
            if (done==True):
                BT[0:BOTTLE_N] = 0
                for j in range(0, BOTTLE_N):
                    BT[0:j] = 1
                    TEST[j] = agent0.act(BT)+1
                print('0 Win!!',i,rewards,TEST)
                break
        bt = BT.copy()
        agent0.stop_episode_and_train(bt, rewards[0], done)
        bt = BT.copy()
        agent1.stop_episode_and_train(bt, rewards[1], done)
agent0.save('agent0')
agent1.save('agent1')

print("agent0")
BT[0:BOTTLE_N] = 0
for i in range(0, BOTTLE_N):
    BT[0:i] = 1
    print(BOTTLE_N-i, BT, agent0.act(BT))

print("agent1")
BT[0:BOTTLE_N] = 0
for i in range(0, BOTTLE_N):
    BT[0:i] = 1
    print(BOTTLE_N-i, BT, agent1.act(BT))
```

　まずこのスクリプトを実行した結果を以下に示す．ここでは，9本の瓶でゲームした場合を1000回学習した．なお，9本の場合は後手必勝となる．agent0やagent1の下に書いてある数字を説明する．左にある9，8，7などの数字は残り本数を示している．その後[ ]に囲まれた数字の1は取り除かれた瓶，0は残っている瓶の本数を表している．この0と1が並んだ配列をDQNへの入力としている．右の数字はエージェントが取る本数を示している．agent1の瓶の取り方は，表7.8に示したとおりの必勝法と同じ取り方をしている．また，先攻のagent0も必勝法と同じ取り方を学習している．この学習では937回目の学習でagent1が必勝法以外の取り方をしている．このランダムに取る行動はε-greedy法（たまにランダムな行動を起こす）の設定によるものである．必勝以外の取り方をすると先攻のエージェントが必勝法となる取り方をして勝つように学習ができている．

```
（前略）
0 Win!! 937 [-1, 1] [2. 3. 2. 1. 3. 3. 2. 1. 1.]
（中略）
```

```
1 Win!! 999 [1, -1] [3. 3. 2. 1. 1. 3. 2. 1. 1.]
1 Win!! 1000 [1, -1] [3. 3. 2. 1. 1. 3. 2. 1. 2.]
agent0
9 [0. 0. 0. 0. 0. 0. 0. 0. 0.] 3
8 [1. 0. 0. 0. 0. 0. 0. 0. 0.] 3
7 [1. 1. 0. 0. 0. 0. 0. 0. 0.] 2
6 [1. 1. 1. 0. 0. 0. 0. 0. 0.] 1
5 [1. 1. 1. 1. 0. 0. 0. 0. 0.] 1
4 [1. 1. 1. 1. 1. 0. 0. 0. 0.] 3
3 [1. 1. 1. 1. 1. 1. 0. 0. 0.] 2
2 [1. 1. 1. 1. 1. 1. 1. 0. 0.] 1
1 [1. 1. 1. 1. 1. 1. 1. 1. 0.] 2
agent1
9 [0. 0. 0. 0. 0. 0. 0. 0. 0.] 3
8 [1. 0. 0. 0. 0. 0. 0. 0. 0.] 3
7 [1. 1. 0. 0. 0. 0. 0. 0. 0.] 2
6 [1. 1. 1. 0. 0. 0. 0. 0. 0.] 1
5 [1. 1. 1. 1. 0. 0. 0. 0. 0.] 1
4 [1. 1. 1. 1. 1. 0. 0. 0. 0.] 3
3 [1. 1. 1. 1. 1. 1. 0. 0. 0.] 2
2 [1. 1. 1. 1. 1. 1. 1. 0. 0.] 1
1 [1. 1. 1. 1. 1. 1. 1. 1. 0.] 2
```

File 7.27 の説明を行う。

まず，迷路と同様に step 関数，random_action 関数は瓶取りゲームの QL と同じである。同様に，QL のときに用いた行動を決める関数と Q 値を更新する関数は，DQN では agent.action_and_train 関数を用いて行う。そして，ゴールに到達すると agent.stop_episode_and_train 関数を用いて学習をいったん終了させて再度初めからスタートする。そして，QL のときと同じようにエージェントどうしで対戦するために，学習に必要な設定を二つつくる。ここでは，replay_buffer と agent を二つ設定している。これが対戦するときのポイントとなる。さらに，これらの学習のための関数には学習する対象となる情報（ここでは BT 配列全体）をコピーしてから関数の引数として設定する必要がある。

最後に学習した機械と対戦する方法を示す。これは，File 7.27 を実行した後に生成されるエージェントのモデルを読み込むこととする。変更点は以下の 4 点である。9 本のゲームだと面白味がなく，後手必勝となるため，20 本で学習したエージェントの後攻のモデルを使うこととする。なお，File 7.27 では先攻と後攻のモデルを agent0 と agent1 として保存している。

実行すると File 7.25 の QL と同じようにゲームが始まる。このサンプルスクリプトの瓶の数は 20 本で先手必勝のゲームであるため，うまく瓶を取れば必ずプレーヤーが勝てる。なお，表示は QL のときと同じである。

これは File 7.25 の一部を次のように変更することで実現できる。

(1) 学習した Q 値を読み取る
   agent1.load('agent1') 関数を追加
(2) 取り除く瓶を数値で入力
   - 修正前
     actions[0] = agent0.act_and_train(bt, 0)
   - 修正後
     actions[0] = int(input('[1-3]'))
(3) 次の行動選択の関数を変更
   - 修正前
     actions[1] = agent1.act_and_train(bt, 0)
   - 修正後
     actions[1] = agent.act (bt)
(4) 動作と残りの本数の表示
   - 追加
     print('New Game pin:'.format(BOTTLE_N - pos))
     print('act:0, pin:1'.format(actions[0], BOTTLE_N - pos))
     print('act:0, pin:1'.format(actions[1], BOTTLE_N - pos))
(5) 勝敗の表示の変更
   - 修正前
     print('1 Win!!', i,rewards,TEST)
     print('0 Win!!', i,rewards,TEST)
   - 修正後
     print('You loose.')
     print('You win!')

第8章 時系列データ分析

　ほかの章の内容に比べて，本章では時間因子が入りダイナミクスを考慮することで，多少込み入った内容となる．そのため，興味のない読者には本章 8.1 節の動的システムは読まずとも ARMA モデルを理解できるように工夫している．

　時系列データ（time series data）とは，離散時間で時々刻々と観測されるデータのことである．多くの場合，連続時間系の動的システムをサンプリング観測することで時系列データを得ている．これを表す代表的な ARMA モデルのパラメータ推定を中心に説明を行う．このとき，同定条件，極の意味などがトピックとしてあげられる．最後に，時系列データの別の見方として金融経済関係でよく知られている移動平均やボリンジャーバンドについても触れる．

　本章では，ツールとして statsmodels を主に用いる．statsmodels が提供する ARMA モデルには，入力を与えられない，b_0 項の存在，という問題があり，この考え方についても触れる．

　さらに，用語の使い方（第1章参照）は，システム同定の分野の流儀に沿って用いており，統計分野とは使い方が異なるので注意されたい．

8.1　動的システム

8.1.1　因果性と動的システム

　システム論は，物理現象，自然科学現象，社会現象などを網羅しており，システム，入力（input），出力（output）の三つの関係で論じる．

　システムとは，機能を有する要素が集まって新たな機能を示すとき，この要素の集合体をいう．例として，車をシステムとして考えると，タイヤ，エンジン，ハンドル，車体などは要素となり，車というシステムは入力がアクセル，ブレーキ，ハンドル，出力が時間

図 8.1 動的システムの入力と出力

変化する位置となり（入出力の定め方はさまざまにある），人間のパーソナルモビリティ[*1]を実現するという機能を果たす。

システムを**図 8.1** に示すようなブロック線図（block diagram）で表すことで，数理解析で扱いやすいようにしている。このとき，入力や出力を信号と称することがある。

注意：この章では，システム工学論に沿って連続時間系の入出力を $u(t)$, $x(t)$, 離散時間系の入出力を $u(k)$, $y(k)$ と表記する。

動的システムは，**図 8.1** に示すように，次の性質を有するものである。

性質1 入力を与えると出力が生じる。また，入力を止めてもしばらくの間，出力が続く。
性質2 現在の入力は現在または過去の入力の影響により生じているもので，将来の入力により生じてはいない。

性質2は，**因果性**（causality）と呼ばれるもので，原因が結果よりも時間的に先行することを意味する。因果性とは，システム論だけでなく，哲学，医学など幅広い分野にある用語であり，因果律，因果性と呼ばれ，それぞれの分野に適する表現を有する。システム論では上記の表現となる。

動的システムの例として，鐘を撞いた後に音と機械的振動がしばらく続く，熱したフライパンの冷め方，水や煙を吹き出したときの流れるようす，刺激を与えたときの人間の生理反応などである。このように，動的システムは身の回りに溢れている。そして，動的システムはすべて因果性がある。また，動的システムは，近代の理工学の発展により，微分方程式や偏微分方程式などで良く近似できることが知られている。

8.1.2 動的システムの線形モデル

動的システムを表現するモデルのうち，線形モデルを取り上げる。これを次の線形の微分方程式で表現する。

[*1] 英語で personal mobility は違う意味にとられ vehicle が必要。ここでは広義にとり，乗用車も含む。

$$a_n \frac{d^n x}{dt^n} + a_{n-1} \frac{d^{n-1} x}{dt^{n-1}} + \cdots + a_1 \frac{dx}{dt} + a_0 x = b_m \frac{d^m u}{dt^m} + b_{m-1} \frac{d^{m-1} u}{dt^{m-1}} + \ldots + b_1 \frac{du}{dt} + b_0 u \tag{8.1}$$

ここに

- 因果性より $n \geq m$ であることが知られている。この条件をプロパー（proper）と呼ぶ。
- n はモデル次数と呼ばれる。
- 係数 $\{a_i\}$, $\{b_i\}$ は実定数で，パラメータと称される。今後，一般性を失うことはなく $a_n = 1$ とする。
- 出力信号は $x(t)$，入力信号は $u(t)$ である。(8.1) 式ではカッコ (t) が省略されているだけである。

(8.1) 式は，力学系でニュートンの運動法則，電気系の交流回路でキルヒホッフの法則など，実世界の幅広い現象の良い近似表現を与えることが知られており，幅広い分野でよく用いられる。

過渡状態，定常状態

システムの挙動の表現に**過渡状態**（transient state）と**定常状態**（steady state）があり，身の回りでよく見られる状態である。これを**図 8.2** に示す。この図では，左の二つは初期値 0 の定常状態からステップ応答，右図はある初期値からの自由振動の応答である。

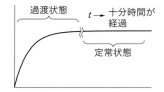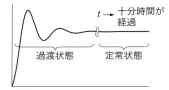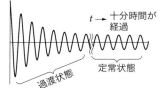

図 8.2　過渡状態と定常状態

過渡状態とは，ある定常状態から異なる定常状態に至るまでの時間的に変動する状態をいう。定常状態とは，時間的に物理量が変わらない状態をいう。例えば，川の流れが一定ならば，水は流れているが流量は一定などをいう。図 8.2 の右図が示す定常状態は，周波数と振幅が時間的に一定である。注意として，確率論でいう定常とは異なる意味なので，定常という用語の意味は文脈から読み取ってほしい。

世の中には，動的システムの波形をよく見かけるので，波形の性質を定量的に説明できることもデータサイエンティストの素養と考える。このため，次項では，動的システムの波形からシステムの性質の表現方法を説明する。ただし，解析的な求め方は説明せず，微

分方程式の形を見るだけに留めるものとする。

8.1.3　1次システムの時間応答

最も簡単な例として，1次システムを見る。1次遅れ要素ともいう。これは，次の1階の微分方程式をいう。

$$\frac{dx(t)}{dt} = -ax(t) + u(t) \qquad (a > 0) \tag{8.2}$$

参考までに，この一般解は，初期条件（初期値を与えること）を $x(0) = x_0$ として，$u(t) = 0$ のとき，次となることがわかっている。

$$x(t) = x_0 \exp(-at) \tag{8.3}$$

ここに，$\exp(x)$ はキーボード入力が便利なため，よく用いられる表現で，e^x と同じである。e は自然対数の底（base for natural logarithms）またはネイピア数（Napier's constant）と呼ばれる定数で，微分方程式の解，オイラーの公式（複素数と π と三角関数を結びつける）など数学や理工学で良く出現する不思議な実数である。ここでは，2.7 より少し大きな実数とだけ認識してもらって構わない。一般解を示したが，微分方程式が数値的に解ける（Python パッケージが解く）ものとして，今後，一般解を求めることは行わない。

微分方程式を見る勘所を説明する。(8.2) 式を見て，$x(0)$ が正で $u(t)$ はゼロとする。a が正であるから，右辺は負，すなわち，傾きは負（時間とともに下がる）である。$x(t)$ の値が下がるほどに x の値はゼロに近づく。このとき，傾きはゼロに漸近し，いずれは傾きはゼロ，すなわち，$x(t)$ は x 軸に漸近する。このようすを頭の中でイメージされたい。

次に，ステップ状の入力，$u(t) = 1 \ (t \geq 0)$，$u(t) = 0 \ (t < 0)$ を与えたときの1次システムのステップ応答は **図 8.3** のように示される。この応答波形を見て，因果性があること，$x(t)$ はある定常値に漸近することがわかる。

1次システムであることを知っているという前提で，得られた応答波形のグラフにおい

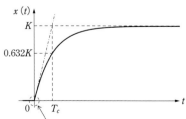

現実にこのような角点をもつような立上りを示すシステムはないが，近似モデルとして許容されることがある

図 8.3　1次システムのステップ応答

て $t=0$ での波形の接線を引く。これと定常値 $x(\infty) = K$ の横に引いた線との交点を求める。この交点から垂線を下した時間を T_c とおく。この T_c を**時定数** (time constant) という。1次システムの応答が早い，遅いをこの時定数 T_c で定量的に（数値で）表現する。すなわち，T_c が大きいとは応答が遅い（立上りがゆっくり）システムといえる。逆もまた然りである。また，この1次システムは入力より遅れて出力が現れるので，1次遅れシステムともいわれる。

1次システムが (8.2) 式で表される場合，図中の記号と照合すると，次の関係がある（証明略，ラプラス変換を用いて容易に求まる）。

$$T_c = K = \frac{1}{a} \tag{8.4}$$

これより，T_c を測れば，微分方程式モデルを得られることにもつながる。なお，一般には，定常値 K の約 $63.2\% = (1 - 1/e)$ に達する時間を測って，これを T_c とする。

1次システムのステップ応答を確かめるのが次のスクリプトである。

File 8.1　TSA_StepResponse.ipynb

```
from scipy.integrate import odeint

def dFunc_1(x, time, a, u):
    dx = -a*x + u
    return dx

time = np.linspace(0,3,100)  # time interval, 100 division
a = 2.0
x0 = 0.0  # Initial value
u = 1.0   # Step input
sol_1 = odeint(dFunc_1, x0 ,time, args=(a,u))
plt.plot(time, sol_1, '-k', linewidth=2)
```

ユーザが定義する関数 dFunc は，(8.2) 式を表現する。微分方程式の数値解法は ODE 法 (ordinary differential equation) が代表的であり，関数 odeint() がこれを担う。この

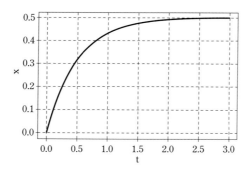

図 8.4　1次システムのステップ応答

入力パラメータについて，微分を計算する関数 dFunc，初期値 x0，時間刻みと区間，ほかのパラメータをまとめて args に渡す。

この結果が図 8.4 であり，このグラフを読み取って，(8.4) 式が成り立つことを確かめられたい。

8.1.4　2次システムの時間応答

2次システムは，(8.1) 式において，$n=2$, $m=0$ の場合をいう。これは，世にある機械系（車の振動，飛行機や車体の強度，回転ドアの閉まり具合），電気系（電気素子の電流やモータの解析），建築系（柱や床のたわみ）など幅広く使われている有用なモデルである。よく知られた，ばね・ダンパ・質量システムを図 8.5 に示す。

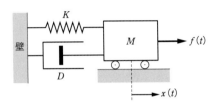

図 8.5　ばね・ダンパ・質量システム

この微分方程式は次で表現される。

$$M\frac{d^2x(t)}{dt^2} + D\frac{dx(t)}{dt} + Kx(t) = f(t) \tag{8.5}$$

ここに，M は質量〔kg〕，D はダンパ定数（粘性係数ともいう）〔N/(m/s)〕，K はばね定数〔N/m〕であり，左辺の単位は〔N〕である。両辺の単位は当然ながら等しいので，$f(t)$ の単位も〔N〕である。

実現性に乏しいが，シミュレーションならば多少無茶なことができるので，$f(t)$ をステップ関数とする。このときの代表的なステップ応答波形を図 8.6 に示す。

2次システムが振動的な応答を示しているといったとき，以下の特徴量を述べると，この応答をよく表現することになる[*2]。

立上り時間 T_r：応答が定常値の 0.1 倍から 0.9 倍に達するまでの経過時間
遅延時間 T_d：応答が定常値の 0.5 倍に達するまでの時間
行過ぎ量 p_d：応答のピークと定常値との差
行過ぎ時間 T_p：1番目のピークが生じるまでの時間

[*2] "よく表現する" とは，ほかの振動的な応答と区別をしたいときには，これだけの特徴量を明記すべき，という意味である。

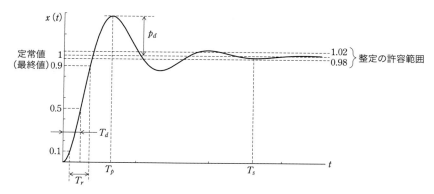

図 8.6　2 次システムのステップ応答

整定時間 T_s：応答が定常値の近傍範囲に達するまでの時間．例えば定常値の ±2% の範囲（±5% の範囲もよく用いられる）に入れば整定とみなす．現実のシステムの応答値が "ピタッ" と一定の値に止まることはなく，微視的に見れば微小に振動していることが多いため，このような定義が必要となる．

振幅減衰比：応答が振動的である場合，1 番目と 2 番目の行過ぎ量の比

先のばね・ダンパ・質量システムで，三つの定数の大小関係で振動的，振動的でない（制動的という）の振舞いを見せる．このことを確かめるのが次のスクリプトである．

```
def dFunc_2(x, time, mass, damper, spring, u):
    dx1 = x[1]
    dx0 = (-1/mass)*(damper*x[1] + spring*x[0] - u)
    return [dx1, dx0]

time = np.linspace(0,20,100)
u = 1.0   # input
x0 = [0.0, 0.0]

mass, damper, spring = 4.0, 0.4, 1.0 # damper; changeable

sol_1 = odeint(dFunc_2, x0, time, args=(mass, 1.0, spring, u))
sol_2 = odeint(dFunc_2, x0, time, args=(mass, 2.0, spring, u))
sol_3 = odeint(dFunc_2, x0, time, args=(mass, 4.0, spring, u))
sol_4 = odeint(dFunc_2, x0, time, args=(mass, 6.0, spring, u))

plt.plot(time, sol_1[:,[0]], label='D=1')
plt.plot(time, sol_2[:,[0]], label='D=2')
plt.plot(time, sol_3[:,[0]], label='D=4')
plt.plot(time, sol_4[:,[0]], label='D=6')
```

このスクリプトでは，damper の定数を変化させている．実は

$$J = (\text{damper})^2 - 4 \times (\text{mass}) \times (\text{spring})$$

という2次方程式の判別式に類似した指標 J を用いて，$J < 0$：振動的，$J = 0$：臨界的，$J > 0$：制動的になることが知られている。**図 8.7** は，この事実を表していることがわかるであろう。この事実を知っておけば，例えば，車やドアの振動をある波形にしたいとき，部品（質量，ダンパ，ばね）の選定指針が得られることになる。

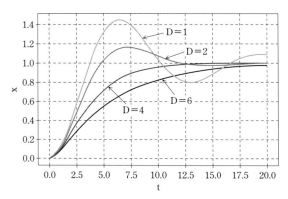

図 8.7　2次システムのステップ応答

8.2　離散時間系

ARMA モデルは離散時間モデルの一種であるので，離散時間系表現に関するいくつかの基本的な項目を説明する。また，離散時間系の動的システムについても説明する。

8.2.1　離散化

身の回りや世の現象の多くは連続時間波形を示す。一方，時系列データの分析は，離散時間データを対象とする。したがって，連続時間波形の**離散化**（discretization）を図ることとなる。

離散化の方法は複数ある。出力信号は観測するときにはインパルスサンプリングがよく用いられる。システムを動かすための入力信号ならば ZOH（zero order hold）がよく用いられる。この解析的アプローチ（数式を駆使している）は，システム制御工学，システム同定の分野で古くから行われているので，興味ある読者はそれを参照されたい。

本書では，話を簡単にしたいため，離散化とは**図 8.8** に示すように，何らかの方法でサンプリング（標本）を行い，離散時間データを取得できたものとする。

サンプリング時間は一定とし，これを ΔT とおくと，時間系列は

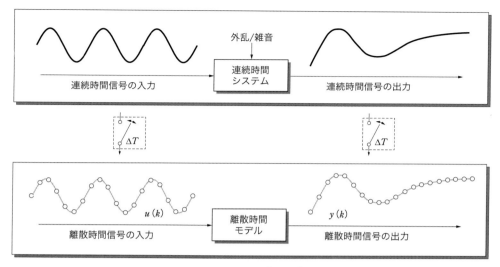

図 8.8　サンプリング

$$t_k = \ ,\cdots,\ (k-1)\Delta T,\ k\Delta T,\ (k+1)\Delta T,\ \cdots$$

これを単に次のように表記，すなわち，単位時間間隔（ΔT を 1 に規格化）を用いることがある．

$$0,\ 1,\ 2,\ \cdots,\ k-1,\ k,\ k+1,\ \cdots$$

この表記について，本章では次のようにする．

- 連続時間信号は t，離散時間信号（または離散時間の観測データ）は k を用いる．例えば，$y(t)$ は連続時間信号，$y(k)$ は離散時間信号である．

連続時間の動的システム（(8.1) 式）の応答波形をサンプリングを通して見ると，次節以降で説明する離散時間モデルとして代表的な ARMA モデルで表されることが知られている．これを学ぶ際に，次のことを留意されたい．

- ARMA モデルの性質は，サンプリングの影響で元の動的システムと異なる部分がある．
- 次節以降の問題は ARMA モデルを求めることであるが，その元には動的システムが動いていることを頭の片隅に置いてほしい
- サンプリングして得られる信号には，一般には何らかの雑音や外乱が重畳している（金融データ，社会データの一部は無い場合がある）．このため，状態 $x(t)$ を直接観測できないと考えて，観測データは $y(k)$ の表記を用いる．
- 入力信号を観測できないシステムがある．気象，宇宙物理，経済・金融，社会調査

などではこの条件が課せられる．

8.2.2 サンプリング時間の選定

対象が連続時間の動的システムである場合，次のような選定が推奨されている[*3]．

Isermann は，ステップ応答の定常値の 95% に達する時間を T_{95} として

$$\frac{1}{15}T_{95} \leq \Delta T \leq \frac{1}{4}T_{95}$$

または，連続時間システムの極（pole）の大きさを見て，その最大値を $S_{\max}$ として

$$\Delta T \leq \frac{1}{2S_{\max}}$$

サンプリング時間の選定指針にはほかにもいくつかある．ステップ応答や極を得られない場合には，1 周期の 1/10 〜 1/20 にとるなどがある．

注意として，ナイキスト周波数におけるサンプリング定理とは考え方が異なる．これは正弦波の補間であるから，最高周波数成分の 2 倍のサンプリング周波数が必要となる．一方，ARMA のパラメータ推定は，極・零点で定まる特性を再現することが本来の目的となる（本書は，極・零点に深く立ち入らないようにする）．よって，ナイキスト周波数は最低限の要求であり，離散時間モデルを求めるには，これよりも高いサンプリング周波数が必要である．したがって，サンプリング周波数は可能な限り高くとることを勧める．後で，間引きを行えばよいだけである．これをデシメーション（decimation）という．

8.2.3 離散時間系の差分形式の見方

いま，離散時間システムの入力 $\{u(k)\}$ と出力 $\{y(k)\}$ を観測したとする．例えば，このシステムが次の差分方程式で表されたとする．

$$y(k) = -2y(k-1) - y(k-2) + u(k) + 0.5u(k-1) \tag{8.6}$$

この出力 $y(k)$ がどのように変化するかを見る．まず，$y(k)$，$u(k)$ はメモリのようなものと考えてほしい．次に，$k < 0$ では，すべてのメモリはゼロとする．また，$k = 0$ で $u(0) = 1$ とし，$k > 0$ で $u(k) = 0$ とする．このとき，k が秒針のように 1 つずつ進むたびに，このメモリ内容は 1 段前に値がそのまま移る（ただし，係数の値は乗じられる）．このことを説明したのが **図 8.9** である．

これより，出力 $y(k)$ が過去の値に影響されて変化する，すなわち，この形の式は離散時

[*3] 足立修一：ユーザのためのシステム同定理論，計測自動制御学会，1993

k	$y(k)=$	$-2y(k-1)$	$-y(k-2)$	$+u(k)$	$+0.5u(k-2)$
0	1	0	0	1	0
1	-1.5	-2	0	0	0.5
2	2	3	-1	0	0
3	-2.5	-4	1.5	0	0

図 8.9　差分方程式の振舞い

間系の動的システムを表現できることがわかる。

8.2.4　遅延演算子 z^{-1}

離散時間システムの表現を簡便にしたいことと，システム解析が行えるようにしたい，これらの理由により，**遅延演算子**（delay operator）z^{-1} を導入する[*4]。これは，差分方程式の各時刻の値に対して次のように作用する。

$$z^{-1}y(k) = y(k-1), \quad z^{-2}y(k) = y(k-2), \quad \cdots, \quad z^{-p}y(k) = y(k-p)$$

この式のイメージは，値を保存するメモリ（$y(k)$, $u(k)$ のこと）がいくつか並んで配置され，時刻が一つ進むたびにメモリの中身が隣のメモリに移行するようなものである。これを (8.6) 式に適用すると，多少の式変形を行って

$$y(k) + 2z^{-1}y(k) + z^{-2}y(k) = u(k) + 0.5z^{-1}u(k)$$

とし，単純に共通項でくくって，次のように表現する。

$$\left(1 + 2z^{-1} + z^{-2}\right) y(k) = \left(1 + 0.5z^{-1}\right) u(k)$$

さらに，次の表記を導入する。

$$A(z^{-1}) = \left(1 + 2z^{-1} + z^{-2}\right), \quad B(z^{-1}) = \left(1 + 0.5z^{-1}\right)$$

これより，簡便な次の表現を得る。

$$A(z^{-1})y(k) = B(z^{-1})u(k)$$

ここからは制御工学や信号処理におけるシステム解析の領域に入ると，さらに次のような表現がある。

[*4] 本書には関係しないが，遅延演算子はハードウェア回路で実現しやすく，スマートフォンや PC に多数実装されている。

$$y(k) = \frac{B(z^{-1})}{A(z^{-1})}u(k)$$

ここに，$B(z^{-1})/A(z^{-1})$ は**伝達関数**（transfer function）と呼ばれ，システムの性質を司るものである．解析を行うには，遅延演算子 z^{-1} の逆数 z を Z 変換（フーリエ変換の離散時間版のようなもの）の演算子

$$z = \exp(j\omega\Delta T)$$

とおいて考える．ここに，j は複素数の虚数単位[*5]，ω は角周波数である．ただし，本書の冒頭で述べたように，本書では解析は行わないので，あまり伝達関数に深入りしないようにする．

8.2.5 離散時間モデル導入の問題設定

離散時間システムから入出力データ $u(k)$, $y(k)$ を取得したとする．一般に，出力 $y(k)$ には観測雑音 $w(k)$ が含まれている．

ここでの問題は，**図 8.10** に示すように，この入出力データからシステムの入出力関係を良く近似できる離散時間モデルを同定することにある．これを**システム同定**（system identification）という．同定という用語は，もともと生物分野で生物の種を特定・分類することを意味している．これから派生して，ここでの同定とはシステムに入力を加えたらどのような出力を示すか，または，システムがどのような特性を有しているかを特定することである．本章で述べる同定の対象となるのはパラメータと次数である（ほかには，サンプリング時間の選定や構造の同定などがあるが触れないこととする）．

モデルを同定できたとする．モデルはあくまでもシステムの近似でしかないことや観測雑音などの影響で，同じ入力 $u(k)$ を加えても同じ出力を得られない．そのため，$y(k)$ の

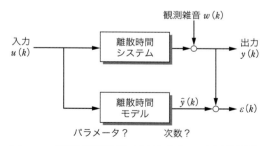

図 8.10 離散時間モデルの意義（ブロック線図表記）

[*5] 数学・物理では虚数単位に i を用い，システム工学論や statsmodels は j を用いるという慣習の違いがある．

推定という意味を込めて，モデル出力はハットを付けた $\hat{y}(k)$ で表現している．

このように置いたとき，同定の目的は図中の誤差（残差と称することもある）を表す $\varepsilon(k)$ を小さくすることになる．この "小さく" はさまざまな測り方があり，誤差の分散の最小化などがよく用いられるが，本書では詳しく触れないこととする．

次節以降で，離散時間モデルとして ARMA モデルを取り上げる．ただし，しばらくの間，入力 $u(k)$ は観測できるものとして説明する．しかし，statsmodels が入力を観測できないタイプの ARMA モデルを扱っているので，statsmodels の説明ではそれに倣うこととする．この場合，$\varepsilon(k)$ がフィードバックされて $u(k)$ の代替とされている．

8.3 ARMA モデル

8.3.1 ARMA モデルの表現

AR モデル（auto regressive model）：p 次の自己回帰モデルを次に示す．

$$y(k) + a_1 y(k-1) + \cdots + a_p y(k-p) = u(k)$$
$$\Rightarrow A\left(z^{-1}\right) y(k) = u(k) \tag{8.7}$$

MA モデル（moving average model）：q 次の移動平均モデルを次に示す．

$$y(k) = b_0 u(k) + b_1 u(k-1) + \cdots + b_q u(k-q)$$
$$\Rightarrow y(k) = B\left(z^{-1}\right) u(k) \tag{8.8}$$

AR モデルは，自己（自分自身）の過去の値が現在の値に回帰して影響していることから，まさしく回帰（regression）の名に相応しい．先ほど述べた (8.6) 式は AR と MA モデルの結合であった．また，図 8.9 を見て，AR 部分は一般に永遠に値が変化する（各自で確かめられたい）．一方，MA 部分は，MA 部の次数分だけ時刻が過ぎると値がすべてゼロになる．このような特性の違いを結合したモデルが次である．

【ARMA モデル】

(p, q) 次の ARMA（auto regressive moving average，自己回帰移動平均）モデルは次で表現される．

$$A\left(z^{-1}\right) y(k) = B\left(z^{-1}\right) u(k) \tag{8.9}$$

ここに

$$A(z^{-1}) = 1 + a_1 z^{-1} + \cdots + a_p z^{-p}$$
$$B(z^{-1}) = b_0 + b_1 z^{-1} + \cdots + b_q z^{-q}$$

また，パラメータ $\{a_i\}$ $(i=1,\cdots,p)$, $\{b_j\}$, $(j=0,\cdots,q)$ は実数である．次数について，因果性を考えると $p \geq q$ である．この条件を制御論ではプロパー (proper) と呼ぶ．

注意：

- 図 8.10 において，モデル出力は $\hat{y}(k)$ としているが，モデルだけを見るときは表記の簡便さを求めて単に $y(k)$ としている．
- 時系列データ分析の分野では，AR モデルや MA モデルの $u(k)$ について誤差系列やノイズといった表現がある．これはその分野の理論体系を築くために設けたある種の仮定である．どのような表現でも構わないが，モデルを設けた以上，何らかの入力がなければモデルは動かない．そのため，誤差系列，ノイズ，また以前に述べたステップ，インパルスも含めて，これらを入力と称している．
- 図 8.10 に示した $w(k)$ を AR，MA，ARMA モデルに含める表記が多い．また，$w(k)$ に何らかの不確かさを含める場合もある．理論やアルゴリズムの説明では必須となる $w(k)$ の存在は，Python パッケージの使い方を主に説明している本章では必要性がないので，説明の簡便さを図る観点から $w(k)$ を省いて説明している．

このモデルを完成させるには，次数 (p,q) とパラメータ $\{a_i\}$, $\{b_j\}$ を定めることとなる．モデルが完成すれば，出力 $y(k)$ について，過去の時刻 $\cdots,k-2,k-1$ や現時刻 k での推定や将来の時刻 $k+1,k+2,\cdots$ での予測が行える．

次数の選定方法の説明は後回しにして，パラメータ推定の考え方を述べる．これは，図 8.10 において $\varepsilon(k)$, $(k=0,N-1)$ の系列を記録して（N 個のサンプル数（データ数ともいう））, statsmodels は，この分散または尤度関数を評価関数とした最小化問題（数値計算分野を参照）を解くことでパラメータを求めている．

8.3.2 　可同定性と PE 性の条件

パラメータを推定できる条件（これを**可同定性**という）は，入力 $u(k)$ に課せられている．例えば，入力が何もないならばパラメータを推定できないことになる．

すべてのパラメータを推定できるためには，入力の周波数成分が重要である．これを測る指標に PE 性 (persistently exciting) がある．詳細な説明は他書に譲るとして，ポイントだけ述べる．正弦波入力 $u(k) = A\sin(\omega k)$ は次数 2 の PE 性であるといわれる．この次数は，単一の角周波数 ω のもとで，振幅と位相の二つの自由度を示す．この場合，ARMA(1,1)（b_0 項はないものとして）の a_1 と b_1 を同定できる．

可同定性に関する次の条件がある．

> **【PE 性の条件】**
>
> 次数 $(p+q)$ の数だけパラメータを推定するならば，入力信号は次数 $(p+q)$（b_0 項を含むならば $(p+q+1)$）の PE 性信号でなければならない．

この証明は，システム同定分野の成書を参照されたい．この条件が述べていることは，パラメータの数だけ（またはそれ以上に），周波数成分が豊富な入力信号を与えなさい，ということを述べている．

可同定性はさらに次の条件を必要とする．

- 対象システムは安定である．
- 多項式 $A(z^{-1})$，$B(z^{-1})$ は共通因子（共通の根）をもたない．
- $B(z^{-1})$ の係数はすべてゼロでない．

これらをよく知るには，確率論の確率極限，一致推定量，不偏推定量などいくつかの条件や定理を学べばよい．

8.3.3 入力信号の候補と b_0 項の問題

ここでは，PE 性を満足する入力信号の候補に何があるかを理論的と現実的な側面から説明する．

PE 性を十分に満足し，解析でよく用いられている**白色雑音**（white noise）の性質や注意事項を次に掲げる．

- 白色雑音は全周波数領域にわたり一定値をとる確率変数で，すべての周波数を含んだ光が白色であることが名前の由来である．連続時間信号ではパワー無限大であるから架空上の信号である．
- ちなみに，周波数により信号のパワーが変化するものは有色雑音（colored noise）と呼ばれる．
- 白色雑音のパワースペクトル密度関数は一定値（定数）となる．
- 白色雑音の自己相関関数は，ウィーナー・ヒンチン定理（Wiener-Khinchin theorem）より，ラグ（lag）が 0 のときだけ雑音の分散の値を示し，これ以外で自己相関関数は 0 となる．これはディラック（Dirac）のデルタ関数で表される．離散時間信号の場合はクロネッカー（Kronecker）のデルタ関数となる．
- パワースペクトル密度関数が一定値，自己相関関数がデルタ関数で表現されると，数式を駆使する解析が容易になるため，白色雑音はよく用いられる．
- しかし，白色雑音はパワー無限大であるから現実には存在しない．
- 自己相関関数がデルタ関数で表現される確率変数は無相関（uncorrelated）である

（注意：確率論でいう独立でなくてよい）。
- 無相関なランダム信号の種類は多数ある。正規乱数（正規分布に従う確率変数）は無相関であるため，白色雑音の一種である。また，解析で取り扱いやすいため，理論を展開する場合やシミュレーションではよく同定入力として用いられる。
- ただし，シミュレーションは有限時間しか扱えないことと，コンピュータ上の正規乱数も疑似的に発生させているだけであるから，シミュレーションの正規乱数は近似的な実現を行っているだけである。

実存するシステムに白色雑音をそのまま与えることは故障・破壊の原因になるので，PE性の高いものとして，次の入力を用いることが多い。

- M系列信号（maximum length sequence：https://en.wikipedia.org/wiki/Maximum_length_sequence）
- PBS（pseudorandom binary sequence：https://en.wikipedia.org/wiki/Pseudorandom_binary_sequence）
- 通常入力に小さな分散の正規乱数を重畳させる。

これらの詳細は他書を参照されたい。

次に，b_0 項の問題がある。これは，現在の入力 $u(k)$ が直ちに $y(k)$ に現れるという意味で直達項とも呼ばれる。b_0 項が存在し，入力が白色雑音の場合，出力に白色雑音がダイレクトに現れることとなり，このような動的システムは現実には存在しない（あれば，モノは壊れる）。よって，一般のダイナミクスのある動的システムには b_0 項を省くことが多い。b_0 項がなければ，入力を白色雑音としてもシステム出力は有色雑音となる。

一方，1930年代におけるウィーナー・ヒンチン定理を嚆矢としたスペクトル解析論では，$b_0 = 1$ としたモデルを用いた。このほうが解析的に扱いやすかったためと考えられる。この考え方が派生した経済や社会問題分析では，動的システム論が充実しなかったことから，$b_0 = 1$ が引き継がれたと考えられる。

これらのことより，対象とするシステムの性質や使用の条件によって b_0 項を省いたり含めたりすることとなる。しかし，statsmodels は，主に経済や社会問題分析を対象としているので，$b_0 = 1$ のモデルを提供している。本章では，このモデルを使う。また，statsmodels の ARMA モデルを用いたとしても，モデルである以上，何らかの入力が加わっていると考えなければならないが，入力の PE 性は何ら保証されていないことが多いことに注意されたい。

8.3.4　ARMA モデルの安定性と性質

本項は，ARMA モデルを作成してシミュレーションを行いたい読者のための内容であ

る．すなわち，ARMA モデルのパラメータの作成指針が示される．

システム論でいうブロック線図を用いて ARMA モデルの入出力を 図 8.11 に示す．

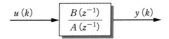

図 8.11　ARMA モデルのブロック線図

このブロックの入力と出力を結んでいる有理多項式（有理とは分数をいい，分母分子の両方が多項式で表されている）を**伝達関数**（transfer function）という．伝達関数の分母にある AR 部がモデルの安定性を支配し，モデルの性質に大きな影響を与える．本項の目的は，この安定性と性質を極配置（極がどこの配置されているか）とインパルス応答で知ることである．ここに，

- **極**（pole）：$A(z^{-1}) = 0$ と置いたときの根（root）をいう．安定性を支配し，性質に影響する．
- **零点**（zero）：$B(z^{-1}) = 0$ と置いたときの根をいう．性質に影響する．

多項式に関して，代数学で知られている事実を次に述べる．

- n 次の多項式の根は n 個ある（重根含む）．
- 多項式の係数が実数（実係数という）ならば，この根は**複素共役**(complex conjugate)のペア（1 対）か実数に限られる．例えば，3 次多項式の根のパターンは，実数根が三つ，または複素共役のペアが一つ（根は二つ）と実数根が一つ，この 2 通りしかない．

ここからは，しばらく AR モデルに限定して，係数を与えて極を求め（多項式の根を求めること），この配置を見ることとする．多項式の根を求めるには numpy.roots を用いる．係数を与えて根を求めるスクリプトを次に示す．

File 8.2　AR_Coefficient_Root.ipynb

```
deg = 2 # degree
coef1 = np.array([1, -1.5, +0.7])
pole = np.roots(coef1)
for i in np.arange(deg):
    print(i,':', np.real(pole[i]), np.imag(pole[i]), 'abs=',np
    .abs(pole[i]) )
```

```
0 : 0.75 0.370809924355 abs= 0.836660026534
1 : 0.75 -0.370809924355 abs= 0.836660026534
```

この結果は，実部（実数部），虚部（虚数部），絶対値を表示している．共役複素数であり，その大きさ（絶対値）は 1 未満であることがわかる．

次に，三つの根（共役複素数が 1 対，実根が一つ）を与えて係数を求めるスクリプトを次に示す．

```
deg = 3
roots = np.array([ -0.5 + 0.3j, -0.5 - 0.3j, -0.2 ])
print('abs =',np.abs(roots))
coef2 = np.poly(roots)
print('coef =',coef2)
```

```
abs  = [ 0.58309519   0.58309519   0.2        ]
coef = [ 1.      1.2     0.54    0.068]
```

この結果を見て，三つの根の大きさは 1 未満，3 次の多項式の四つの係数が求まったのがわかる．

極配置のグラフは，安定極か否かを視覚的に見るのに便利である．これを描くのに，matplotlib.patches.Circle を用いた．この使い方は Notebook を参照されたい．先の 2 例の極配置のグラフを**図 8.12** に示す．両方とも複素平面（ガウス平面ともいう）を表しており，横軸が実軸（実数軸），縦軸が虚軸（虚数軸）である．

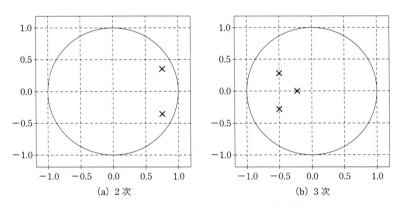

図 8.12 複素平面上の単位円と極配置（× が極の位置を示す）

極と安定性と性質

この章でモデルが安定とは，有界な入力を与えたとき有界な出力を示すことをいう．これを BIBO 安定性（bounded-input bounded-output stability）ともいう．不安定とは，出力が無限に発散することをいう．なお，安定の定義はほかにいくつかあり他書を参照されたい．

ARMA モデルが，この BIBO 安定性を示すための必要十分条件を次に述べる。複素平面上において，中心が原点で半径 1 の**単位円**（unit circle）を考える。このとき，単位円内に極があれば安定，なければ不安定である。

次に，ここでいうモデルの性質とは，モデルの出力がどのような振舞い（減衰的，振動的などの組合せ）を示すかをいう。この性質は，極配置に大きく影響を受ける。

この解析は Z 変換を通して行えるが，ここではこれに触れず，単位インパルス（$u(k=0) = 1, u(k > 0) = 0$）を入力として与えたときの出力の単位インパルス応答をシミュレーションを通して見ることとする。ここでは，AR(2) モデル（2 次の AR モデル）を用いることとする。

シミュレーションでは，次のように行う。まず，極を与え，これから AR モデルの係数を求める。ここに，AR(2) は 2 次の多項式であるから，極が共役複素数のときには，一方の極だけを与えれば自動的に他方の極が求まる。求めた AR モデルに単位インパルス入力を与えて，その応答を見る。

インパルス応答を求めるのに，statsmodels.tsa.arima_process.arma_impulse_response を用いる。このスクリプトを次に示す。

File 8.3　AR_ImpulseResponse.ipynb

```
import statsmodels.tsa.arima_process as arima

ma = np.array([1.0])
num = 100

#r = -0.95 + 0.4j  #[1]
r = -0.9 + 0.4j    #[2]
#r = -0.6 + 0.4j #[3]

r_cnj = np.conj(r)
pole = np.array([r, r_cnj])
ar = np.poly(pole) # coeff. of AR model
tresp = arima.arma_impulse_response(ar, ma, nobs=num)
```

ここに，変数 r は極の位置を表し，全部で 10 種類を用意した。一つだけコメントを外してシミュレーションを実施することを 10 回繰り返した。この結果を手作業でまとめて図示したのが**図 8.13** である。

この結果を見て，次のことがいえる。

- 単位円外に極がある場合（[1], [6], [8]），発散する（不安定）。これ以外は単位円内にあるので安定である。
- 複素平面の左半平面（虚軸より左側の平面）に極がある場合（[2], [3]），振動的となる。この振動的とは値がプラスとマイナスを繰り返すという意味で，サイン波のよ

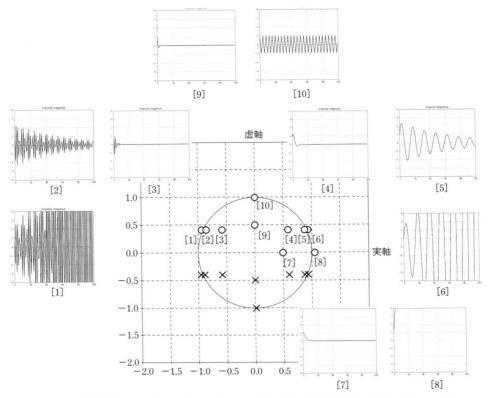

図 8.13 極配置とインパルス応答，× は ○ の共役，図中の番号はスクリプトのものと同じ

うに滑らかに振動する波形とは異なる。また，原点に近いほど減衰が大きい。

- 複素平面の右半平面（虚軸より右側の平面）に極がある場合（[4], [5]），サイン波成分を含んだ滑らかな振動的となる。また，原点に近いほど減衰が大きい。
- 実軸・虚軸上に極がある場合（[7], [9]），減衰が速い。
- 単位円周上に極がある場合（[10]），サイン波（見た目はコサイン波であるが，通常このように呼ぶ）が持続する。これを非定常状態（制御論での意味）という。

この結果を見て，極配置は安定性だけでなくモデルの振舞いにも強く影響を与えていることがわかる。この例は2次の場合であったが，高次の AR モデルであっても各極の位置がそれぞれこの結果のような性質を与える。これらが複合して出力応答に現れる。

零点の影響

MA 部に関する零点は安定性には関係しないが，応答の性質に影響する。安定零点は単位円内，不安定零点は単位円外という言い方が制御論にあるが，名前と反して安定性には影

響しない．ただし，制御を行おうとしてフィードバック系を構成すると，MA 部の不安定零点が安定性に影響を与えることがある．零点が単位円外にあると，インパルス応答において，過大な振幅を一瞬示す．また，零点が右半平面にあると，逆振れが生じやすい．逆振れとは，例えば，出力の初期値が正のとき，次のステップ時刻では負に振れることをいう．過大な振幅や逆振れは，システムに負担をかけることになり，あまり望ましいとはいえない．

8.3.5 パラメータ推定

データを人工的に発生させ，これを用いたパラメータ推定を行う．ここで，データを発生するものをシステム，データからパラメータ同定が施されるものをモデルと称する．

データの発生は

statsmodels.tsa.arima_process.arma_generate_sample (ar, ma, nsample, sigma=1, distrvs=<built-in method randn of mtrand.RandomState object>, burnin=0)

を用いる．この引数の意味は少々わかりづらいので，説明する．

- **ar, ma** AR, MA の係数を与える．例：ar = np.array([a0, a1,,,an]), ma = np.array([b0, b1,,, bm])．ここで，両方とも a0, b0 を与えなければならない．その値は 1 以外の値でもよい．ほかの関連する関数の中には，b0= 1 に固定されているものがあり，統一性がないので注意されたい．
- **nsamle** 生成するデータ数，データの種類は distrvs で定められる．
- **sigma** ディフォルトは 1 である．次の distrvs にこの値を乗じている．
- **distrvs** この引数[*6]は，ARMA モデルの入力である．ディフォルトは標準正規分布 $N(0,1)$ である．もし，ほかの入力を与えたい場合には，次のように，Python で定められている無名関数（lambda）を用いる．
  - dist = lambda n: np.random.standard_t(3, size=n)，これは t 分布であり，この場合の n はダミー引数で実際に与えなくてもよい．これを用いて，引数に distrvs = dist を与える．
- **burnin** ARMA モデルの $\{y(k)\}, \{u(k)\}$ はすべて初期値 0 に設定されている．このモデルを動かした当初，過渡現象が生じて，この期間の確率的性質も非定常（確率論の意味）である．この過渡現象期間のデータを破棄することが必要である．この破棄するデータ数を burinin で指定する．この後にデータが出力される．

パラメータ推定を行うのに，statsmodels.tsa.arima_model.ARMA (endog, order,

[*6] この引数の省略スペルが disturvance ならば statsmodels の誤りであり，disturbance を略した distrbs が正しい．

exog=None, dates=None, freq=None, missing='none') を用いる。このメンバ関数 fit(trend='nc') は，ある最小化計算を実施する。この入力パラメータ trend='nc' の意味は，時系列データにはバイアス（ある一定値をいう）がない（no constant）ことを指定している。バイアスはパラメータ推定に影響を与えるので一旦除去すべきである。除去の仕方は，trend='c' と指定するか，ユーザ独自に時系列データから平均値を除去したデータに対して trend='nc' と指定してパラメータ推定を行う方法がある。

パラメータ推定の結果は，statsmodels.tsa.arima_model.ARMAResults を用いる。この用い方はシミュレーションを通して説明する。

注意されたいこととして，ARMA の構造を仮定したシステムの入力は与えることができた。しかし，入力は観測できないので，これをモデルに与えることはできない，という前提がある。パラメータ推定には，モデルに何らかの入力を与えないと，特に MA 部のパラメータを求めることができない。そのため，statsmodels は，このパラメータ推定アルゴリズムにおいては，残差系列 $\varepsilon(k)$ を入力の代替として用いている。

次のパラメータ推定のシミュレーションを通して，パラメータ推定精度，次数の影響，モデル評価などを見る。シミュレーション条件を次のように設ける。

- 真のシステムは ARMA(2,1) とする。ただし，構造が ARMA であることは既知として，次数は未知とする。
- AR 部の係数は ar = $[1, -1.5, 0.7]$, $a_0 = 1$ とした。この極は $0.75 \pm 0.37j$ であり，大きさ 0.837 より安定な極である。
- MA 部の係数は ma = $[1.0, 0.6]$, $b_0 = 1$ とした。
- 入力は標準正規分布 $N(0,1)$ に従うランダムデータとする。
- モデルの次数は，$(2,0),(2,1),(3,2),(4,3)$ とする。
- データ発生について，burin=500（破棄するデータ数），nob=10000（観測データ数（サンプル数））とする。

これを実現するスクリプトを次に示す。

File 8.4 ARMA_ParmeterEstimation.ipynb

```
from statsmodels.tsa.arima_process import arma_generate_sample
from statsmodels.tsa.arima_process import ArmaProcess
from statsmodels.tsa.arima_model import ARMA

nobs = 10000  #データ数
ar = [1, -1.5, 0.7] # pole = 0.75 +/- 0.37 j < unit circle
ma = [1.0, 0.6]
dist = lambda n: np.random.randn(n)   # 正規分布 N(0,1), 引数 n はダミー
np.random.seed(123)
x = arma_generate_sample(ar, ma, nobs, sigma=1, distrvs=dist,
    burnin=500)
```

```
arma20 = ARMA(x, order=(2,0)).fit( trend='nc' )
arma21 = ARMA(x, order=(2,1)).fit( trend='nc' )
arma32 = ARMA(x, order=(3,2)).fit( trend='nc' )
arma43 = ARMA(x, order=(4,3)).fit( trend='nc' )
```

この結果の概要は次のようにして見る．

```
print( arma21.summary() )
```

```
ARMA Model Results
Dep. Variable:              y       No. Observations:     10000
Model:                 ARMA(2, 1)   Log Likelihood     -14180.162
Method:                  css-mle   S.D. of innovations     0.999
Date:            Mon, 23 Jul 2018   AIC                 28368.325
Time:                   17:27:29   BIC                  28397.166
Sample:                        0   HQIC                 28378.087

           coef    std err      z      P>|z|     [0.025   0.975]
ar.L1.y   1.4962    0.008   190.755   0.000     1.481    1.512
ar.L2.y  -0.6952    0.008   -89.044   0.000    -0.710   -0.680
ma.L1.y   0.6045    0.009    70.606   0.000     0.588    0.621
                              Roots
           Real      Imaginary      Modulus        Frequency
AR.1      1.0762     -0.5295j       1.1994         -0.0728
AR.2      1.0762     +0.5295j       1.1994          0.0728
MA.1     -1.6542     +0.0000j       1.6542          0.5000
```

この結果の見方の注意として，次が挙げられる．

- AR パラメータの符号が反転している．
- 極が z 表現でなく z^{-1} 表現であるため，安定極は単位円外となっている．表示された値の逆数をとれば，単位円内に収まる．

AR パラメータの反転について，statsmodels.tsa.arima_process.ArmaProcess で記述されているように，ARMA モデルの表現で AR 部の符号を反転しているためである．このことは，次の例題：http://www.statsmodels.org/dev/examples/notebooks/generated/tsa_arma_1.html でも AR 部の符号を反転していることからもわかる．

符号反転を考慮した推定パラメータ値 $\hat{a}_1 = -1.4962$, $\hat{a}_2 = 0.6952$, $\hat{b}_1 = 0.6045$ は，一見しただけでは真値にどれだけ近いのかわからない．それに，もともと，次数が未知という前提であるから，ほかのモデルとの比較を行わなければならない．この summary() だけでは，同定したモデルが良いのか否かがわかりにくいので，以下において評価項目抽出

して考察する。

　パラメータ推定は，誤差分散を最小化することを評価関数においている。一般のシステム同定と statsmodels とで異なる点は入力 $u(k)$ を用いることができないという前提にある。このため，出力の誤差 $\varepsilon(k)$ を用いることになる。そのため，尤度関数やカルマンフィルタを導入している（詳細は他書を参照されたい）。

　この観点に立って，出力結果として誤差（residual，残差ともいう）の分散 sigma2 と AIC（Akaike's information criterion，後述）を示す。

```
print('arma20: sigma2 =',arma20.sigma2, ' AIC =',arma20.aic)
print('arma21: sigma2 =',arma21.sigma2, ' AIC =',arma21.aic)
print('arma32: sigma2 =',arma32.sigma2, ' AIC =',arma32.aic)
print('arma43: sigma2 =',arma43.sigma2, ' AIC =',arma43.aic)
```

```
arma20:  sigma2 = 1.29004352231     AIC = 30935.479229234246
arma21:  sigma2 = 0.997675696022    AIC = 28368.324505251763
arma32:  sigma2 = 0.996826225275    AIC = 28363.8089374829
arma43:  sigma2 = 0.996527577289    AIC = 28364.815635767445
```

この結果を見て，次がいえる。

- 誤差分散 sigma2 が最小なのは，次数が最も高い arma43 モデルである。
- AIC を小さい順に並べると，arma32 < arma43 < arma21 < arma20

　パラメータ推定は，出力の誤差分散を最小にすることを図っているので，この意味で arma43 が最も良いモデルといえる。そして，arma43 は最も次数の高いモデルである。次に，AIC が小さいほど良いモデルとの指標がある。この指標からは arma32 が最も良いモデルとなる。しかし，我々は真の次数と一致するのは arma21 であることを知っている。

　この相反する結果と事実をどのように評価したらよいのだろうか？　これを次で説明する。

8.4　モデルの評価

モデルの評価として次を取り上げる。

- モデル次数の選定，AIC を用いた場合と極・零点消去法を用いた場合
- 出力の残差 $\varepsilon(k)$ の検定

8.4.1　モデル次数の選定と AIC

　一般に，モデルの次数を高くとるほど出力の誤差分散は小さくなることが知られている。

時系列データの予測や推定だけならば，次数を多くとれば，良い予測や推定ができることになり，実際それで構わない（注意：回帰モデルのように次数を高くしてもオーバーフィッティング現象は生じない）。なぜならば，予測や推定ではモデルの性質をあまり重要視せず，単に予測や推定だけを問題にするからである。

　一方，1980年代まではコンピュータ性能（処理速度と記憶容量）が低く，高い次数の計算は不都合であった。かつ，同定したモデルを制御に用いる場合，高次モデルは極零相殺に伴う内部不安定の危険性がある。このため，低い次数で良いモデルと評価できる指標が求められた。この指標の一つとして，赤池氏によるAIC（Akaike's information criterion）が1973年に発表された。AICは次式で表される。

$$\text{AIC} = -2 \times \log_e(\text{最大尤度}) + 2 \times (\text{パラメータ数}) \tag{8.10}$$

　この式を見て，最大尤度は誤差分散と関連しているので，次数を高くするほど最大尤度は小さくなる傾向がある。しかし，第2項のパラメータ数（ここでは，$\text{ARMA}(p,q)$の$p+q$を指す）が大きくなる。この第1項と第2項のトレードオフで，AICにある最小値が生じることが期待される。すなわち，ケチの原理（オッカムの剃刀ともいい，冗長さを省く考え方）に基づく考え方である。赤池氏は，この予想のもと，見事な理論体系を完備して，AICが一躍，統計のみならず，統計的制御，情報分野で脚光を浴びた。

　しかし，赤池氏自身も述べているように，AICはあくまでもこれは指標の一つであり，絶対基準ではない[*7]。この指標が述べているのは，**真のモデル**を求めるというよりは**良いモデル**を求めるという立場に立ったことに当時評価されたようである。しかも，先のシミュレーション例でも，たかだか有限個のデータ数を用いたものであるから，誤差分散そのものが確率変数であり，サンプリングごとにAICの値は変わる。一方，AICの理論整備は母集団を含んだ条件で導かれている。このことからも，シミュレーションや実験で計算されるAICは絶対基準でなくあくまでも目安で用いられるものとわかるであろう。

　では，先ほどのシミュレーション結果をどのように評価すればよいか？　1案として，まず，AICを見て，arma32, arma43, arma21はほぼ同じで，arma20だけがかけ離れているようなのでこれを除外する。次に，推定・予測の観点からsigma2がより小さいarma32, arma43が候補として残る。この先，どちらを選ぶかはAICとsigma2を見ただけでは何ともいえない。データの背景，モデルの仮説，使用条件などを鑑みて選ばざるを得ないであろう。

[*7] 1973年の論文に記載されているAICはan information criterionの意味であり，指標の候補にすぎないと赤池氏本人が述べている。功績を称えて後世の人がAkaike's information criterionと呼ぶようになった。

8.4.2 モデル次数の選定と極・零点消去法

　制御論などでは，時系列データの推定・予測よりもシステムの性質を良く表すモデル伝達関数を得ることを重視している。そのため，極・零点を見て，モデル次数が大きすぎれば，同じ位置に極と零点が出現すると予想して，伝達関数の分母分子で考えれば，この極と零点は相殺できるので，これよりモデル次数の低減を図るという考え方である。

　このことを次のスクリプトを通して見る。

File 8.5　ARMA_PoleZeroCancellation.ipynb

```
ar = [1, -2.0, 1.7, -0.5]
ma = [1.0, -1.5, 0.685]
arma_result = ARMA(y, order=(4,4)).fit( trend='nc' )
```

推定パラメータから極・零点を計算し，プロットしたものを図 8.14 に示す。

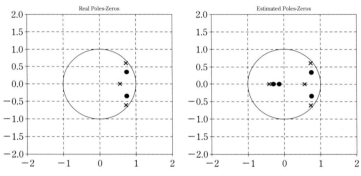

図 8.14　左はシステム，右は同定したモデルの極（×）と零点（○）

　モデルの極・零点配置を見て，左半平面の実軸上にある一つの極と一つの零点（原点から遠い方）がほぼ同じ位置にあると見て，これらを相殺する。次に，やはり，左半平面の実軸上にある残りの零点は原点に非常に近いのでこれを除去する。この際，代数学の実係数を有する多項式の根の構成（共役複素数の根，実数根で構成される）の法則に従うことは当然である。

　この相殺と消去により，ほぼシステムと同じ極・零点配置を得る。これから ARMA モデルの係数を改めて計算すればよい。

　次数の選定で 2 種の方法を説明した。それぞれの注意点を述べる。

AIC：この最小値を探索する方法は，人為的判断を含まず定量的に決定できる点で優れているが，次数 (p, q) のあらゆる組合せを考慮する必要があるため，計算時間と労力を必要とする。ただし，AIC の計算で使用する誤差分散が確率変数であり，かつ，

有限データ数の中で求めるわけだから，AIC が最小だからといってベストフィットしているわけではないことを念頭においておく必要がある。

極・零点消去法：大きめの次数で同定しておいてから，極零相殺を行えばよいので，計算時間と労力の点では魅力的である。しかし，相殺するための近さがどれだけであるかは，人為的判断による恣意性から免れることはできない。また，当然，パラメータ推定の精度が高い，という前提があることを念頭においておく必要がある。

その他：先の例で見たように，データ数が 10 000 点あっても，なかなか良い推定ができないことを知っておくことも役に立つ。また，ARMA の次数に関して，例題ではよく 1 桁の次数が用いられる。実際には，赤池氏がセメントキルンに適用したときで AR モデルの 5 次（AR モデルのみ）を使用，人間の声帯モデルは AR モデルの 20〜60 次程度は必要とする。AR の次数は高くすることで推定精度を上げられるが，MA による推定は難しいようである。ただし，これは入力が用いることができない場合で，制御の場合のように入力が扱える場合は，$p = q + 1$ とおくことが多い。

8.4.3　残差系列の検定

パラメータ推定アルゴリズムの多くは，残差系列 $\{\varepsilon(k)\}, (i = 1 \sim N)$ の白色化を行っている。したがって，システム構造とモデル構造が一致，次数の一致，外乱がないなどの条件が満たされているとき，残差 $\varepsilon(k)$ は漸近的に白色雑音になる。また，入力を観測できない ARMA モデルの同定は $\varepsilon(k)$ を入力として用いており，このとき，白色雑音を仮定することでパラメータ推定の不偏性や一致性を論じているのだから，白色雑音であるか否かを試験することは重要である。

この事実に基づき，残差が白色性雑音か否かを評価することを**白色性検定**（試験）という。この手順を以下に示す。

残差系列の標本平均を $\hat{\mu}_\varepsilon$ とおき，残差系列の自己相関関数を次で求める。

$$R(\tau) = \frac{1}{N} \sum_{i=0}^{N-1} \left(\varepsilon(i) - \hat{\mu}_\varepsilon\right)\left(\varepsilon(i+\tau) - \hat{\mu}_\varepsilon\right), \quad \tau = 0, 1, 2, \cdots \tag{8.11}$$

$R(0)$ が最大値をとるという性質を利用して正規化を行う。すなわち

$$R_N(\tau) = \frac{R(\tau)}{R(0)}$$

理想的であるならば

$$R_N(\tau) = \begin{cases} 1 & \tau = 0 \\ 0 & \tau \geq 1 \end{cases} \tag{8.12}$$

しかし，現実には

- システムの非線形性や非正規性雑音などの影響により構造的誤差を含む
- データ数は有限個
- 次数のミスマッチ

などの理由から，理想的な性質は望めない．そこで，実用的には次の基準を与える．

$$\left.\begin{array}{rll} R_N(\tau) & = 1 & \tau = 0 \\ |R_N(\tau)| & \leq \dfrac{2.17}{\sqrt{N}} & \tau \geq 1 \end{array}\right\} \tag{8.13}$$

この基準は，$R_N(\tau), (\tau > 0)$ が，漸近的に正規分布 $N(0, 1/N)$ に近づくという事実を用いている．また，数字の 2.17 は標準正規分布の信頼区間の有意水準 $\alpha = 3\%$（両側であることに留意）から計算されるものである．このことは，$|R_N(\tau)| \leq 2.17/\sqrt{N}$ の範囲にある確率が $(100 - 3) = 97\%$ であることを意味する．ちなみに，ほかの値として $\alpha = 5\%$，7% が用いられることもあり，それぞれ，1.96, 181 となる．

実際には，$\tau = 0$ を除くすべての k で，$|R_N(\tau)| \leq 2.17/\sqrt{N}$ となることは稀で，いくつかの τ でこの範囲を超える．そのため，例えば次のようにする．この超えた数を count とし，count$/N$ が $\alpha = 3\%$ を下回れば，およそ白色性であろうとみなす．

このことを確かめたスクリプトが次である．まず，観測データ x と残差系列 resid（residual の省略語）をプロットする．

File 8.6　ARMA_ParmeterEstimation.ipynb
```
plt.plot(x, label='x')
resid = arma21.resid   # short for residual
plt.plot(resid, label='resid')
```

このプロットを **図 8.15** に示す．

次に，自己相関関数を計算する．numpy.correlate() は両側自己相関関数を計算するの

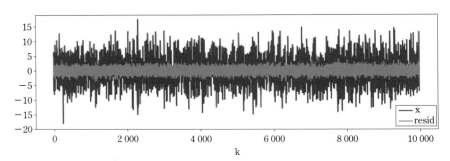

図 8.15　観測データ x と残差系列 resid

で，この半分の片側自己相関関数を求める。

```
auto_corr = np.correlate(resid, resid, mode='full')
center = int(len(auto_corr)/2)
AutoR = auto_corr[center:]/np.max(auto_corr)
count = 0
for k in np.arange(1,len(AutoR)-1):
    if np.abs(AutoR[k]) > 2.17/np.sqrt(len(AutoR)):
        count += 1
    if np.abs(AutoR[k]) < -2.17/np.sqrt(len(AutoR)):
        count += 1
print('count = ', count, ' len(AutoR) = ', len(AutoR), ' rate =',
    count/len(AutoR))
print('k >= 1, max(AutoR[k] =', np.max(AutoR[1:]), '   min(
    AutorR[k] =', np.min(AutoR[1:]))
```

```
count =  77   len(AutoR) =   10000    rate = 0.0077
```

この結果を見ると範囲を超えた数に比率は 0.77% より，残差系列は白色雑音とみなす。このときの自己相関関数のプロットを**図 8.16** に示す。この自己相関関数は，正負に値を取ることも認められる。この意味において，システム同定は良好であったと評価できる。

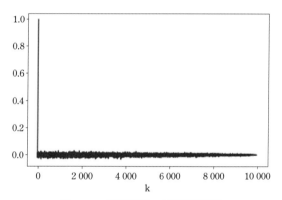

図 8.16　残差系列の自己相関関数

8.5　ARMA モデルを用いた予測

8.5.1　予測の仕方

statsmodels を用いて ARMA モデルで予測する手順を説明する。この予測は，人工の時系列データを対象とする。この際，statsmodels は時間の単位（時，日，月など）を必要とするため，pandas を用いて時間系列を作成する。

シミュレーション条件と手順を次に示す。

- 真のシステムは ARMA(2,1) とし，この次数は既知とする。
- システムの入力は標準正規分布 $N(0,1)$ とし，観測雑音はなしとする。
- 入力データの初めの 500 個は過渡現象の影響をなくすために破棄する。
- この後に，観測データを nobs=1000 個を発生し，これをパラメータ推定のためのトレーニングデータとする（nobs：the number of observation）。
- この直後からさらに nobs_test=100 個を発生させ，これをテストデータとして用いる。
- トレーニングデータ，テストデータともに，pandas で定められる時間のインデックス（DatetimeIndex）を与える。このとき，1日単位（freq='D'）とする。
- ARMA モデル評価として，白色性検定を行う。
- nobs 時点以降の予測を行う。このとき，テストデータと比較する。

これを実現するスクリプトの宣言部が次である。

File 8.7　ARMA_Prediction.ipynb
```
import statsmodels.api as sm
from statsmodels.tsa.arima_process import arma_generate_sample
from statsmodels.tsa.arima_model import ARMA
from scipy import stats
np.random.seed(123)
```

トレーニングデータとテストデータを一括した生成を次に示す。

```
nobs = 1000
nobs_all = nobs + 100
ar = [1, -1.5, 0.7]
ma = [1.0, 0.6]
y_all = arma_generate_sample(ar, ma, nobs_all, sigma=1, distrvs=
    dist, burnin=500)
```

予測を行うには，pandas を用いた時間のインデックス（DatetimeIndex）を与える。この時間単位は日（freq='D'）とする。タイムインデックスを含めたトレーニングデータ，テストデータのそれぞれの作成を次に示す。

```
index = pd.date_range('1/1/2000', periods=nobs, freq='D')
y = pd.Series(y_all[:nobs], index=index)

index_tst = pd.date_range('9/27/2002', periods=100, freq='D')
y_test = pd.Series(y_all[nobs:], index=index_tst)
```

図 8.17 に示す y の自己相関関数は，なだらかに振動しており，これは有色雑音であることを示している。

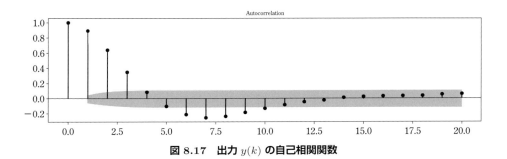

図 8.17 出力 $y(k)$ の自己相関関数

ARMA のパラメータ推定が次である。

```
arma_result = sm.tsa.ARMA(y, order=(2,1)).fit(trend='nc')
print(arma_result.summary())
```

summary の結果は Notebook を見られたい。パラメータ推定について，AR 部は約 1 % オーダーの推定誤差であるが，MA 部の推定誤差は大きい。これは，データ数がたかだか 1000 個では精度が高まらないためである。

参考ながら，残差系列の正規性検定を次のように行った。

```
print(stats.normaltest(resid))
```

```
NormaltestResult(statistic=5.5432545565920144, pvalue
   =0.062560119142447537)
```

これを見て，pvalue が 6 % を超えているので，正規性か否かを判定するのは難しい結果である。

残差系列の白色性検定は次のように plot_acf() を用いた。

```
sig_val = 0.05  # 有意水準
fig = sm.graphics.tsa.plot_acf(resid.values.squeeze(), lags=20,
    alpha=sig_val, ax=ax1)
```

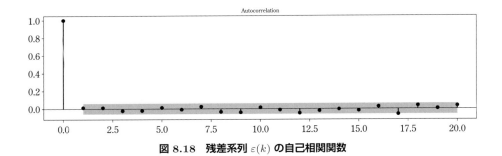

図 8.18 残差系列 $\varepsilon(k)$ の自己相関関数

ここに，有意水準 α を変数 sig_val で表した．**図 8.18** は残差系列の自己相関関数を示している．

図では，有意水準に基づく信頼区間が網掛けとして表示されており，この範囲に自己相関関数があれば白色雑音とみなせる．

予測は次のように行う．ただし，全区間を見るのは視覚的に見づらいので，期間を start='2002-07-31', end='2002-10-31' に限定した．これは，トレーニングデータの最後尾が '2002-09-26' を含むように設定した．

```
fig, ax = plt.subplots(figsize=(12,4))
fig = arma_result.plot_predict(start='2002-07-31', end='2002-10-31'
    , ax=ax)
y_test['2002-09-27':'2002-10-31'].plot(color='m', label='real')
```

この結果が **図 8.19** である．

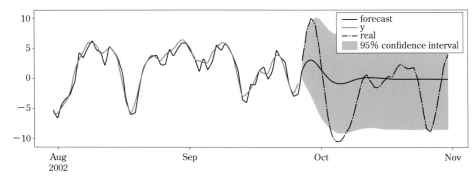

図 8.19 出力 $y(k)$ の予測

この結果の見方は，y と real は同じもので観測した出力データ，forecast がこの予測値である．y と real が切れているのは，プログラムの都合上で，この二つは繋がっていると見てほしい．

網掛け部分の期間は，観測データがない（という前提）中での予測期間，網掛けの上下の幅は，予測値が 95％ の信頼区間に入ることを表している．この期間の初めの部分において，予測値が上がって下がっており実際の出力波形を定性的に良く表している．この後は，予測値が徐々にゼロに漸近して，もはや予測が行われていない．

予測のしくみ

予測のしくみの原理は，時刻 $k-1$ までの出力と入力が得られているものとして，時刻 k の出力の予測値 $\hat{y}(k)$ を計算する．

$$\hat{y}(k) = -a_1 y(k-1) - \cdots - a_p y(k-p) + b_1 u(k-1) + \cdots + b_q u(k-q) \qquad (8.14)$$

これは，$k-1$ 時刻から 1 段進んだ k 時刻の予測を行っているという意味で 1 段予測という．次に，k 時刻になってから $y(k)$ を観測する．これを用いて，次の予測誤差を計算する．

$$\varepsilon(k) = \hat{y}(k) - y(k) \tag{8.15}$$

この $\varepsilon(k)$ を $u(k)$ にフィードバックして，(8.14) 式に戻すことで，時刻を 1 段進めて計算を継続できる．$y(k)$ の観測が途絶えた後は，$\hat{y}(k)$ に重みを付けるなどして，これを $y(k)$ として代入する考え方などがある．このため，図 8.19 に示したように，観測が途絶えた後（網掛け部分）は，次数の大きさだけは実際の観測値の影響が残るため，予測値（forecast）が変動しているが，観測値をすべて使い果たした後には，予測値の計算は次第にゼロに収れんする．

なお，statsmodels は提供していないが，(8.14) 式の左辺を $\hat{y}(k+d), (d \geq 1)$ とおくと，これは d 段予測の行える ARMA モデルとなる．これを求めるアルゴリズムは，これまでのパラメータ推定と変わらないので，意欲ある読者は自身でスクリプトを書かれたい．

また，本章の範囲を超える内容であるが，少しだけ触れたいこととして statsmodels が用いる ARMA モデルは次の形式である．

$$A\left(z^{-1}\right) y(k) = \left(b_0 + b_1 z^{-1} + \cdots + b_q z^{-q}\right) \varepsilon(k) + \varepsilon(k)$$

ここに，statsmodels は $\varepsilon(k)$ を誤差項として，正規分布に従うランダム変数としている．この ARMA モデルをシステム論的に見て，伝達関数表示すると次式となる．

$$y(k) = \frac{\left(b_0 + b_1 z^{-1} + \cdots + b_q z^{-q}\right)}{A\left(z^{-1}\right)} \varepsilon(k) + \frac{1}{A\left(z^{-1}\right)} \varepsilon(k)$$

この右辺第 2 項の $(1/A(z^{-1}))\varepsilon(k)$ は有色雑音となり，推定パラメータにバイアスが生じることが知られている（他書を参照）．この事実も知った上で，単に時系列データの推定・予測を行いたい場合にはそれほどの注意は要しないが，システムの伝達関数の特性を知りたい場合には注意を要する．

Tea Break

　AR モデルは，U. Yule（英，統計学者）が太陽黒点の分析（1927）に導入したことが嚆矢とされる．しばらく陽の目を見なかったが，1960 年代に入り，H. Akaike（日，統計学者）や E. Parzen（米，統計学者）によって再発見，再評価されるようになった．さらに，G.Box and G.Jenkins らが 1960 年後半から 70 年代に発表した ARIMA（非定常過程），SARIMA（周期的過程（季節性））の有効性が認められ，経済データや気象データのように入力を観測できない時系列データに盛んに適用されるようになった．

　一方，工学（電気，機械，土木，建築など）の分野では数式（特に微分方程式や偏微分方程式）で表される物理モデルを用いた同定，制御，対象システムの解析と分析などが，数学に立脚してよく発展した．さらにコンピュータを用いたディジタル制御やディジタル信

> 号処理に関する理論やツールが発展し，この流れに沿って，システム同定理論が発展した。現在では，システム同定が数学に立脚した確率論，Z 変換に基づく解析，およびスペクトル解析の発展とともに，ARMA モデルの性質や解析の方法がよく研究されているので，モデルの見方や性質については，この分野の成書を参照されたい。

8.6 ARIMA モデル

8.6.1 トレンド

トレンド（trend）とは，時系列データの重要な周波数成分（振動成分と思ってもらってもよい）に，この周波数成分が示す期間より長いスパンでなだらかに変化するものである。例えば，気温のここ 100 年の上昇傾向，株価のこの四半期の変動傾向などがある。

諸説あるが，本章では，トレンドとは時系列データから除去したい長期の変動傾向とする。この定義から，トレンドには次の種類がある。

- 一定値型（バイアスともいう，平均値と見なすことができる）
- 一次式型（$y = ax + b$ のように直線状に右肩上がり，または，右肩下がりのもの）
- 周期型（サイン波で表現できるもの，季節性ともいう）

ARMA モデルを用いる以上，そのパラメータ推定や残差系列にはさまざまな確率論の仮定が設けられている。例えば，一次式型のトレンドは平均値が時々刻々と変化することであり，定常過程（確率分布のパラメータ（母平均，母分散など）が一定）という仮定を損なうもので，ARMA モデル論が成り立たなくなる。周期型も同様である。理論の観点からだけでなく，数値的にもパラメータ推定のアルゴリズムがトレンドを信号と勘違いして誤った結果を示すという問題がある。

これらの理由からトレンドを除去した形でのシステム同定を行うことが望ましい。この方法として，次の二つの考え方がある。

- トレンドの影響を低減できる機能を ARMA モデルに組み込み，観測データそのものをシステム同定に適用する。
- 観測データからトレンドを事前に除去してから，通常の ARMA モデルのシステム同定を適用する。

本書は，この二つの考え方を説明する。前者の考え方に基づくものが，ARIMA モデル（一次式型のトレンド対応）と SARIMA モデル（周期型トレンドを含めた総合対応）である。この使い方は，人工データを対象として説明される。なお，一定値型トレンドは，単に平均値を事前に除去すればいいので，ここでは取り上げない。

8.6.2 ARIMA モデルの表現

1次式型のトレンドに対処する ARIMA (autoregressive integrated moving average, 自己回帰和分移動平均) モデルを説明する。このモデルは次式で表現される。

$$A(z^{-1})(1-z^{-1})^d y(k) = B(z^{-1}) u(k) \tag{8.16}$$

当面, $d=1$ とおいて, この式の意味を説明する。

いま, 観測値 $y(k)$ は, 知りたい信号 $s(k)$ にトレンド ($trend = ak+b$), (a, b は定数, k は離散時刻) が重畳しているとする。すなわち, 次のように表される。

$$y(k) = s(k) + trend = s(k) + (ak+b) \tag{8.17}$$

$trend$ を除去する1番目の考え方は, 次の差分を行うことである。

$$y'(k) = y(k) - y(k-1) = (1-z^{-1})y(k) \tag{8.18}$$

この $(1-z^{-1})$ は一種の微分器のようなものであるから, 直流分や低周波数成分を阻止するディジタルフィルタの役割を果たす。実際, (8.17) 式に適用すると

$$y'(k) = (s(k) - s(k-1)) + a$$

となり, トレンドを構成する ak と b を除去することができる。ただし, 定数項 a はそのまま残るが, この値が小さければ無視できる。しかし, 信号に関しての差分 $s(k) - s(k-1)$ は, その周波数成分と位相が変化することになる。すなわち, 元の信号 $s(k)$ とは性質が異なるデータになることに注意されたい。

この考え方を導入して, (8.16) 式の左辺にある, $(1-z^{-1})y(k)$, ($d=1$ とおいた) に注目すると, このモデルは, $y'(k)$ を観測している ARMA モデルということになる。すなわち

$$A(z^{-1}) y'(k) = B(z^{-1}) u(k) \tag{8.19}$$

このモデルに対して, これまでの ARMA パラメータ推定を行えばよいという考え方である。また, $(1-z^{-1})$ は伝達関数の分母に位置すると考えれば, 非定常を表す項であるという見方もできる。

2番目の除去の考え方は, 1次式のカーブフィッテング (単回帰モデルと考えても良い) を用いて (8.17) 式の $trend$ を推定し, これを $y(k)$ から除去して信号 $s(k)$ を抽出するという考え方である。この考え方では, $trend$ の推定がうまくいけば, 信号 $s(k)$ をそのまま入手できることになる。

8.6.3 トレンドをもつ時系列データ分析

前項で述べた二つの考え方を試すため，次を設定する．

- トレーニングデータとしての観測データ数を nobs，テストデータ数を nobs_test とする．
- 知りたい信号 $s(k)$ を sig0_all，トレンド $trend$ を trend0_all，出力 $y(k)$ を y_all で表す．

この設定のもと，システム同定を行うスクリプトを次に示す．

File 8.8　ARIMA_Identification.ipynb

```
ar = [1, -1.5, 0.7]
ma = [1.0, 0.6]

nobs = 1000
nobs_test = 100
nobs_all = nobs + nobs_test

#real signal
sig0_all = arma_generate_sample(ar, ma, nobs_all, sigma=1, distrvs
    =dist, burnin=500)

#trend
coef_a, coef_b = 0.05, 4
trend0_all = coef_a*np.arange(len(sig0_all)) + coef_b

#output: training data + test data
y0_all = sig0_all + trend0_all
```

この sig0_all，trend0_all，y0_all をトレーニングデータとテストデータに分割して用いる．観測値 $y(k)$ をプロットしたのが**図 8.20** に示す．ここに，トレーニングデータとテストデータとで色分けしている．

参考までに，$y'(k) = (y(k) - y(k-1))$ の効果を見るのが次のスクリプトである．この結果を**図 8.21** に示す．

```
diff = (y - y.shift()).dropna(axis=0)
diff.plot(color='b')
sig_all[:nobs-1].plot(color='gray')
```

この 1 行目で.dropna() を用いているのは，差分を行うと先頭データが NaN となるためで，これを除去するためである．

図 8.21（紙面は白黒であるが，Notebook の色の名を用いる）を見ると，$y(k)$ の 1 階差分系列 $y'(k)$（青），信号 $s(k)$（灰色）とは振幅，位相が異なることがわかる．$y(k)$ に対する ARIMA モデルのパラメータ推定は次のようにして行う．

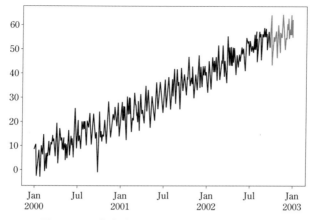

図 8.20 1 次式型トレンドが重畳した観測データ

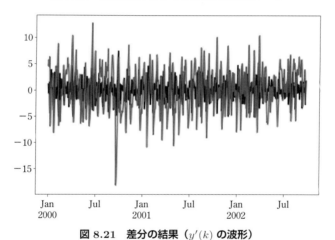

図 8.21 差分の結果（$y'(k)$ の波形）

```
arima_result = sm.tsa.ARIMA(y, order=(2,1,1)).fit(trend='nc')
```

ここに，引数 order=(p, d, q) で指定する．これは，順番に，AR の次数，(8.16) 式の d，MA の次数を意味する．ほかの引数は statsmodels.tsa.arima_model.ARIMA を参照されたい．推定した結果のうち，推定パラメータの値を示す．

	coef	std err	z	P>|z|
ar.L1.D.y	0.9758	0.057	17.054	0.000
ar.L2.D.y	−0.4654	0.049	−9.497	0.000
ma.L1.D.y	0.3049	0.071	4.302	0.000

これを見ると，真の AR，MA パラメータの値とは当然ながら異なる結果を得た．同定の評価として，残差系列の自己相関関数を見たのが次である．

```
resid = arima_result.resid # residual sequence
sig_val = 0.05 # 有意水準
fig = sm.graphics.tsa.plot_acf(resid.values.squeeze(), lags=20,
    alpha=sig_val, ax=ax1)
```

この残差系列の自己相関関数（**図 8.22**）を見ると，信頼区間を超えている値がいくつか認められる．

同定結果をもとにした予測は，ARMA の場合と同様のスクリプトである．この結果を **図 8.23** に示す．この結果を見て，予測開始の当初は定性的に良い予測といえる．

2 番目のトレンドを事前に除去する試みを説明する．カーブフィッティングは numpy.polyfit(x,y,n) を用いる．ここに，n は多項式の次数を表す．また，引数に (x,y) を必要とするため，x をダミーで生成し，これを dummy_time とした．

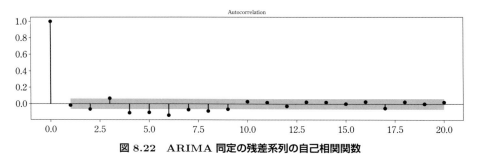

図 8.22　ARIMA 同定の残差系列の自己相関関数

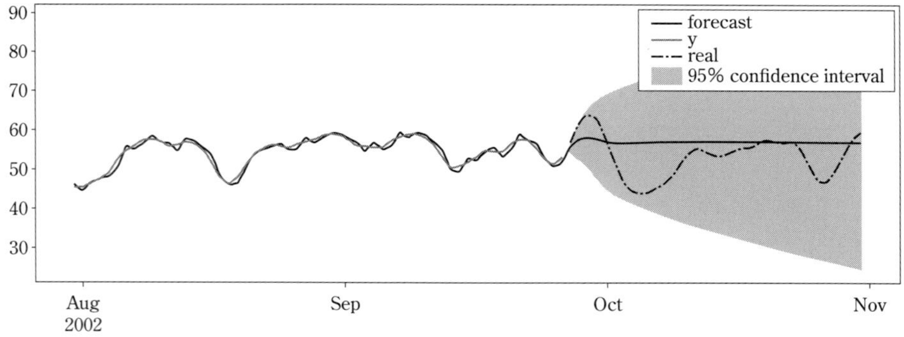

図 8.23　予測結果

```
dummy_time = np.arange(nobs, dtype='float64')
est_a, est_b = np.polyfit(dummy_time,y,1)
print('Est a =',est_a,'    Est b =',est_b)
est_trend = est_a*np.arange(nobs, dtype='float64') + est_b

y_remove = y.sub(est_trend)
y_remove.plot(color='b')
sig_all[:nobs].plot(color='gray')
```

Est a = 0.0508554655868   Est b = 3.64899960484

真値は coef_a, coef_b = 0.05, 4 であったので，これに対する推定値は当たらずも遠からずというところであろうか。トレンドを除去した y_remove をプロットしたのが**図 8.24**である。これを見ると，トレンドを除去した信号は，元の信号によく一致していることが認められる。

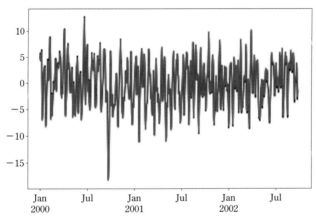

図 8.24 トレンドを除去した信号波形

```
arma_result = sm.tsa.ARMA(y_remove, order=(2,1)).fit(trend='nc')
```

	coef	std err	z	P>|z|
ar.L1.y	1.4804	0.025	58.095	0.000
ar.L2.y	−0.6804	0.025	−26.833	0.000
ma.L1.y	0.6089	0.028	21.828	0.000

この結果を見て，推定パラメータ値は ARIMA の場合よりは良いことがわかる。
残差系列の自己相関関数**図 8.25** を見ると，信頼区間内に自己相関関数が収まっている

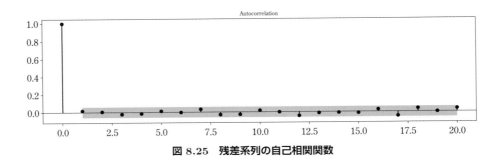

図 8.25 残差系列の自己相関関数

ことがわかり，この意味では同定は良好に行われたと評価できる．

予測も行いたいが，この同定結果を用いるツールを statsmodels は提供していない．理屈としては，求めた ARMA モデルの予測値に推定したトレンドを重畳すれば予測が行えることになる．ここでは，理屈を述べるに留めることとする．

これまでのことをまとめると，ARIMA モデルを用いると推定パラメータ値の精度は望めないが，これは真のシステムに対してのことである．ARIMA モデルは，ゆっくりとしたトレンドも考慮して，簡便に予測を行いたい場合に用いられるものである．

一方，事前にトレンドを除去する方法は，推定パラメータ値の精度は比較して良い．しかし，予測には，ユーザ自身が独自にスクリプトを作成するなど，面倒という短所がある．

8.7 SARIMAX モデル

季節性変動（seasonal variation）のデータを扱うことを考える．社会科学や経済に関わる統計では，自然現象，社会の制度，慣習などに起因するものがある．例えば，自然現象では四季に基づき社会のエネルギー消費の変動，会社において 3 月，9 月の決算期の企業活動や金融活動などに季節性変動が強く表れる．大抵の場合は，週次，月次，四半期ごと，年次ごとなどの周期をいう．この季節性変動を除去してデータ処理を行う，または，季節性変動も併せてデータ処理を行う，という考え方がある [*8]。

この除去などを含めてシステム同定を行うモデルとして SARIMAX モデル（Seasonal ARIMA with eXogenous model）がある [*9]。statsmodels が提供している SARIMAX モデルの構造は，statsmodels.tsa.statespace.sarimax.SARIMAX を参照されたい．このモデル式の説明は複雑なので，ここでは，使い方のみを紹介する．

[*8] 参照：なるほど統計学園高等部，総務省統計局．http://www.stat.go.jp/koukou/trivia/careers/career9.htm

[*9] eXogenous model は，外部からの影響もモデルに組み込むという意味であるが，今回は用いていない．

8.7.1 航空会社の乗客数

対象とするデータはある航空会社の国際線の乗客数であり，月ごとの集計で 1949 年 1 月 1 日から 1960 年 12 月 1 日までがある．この原出典は，G.E.P.Box, G.M.Jenkins and G.C.Reinsel: Time Series Analysis, Forecasting and Control. Third Edition. Holden-Day, Inc., 1976．このデータの説明は次にある．
https://stat.ethz.ch/R-manual/R-devel/library/datasets/html/AirPassengers.html

このデータにラベル名などの修正を加えた CSV ファイルは下記のスクリプトに記述した URL にアップしてあるので，これを利用されたい．

File 8.9　SARIMAX_AirPassenger.ipynb

```
url = 'https://sites.google.com/site/datasciencehiro/datasets/
   AirPassengers.csv'
df = pd.read_csv(url, index_col='Date', parse_dates=True)
```

この df に，乗客数はラベル名 'Passengers' でアクセスできる．このプロットと，この自己相関関数を **図 8.26** に示す．

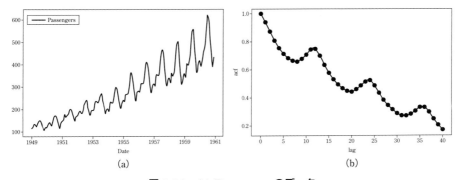

図 8.26　AirPassenger のデータ

自己相関関数を見ると，12 点ごとの周期性（データ 1 点が 1 か月だから 12 か月周期）があることが認められる．このデータに対する SARIMAX モデルのパラメータ推定は次のように行う．

```
SARIMAX_model = sm.tsa.SARIMAX(df, order=(3,1,2), seasonal_order
   =(1,1,1,12)).fit(maxiter=200)
```

ここに，order=(p,d,q) は ARIMA モデルと同じで，AR の次数，差分の次数，MA の次数である．次に，SARIMAX モデルは ARIMA と別に周期性のモデルをもっており，この次数を seasonal_order=(P, D, Q, s) で指定する．ここに，(P,D,Q) は ARIMA モデルの次数と類似のものであり，最後の s は周期を与える．データの検証より s=12 とおいた．

また，ほかの次数は，試行錯誤的に定めただけで，これが最善ではないことを断っておく。

さらに，パラメータ推定では反復計算を行っており，なかなか収束しないことが多々ある。このため，fit(maxiter=200) というように，反復回数の上限を多めにとっておくことが必要である。その他の引数（パラメータ）は，statsmodels.tsa.statespace.sarimax.SARIMAX を参照されたい。

同定して得られた残差系列の自己相関関数をプロットするスクリプトを次に示す。

```
resid = SARIMAX_model.resid
fig, ax = plt.subplots(figsize=(10,4))
fig2 = sm.graphics.tsa.plot_acf(resid, lags=40, alpha=0.05, ax=ax
    )
```

図 8.27 を見て，ほぼ 95％信頼区間に自己相関関数が収まっていることが認められる。

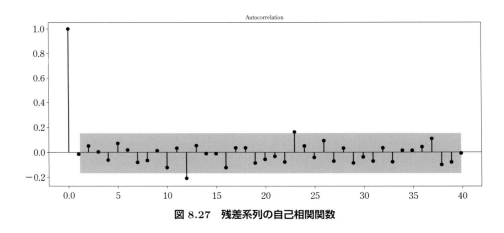

図 8.27 残差系列の自己相関関数

予測は次のように行う。

```
pred = SARIMAX_model.predict(start='1960-01-01', end='1962-12-01')
plt.plot(df)
plt.plot(pred, 'r')
```

この結果を**図 8.28** に示す。

この結果の厳密な評価を行うことはできないが，予測値は周期性と 1 次式型のトレンドの両方と，谷間の細かな変動部分を良く表している。

8.7.2 ほかの季節性データ

ここでは，Google トレンド（https://trends.google.co.jp/）から季節性データを取得する方法を述べる。ここに限りスクリプトや Notebook の提供は行っておらず，デー

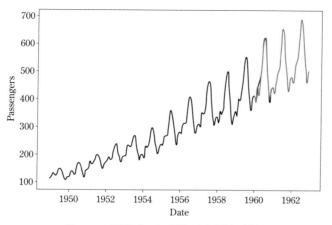

図 8.28 観測データ（青）と予測値（赤）

タ入手法だけを示すので，システム同定や時系列データ分析は読者の方に委ねる。

Google トレンドは，検索キーワード，国，期間，カテゴリなどを指定すると，このキーワードの検索回数を示す。さらに，この結果を CSV ファイルとして得ることができる。

ここでは，検索キーワードとしてクリーニングと大根の検索回数を調べ，これらの CSV ファイルを提供する。

クリーニングの検索回数

次の条件で検索した。

検索キーワード：クリーニング，国：日本，2004/1/1 - 2018/3/1，カテゴリ：すべて

このデータをアップロードしたので，読込みは次のようにして行う。

```
url = 'https://sites.google.com/site/datasciencehiro/datasets/
    data_Laundry.csv'
df = pd.read_csv(url, index_col='date', parse_dates=True, comment=
    '#')
```

このデータ（ラベル名 'Laundry'）と，その自己相関関数を **図 8.29** に示す。この自己相関関数を見て，6 か月周期があるように見える。データを調べて見ると（CSV ファイルを保存するなどして），ピークは 4 月が最も強く，次のピークは 9 〜 12 月にある（これは年により少しずつ異なる）。また，データにはトレンドがあるように見える。このトレンドが生じている背景は何か？　この分析・調査と考察は読者に委ねるものとする。

大根の検索回数

次の条件で検索した。

検索キーワード：大根，国：日本，2004/1/1 - 2018/3/1，カテゴリ：すべて

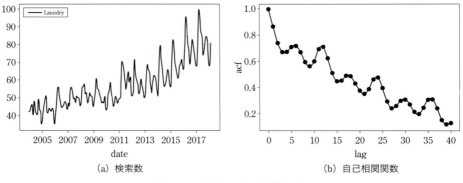

(a) 検索数　　　　　　　　　(b) 自己相関関数

図 8.29　クリーニングのデータ

このデータの読込みは次のようにして行う。

```
url = 'https://sites.google.com/site/datasciencehiro/datasets/
    data_Radish.csv'
df = pd.read_csv(url, index_col='date', parse_dates=True, comment=
    '#')
```

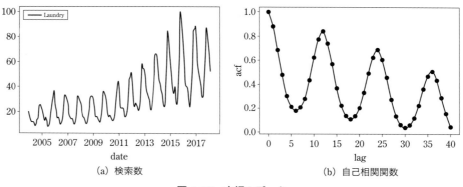

(a) 検索数　　　　　　　　　(b) 自己相関関数

図 8.30　大根のデータ

このデータ（ラベル名 'Radish'）と，その自己相関関数を図 8.30 に示す。この自己相関関数を見て，周期性は 12 か月のように見える。また，データを調べてみると，検索回数のピークは毎年およそ 11 月に現れる。この背景や理由は何か？　どのようにして調べるのが良いのか？　さらに，仮説として，検索回数と需要に正の相関があるとすれば，需要は今後も伸びることになる。これを供給側としてどう対応するばよいのか？　ただし，農家は高齢化により，重たい野菜（大根，白菜，キャベツ）は作りにくく，このままでは供給量が維持できないという話もある。これらのことを，一つずつ背景，原因，状況などを調査分析し，今後にどのように生かしていくかがデータサイエンスの本領である。

最後に，筆者の疑問として，先のクリーニングと相関はあるが，因果関係はあるといえるのだろうか？

8.8 株価データの時系列分析

株価データを時系列データとして見たときの，基本的な分析手法を紹介する。株価（stock price）は，経済・金融データの一種であり，動的システムのデータと比較して次の特徴がある。

- 元から離散データであり，多くの場合，その値は整数である。
- 観測雑音が重畳することは，まずない。
- 入力を観測できないという前提をとることが多い。

pandas は，このデータに対する簡単な分析ツールを提供している。ここからは，株価データを $\{x(k)\}, (k = 0 \sim N-1)$ と表現する。

8.8.1 移動平均

株価データの移動平均は，細かく変動する株価データを人間の視認に適するよう（ここにある種のヒューリスティックがある）になだらかにする。この下で，ある期間で上がるか下がるかを人間が判断しやすい表現を与えることを目的の一つとしている。先に述べたMA モデルと類似しているが，より簡単な表現である。ここでは，単純移動平均と指数移動平均を紹介する。ほかに加重移動平均などもあるが，ここでは触れない。

単純移動平均（simple moving average）
次式で表される。

$$y(k) = \frac{1}{W} \sum_{i=0}^{W-1} x(k-i) \tag{8.20}$$

ここに，W は窓の幅，株価分析では 25 日平均といったときの日数などと称する。pandas ではパラメータ window に相当する。例えば，$W = 5$ のときは次となる。

$$y(k) = \frac{1}{5} \left(x(k) + x(k-1) + x(k-2) + x(k-3) + x(k-4) \right)$$

これは ARMA モデルで述べた MA モデルの一種とみなせる。また，単純移動平均は離散系の積分器の一種ともみなすことができ，ローパスフィルタの機能を示すので，次のことがいえる。

- $y(k)$ は $x(k)$ に比べて位相が遅れる

- 高周波成分（激しい変化）が低減されて，低周波成分（ゆっくりとした変化）が $y(k)$ に現れる．

指数移動平均（exponential moving average）

直近の $x(k)$ に強く影響を受けて，これより以前の $x(k)$ から受ける影響は少ない，という考え方に基づき，重みを変える考え方である．これは，次式で表される．

$$y(k) = (1-\alpha)y(k-1) + \alpha x(k) \quad (0 \leq \alpha \leq 1) \tag{8.21}$$

ここに，α は平滑化係数（smoothing factor），忘却係数（forgetting factor）と呼ばれる．この式の意味するところは，Z 変換によると，$(1-\alpha)^i$，（i は k からの時刻差）となる重みが $y(k-i)$ に乗じられるものである．例えば，$\alpha = 0.1$ のとき，$i = 0, 1, 2, 3, 4$ に対して，$(1-\alpha)^i = 0.9, 0.81, 0.729, 0.6561, 0.59049$ という重み付けとなる．この系列の分布は指数の形状を表しており，現在に近いほうの値の影響を重く見る形となっている．また，AR モデルの一種ともみなせるが，この分野では移動平均という枠組みに入る．

pandas によると，α の与え方の一つの指針として，次が推奨されている．

$$\alpha = \frac{2}{W+1}$$

これらの効果を見るため，東証の証券コード 7203 のある期間の株価を用いる．なお，現在では，どの Web サイトも株価のスクレイピング（scraping）を禁止しているので，本データは手作業で収集したものである．また，株価データの日本語ラベル名を扱い，終値に対する移動平均を行うスクリプトを次に示す．

File 8.10　TSA_StockPrices.ipynb

```
matplotlib.rcParams['font.family']='Yu Mincho'   #日本語対応，2章参照
url = 'https://sites.google.com/site/datasciencehiro/datasets/
    Stock_7203.txt'
df = pd.read_csv(url, index_col='日付', parse_dates=[0] )
df = df.sort_index() # sort date in ascending
df.head()
```

表 8.1

日付	始値	高値	安値	終値	出来高	売買代金
2016-09-27	5831.0	6014.0	5824.0	6014.0	10143900	60229614600
2016-09-28	5900.0	5925.0	5861.0	5872.0	8738800	51401382900
2016-09-29	5922.0	5942.0	5888.0	5898.0	7664000	45354268000
2016-09-30	5703.0	5811.0	5703.0	5779.0	10413700	60036839100
2016-10-03	5830.0	5852.0	5791.0	5791.0	5842300	33994829200

移動平均は pandas.DataFrame.rolling，指数移動平均は pandas.DataFrame.ewm を用いる．

```
item='終値'
ax = df[item].plot(color='black', label=item)

rol = df[item].rolling(window=25).mean()
rol.plot(ax=ax, label='移動平均25日',
    color='red', linestyle='dashed')

ewm = df[item].ewm(span=25).mean()
ewm.plot(ax=ax, label='指数移動平均スパン25',
    color='green', linestyle='dashed')
```

このデータに対する単純移動平均と指数移動平均を計算するスクリプトを次に示す．

```
item='終値'
W = 25
ax = df[item].plot(color='black', label=item)

rol = df[item].rolling(window=W).mean()
rol.plot(ax=ax, label='移動平均25日',
    color='red', linestyle='dashed')

ewm = df[item].ewm(span=W).mean()
ewm.plot(ax=ax, label='指数移動平均スパン25',
    color='green', linestyle='dashed')
```

図 8.31 を見て，次のことが指摘できる．

- 移動平均の結果は，鋭い変化（激しい振動）を鈍らせている (高周波成分を低減)．
- 移動平均の結果，ゆっくりとした波形（低周波成分）の位相が遅れている．これは，元の黒い実線よりも両方の破線が遅れて変化していることを意味する．ただし，指

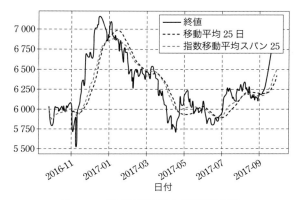

図 8.31 単純移動平均と指数移動平均

数移動平均のほうが単純移動平均よりは位相遅れが小さい。
- 単純移動平均 25 日は，過去の 24 日分のデータと現在のデータの合計 25 点を用いて計算するため，開始日から 24 日は計算できない。このため，単純移動平均 25 日は 25 日目から波形が始まる。一方，指数移動平均は 2 日目から結果が現れる。

単純移動平均で $W = 7$，$W = 28$ の場合の結果を**図 8.32** に示す。

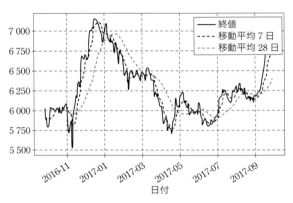

図 8.32 単純移動平均 $W = 7$ と $W = 28$ の結果

この結果を見て，W が大きいほうが，高周波成分をより低減（波形がより鈍る）し，位相がより遅れる，ということがわかる。これは，制御論やディジタル信号論から見て当然の結果であり，異なる W のグラフは位相が異なるため，必ずこれらが交わる点が生じる。

8.8.2 ボリンジャーバンド

相場におけるテクニカル指標の一つにボリンジャーバンド（Bollinger band, J.A.Bollinger（米，ファイナンシャルアナリスト）の考案）がある。これは，株価データが正規分布に従うランダム変数という仮定の下で次を考える。

$$B(k) = k \text{ 日の移動平均} \pm k \text{ 日の標準偏差 } (\sigma(k)) \times m \tag{8.22}$$

$B(k)$ は 2 本の時系列データとなり，この 2 本に挟まれた領域をボリンジャーバンドという。m の値は通常 1，2，3 が用いられ，正規分布に従っているという仮定の下，価格の変動がボリンジャーバンド内に収まる確率は

$$\pm 1\sigma(k) \text{ に収まる確率} = 68.26\%$$
$$\pm 2\sigma(k) \text{ に収まる確率} = 95.44\%$$
$$\pm 3\sigma(k) \text{ に収まる確率} = 99.73\%$$

ここで注意されたいのは、標準偏差 $\sigma(k)$ が時間変動することから、エルゴード性（確率論、定常過程のうち集合平均と標本平均が一致すること）が成り立たないから、期待値（平均）を求めるときは集合平均を考える。イメージ的には横軸に沿った平均操作（標本平均）ではない。何本もの時系列データがあると想定して、ある時刻 k を固定して、この時刻で縦に沿った平均（これが集合平均）を考えることが正しいが、何本もデータを得られないので短区間 W での標準偏差を用いている。

ボリンジャーバンドを求めるスクリプトを次に示す。ここに、m = 2、W = 25 とおいた。

```
item = '終値'
W = 25
ax = df[item].plot(label=item, color='black', linestyle='solid')
rolm = df[item].rolling(window=W).mean()
rolst = df[item].rolling(window=W).std() #unbiased
m = 2
upper_band = rolm + rolst*m
lower_band = rolm - rolst*m
```

ここに、標準偏差を求める rolling(window=W).std() は、pandas.core.window.Rolling.std を見ると、ディフォルトで不偏標準偏差を求めている。この結果（**図 8.33**）を見ると、想定した確率ほどバンド内には収まっていない。これは、W の値で変わるものであるので、読者自身で確かめられたい。

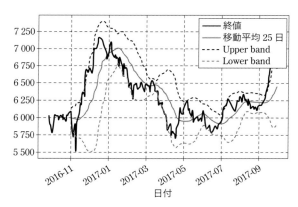

図 8.33 ボリンジャーバンド

8.8.3 ローソク足チャート

株価は、その日のうちの始値、終値、高値、安値の四つの値で表現される。これに加えて、相場が終了した時点で、次の (始値 < 終値)、(始値 > 終値)、どちらの状態で終わったかも重要な情報である。これらの五つの情報を図として表現したのが**ローソク足チャー**

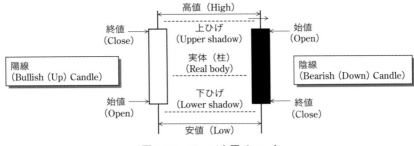

図 8.34 ローソク足チャート

ト（Candlestick chart）である（**図 8.34**）。次の用語がある。

陽線：(始値 < 終値) の場合をいう（上昇株）
陰線：(始値 > 終値) の場合をいう（下落株）

ローソク足チャートを表現するのに，candlestick_ohlc を用いる。この ohlc は，opne, high, low, close の略を意味する。また，インストールは第 1 章を，使用方法は https://matplotlib.org/api/finance_api.html を参照されたい。

先の株価データに対してローソク足チャートを表現するスクリプトを次に示す。ただし，限定した 1 か月期間だけを見ることとした。

```
from mpl_finance import candlestick_ohlc
from matplotlib.dates import date2num

df0 = df.loc['20170901':'20170930', ['始値','高値','安値','終値']]

df0['終値'].plot(label='9月の終値') #終値のプロット
plt.legend(loc='upper left')

fig, ax = plt.subplots()

xdate = [x.date() for x in df0.index] #Timestamp -> datetime
ohlc = np.vstack((date2num(xdate), df0.values.T)).T #datetime -> float
candlestick_ohlc(ax, ohlc, width=0.7, colorup='g', colordown='r')
```

この結果を**図 8.35** に示す。図 8.35 において，陽線は赤，陰線は緑で表現されている。また，ローソク足チャートの表現法を考えるとひげがないデータがあることも認められる。

株価データは，土日・休日は欠落する。このデータは null，または NaN として表現される場合がある。この対処法を先の Notebook "TSA_StockPrices.ipynb" に示した。ただし，日経平均株価 http://finance.yahoo.com/q/hp?s=%5EN225 を対象としている。

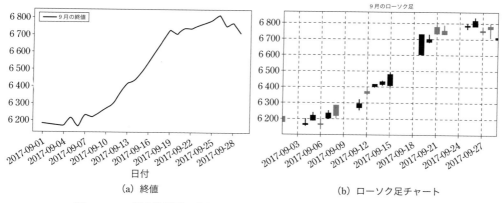

図 8.35 9月の株価データとローソク足チャート（色は Notebook 参照）

> **Tea Break**
>
> 　株価や為替などを扱い，資産有用などを工学的に扱う金融工学（financial engineering, computational finance）は**確率微分方程式**（stochastic differential equation）を扱う．これはダイナミクスを考慮している点で，本節のデータ処理方法と決定的に異なる．確率微分方程式は，伊藤清（日，1915–2008）の「確率論」（1952）や Doob（米，1910–2004）の「Stochastic Process」らの先駆的研究をもとにして発展を遂げた．Myron S. Scholes（カナダ・米，1941–）はブラック・ショールズ方程式を発表した後，Robert C. Merton（米，1944–）とともに方程式の理論を整備して，デリバティブ価格決定の新手法を確立した．この功績により，2人は 1997 年ノーベル経済学賞を受賞する．この理論は伊藤清の業績の上に成り立つものであったため，M.Sholoes が伊藤に会ったとき一目散に握手を求めて，彼の理論を絶賛したという．なお，M.Sholoes と R.Merton が経営陣に名を連ねた巨大投資信託 LTCM（Long Term Capital Management）が 1998 年に巨額の損失を出して破綻するという皮肉な結果が生じた．
>
> 　別の余話として，世界的な名著に，ルーエンバーガ（David G. Luenberger）著：金融工学，日本経済新聞社がある．ルーエンバーガは 1970 年代に制御工学分野であまりに有名な**ルーエンバーガのオブザーバ**（Luenberger observer）（システムの内部状態を推定するもの）を発表し，現在の精密機器から大規模システムの制御の礎を築いた．この後，1990 年代に金融工学に貢献する論文や著書を輩出した．この中では，デリバティブを定めるのに，確率微分方程式と 2 点境界値問題を駆使した論が展開されている．氏の活動は，分野を横断する研究とはこのようなものかということ教えてくれる世界的な手本である．

第9章
スペクトル分析

　センサのデータには，トレンド以外に望ましくない信号（雑音や外乱）が混入していることがよくある。データ本来の信号成分と望ましくない信号成分を見極めるのにスペクトル分析が有効であり，現実に分析機として実用化されている。本章では，フーリエ変換，サンプリング定理，ランダム信号に対するパワースペクトルの求め方と注意事項について説明する。ツールとして SciPy を用いる。

9.1 基本事項

9.1.1 周波数とは，音を鳴らす

　図 9.1 は周波数と周期を説明する。

- **周波数**（frequency）f：1 秒ごとのサイクルの数（波の数）で，単位は〔Hz〕（ヘルツ）である。

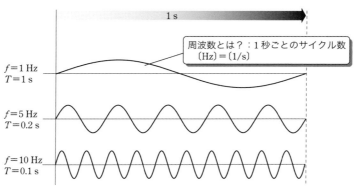

図 9.1　周波数と周期

- **周期** (period) T：1 サイクルが要する時間で，$T = 1/f$ の関係より単位は〔s〕である。

例えば，音についていえば，周波数が高いとは高音，低いとは低音を指す。よく知られている 7 音名とその周波数は，**表 9.1** を見て，高音，低音で周波数の大小となることがわかる。

表 9.1 音名と対応する周波数，ラ音は国際規格より 440 Hz，その他の音の周波数は場合により異なる

音　階	ド	レ	ミ	ファ	ソ	ラ	シ	ド
周波数〔Hz〕	262	294	330	349	392	440	494	523

このことを実感するためのスクリプトを次に示す。

File 9.1 PyAudio_DoReMi.ipynb

```
import wave
import struct
import numpy as np
import pyaudio

def play(data, fs, bit):
    p = pyaudio.PyAudio()
    stream = p.open(format=pyaudio.paInt16,
    channels=1,
    rate=int(fs),
    output=True)
```

この説明は行わないが，ドレミの音をそれぞれ 1 秒程度聞くことができる。

角周波数 (angular frequency) ω〔rad/s〕は，次で表されるものである。

$$\omega = 2\pi f$$

$\sin(\omega t + \phi)$ などの三角関数表現で，かっこ内の引数の単位は〔rad〕である。すなわち，ωt，ϕ ともに単位は〔rad〕である。また，数学では円を一周することを 2π〔rad〕と表現し，これを 1 秒間でどれだけ回るかを ω〔rad/s〕で表現している。

とはいえ，我々は周波数 f のほうが馴染みやすいので，あまり厳密な話を必要としないときは，ω と f を同じと考えて読んでもらいたい。

9.1.2 スペクトルとは

スペクトルという単語からイメージされるのは，一般の人にとっては，太陽光線をプリ

ズムに通すと 7 色の光 *1 に分解される，であろう．

　光は，電磁波の一種，すなわち，波のようなもので，周波数という量でその特徴が表される．太陽光は周波数の異なる波が複数混在したものであり，プリズムは，この混在する波をあたかも 1 本 1 本の帯のように分離することができる．波の特徴は周波数と振幅により表現される．このとき，横軸に周波数，縦軸に振幅をとれば，周波数に関する分布が現れる．この分布のことをスペクトルという．

　スペクトル分析とは，時系列データに潜む複数の波から，スペクトルを見出すことである．この用途として，構造物の解析，回路解析・診断，画像分析・認識，生体検査など幅広い分野で用いられている．

　スペクトルという用語には，四つの意味がある．1 番目は，上述したような波形や信号のエネルギー分布を示すもので，これをスペクトルというようになったのは，ウィーナーフィルタやサイバネティクスを提唱した N.Wiener（米，1894–1964，数学者）である．彼の著書 "Fourier Integral"（1933）の中に次の記述がある．「物理的に，これはその部分の振動の全エネルギーである．これはエネルギー分布を決定するものであるから，これをスペクトルと呼ぶことにする」．これは，スペクトルという用語がすでに物理学の分野でよく知られていたものであり，この用語を数学分野に導入するための説明である．2 番目の意味は Newton の分光分析における波長の違いによる分解．3 番目は対象のいかんによらず複雑なものを単純に分解し大きさの順序に並べて表したものの総称．4 番目は線形演算子の固有値の集まり，である．なお，政治学でも諸政治勢力の配置図を political spectrum という用語を使っている．

　日本語のスペクトルの英語訳は，たまに混乱するので，現代の英語論文では次のように使っていることを見て参考にされたい．

- spectrum:（可算）名詞，単数形 （複数形 spectra）を使う用例
    - spectrum analysis, power spectrum, power spectrum estimation, spectrum analysis
- spectral:形容詞を使う用例
    - spectral estimation, FFT spectral estimation, ESD (energy spectral density), PSD (power spectral density)

---

*1 7 色は（赤，橙，黄，緑，青，藍，紫）で，虹を半円で見たとき（飛行機から見下ろすとドーナッツ状に見える），外縁が赤で，内縁が紫である．この 7 という数字は，地域や時代により異なり，アメリカやフランスなどでは一般的には 6 色，日本でも古くは 5 色である．虹を 7 色としたのは，かの有名なニュートン（Sir Isaac Newton，英，1642–1727）が最初であるといわれている．

9.2 フーリエ変換

9.2.1 フーリエ変換とフーリエ逆変換

フーリエ変換とフーリエ逆変換の式を示す。

【フーリエ変換とフーリエ逆変換】

$x(t)$ の可積分の条件

$$\int_{-\infty}^{\infty} |x(t)|\, dt < \infty \tag{9.1}$$

を満たせば，任意の ω に対して

$$X(\omega) = \int_{-\infty}^{\infty} x(t) \exp(-j\omega t)\, dt \tag{9.2}$$

が存在し，この $X(\omega)$ を $x(t)$ の**フーリエ変換**（Fourier transform）という。このとき，$\exp(-j\omega t)$ をフーリエ変換の**核**（kernel）という。さらに，次をフーリエ逆変換（inverse Fourier transform）という。

$$x(t) = \frac{1}{2\pi} \int_{-\infty}^{\infty} X(\omega) \exp(j\omega t)\, d\omega \tag{9.3}$$

この導出は他書を参照されたい。また，可積分条件は (9.2) 式の積分が行えることを保証するもので，$\lim_{t \to \pm\infty} x(t) = 0$ のように書くこともできる。

なお，角周波数 ω の代わりに周波数 f を用いた表現では，$\omega = 2\pi f$ の関係を考えて，(9.2)，(9.3) 式は次となる。

【フーリエ変換とフーリエ逆変換（周波数 f 表現）】

$x(t)$ が絶対可積分の条件のもと，フーリエ変換とフーリエ逆変換はそれぞれ次式で与えられる。

$$X(f) = \int_{-\infty}^{\infty} x(t) \exp(-j2\pi f t)\, dt \tag{9.4}$$

$$x(t) = \int_{-\infty}^{\infty} X(f) \exp(j2\pi f t)\, df \tag{9.5}$$

ここに，(9.3) 式と比較して，(9.5) 式から係数 $1/2\pi$ が消えたのは，$\omega = 2\pi f$ より

$$d\omega = 2\pi df \tag{9.6}$$

の関係があるためである。数学上の取扱いは ω のほうが便利であり，計測・データ処理・

信号処理の現場では f のほうが便利なことがある．そのため，本書では，ω と f の両方の表現をそのときどきで使い分けするものとする．

本書では，(9.2) と (9.3) 式（または，(9.4) 式と (9.5) 式）を次のように演算子を用いて表現する場合がある．

【フーリエ変換とフーリエ逆変換の演算子】

$$X(\omega) = \mathcal{F}[x(t)], \qquad x(t) = \mathcal{F}^{-1}[X(\omega)] \tag{9.7}$$

ただし，本書では，あまりフーリエ逆変換には触れないこととする．

9.2.2 振幅，エネルギー，パワースペクトル

スペクトルにもいくつかの種類がある．ここに，$X(\omega)$ と $X(f)$ は同じとみなして話を進めるので，読者は都合の良いほうを選択して読み進めてもらいたい．

スペクトル（spectrum）は，信号を周波数ごとの成分に分解し，周波数に対するその分布をいう．一般には，横軸を ω（または f）とおき，縦軸を $X(\omega)$ の何らかの強さとしたものをスペクトルという．

(9.1) 式の可積分条件を満足するときに，$X(f) = \mathcal{F}[x(t)]$ が存在し，これは，一般に複素関数であるから，次のように表現できる．

$$\begin{aligned} X(f) &= \mathrm{Re}\,(X(f)) + j\mathrm{Im}\,(X(f)) \\ &= |X(f)| \angle X(f) \end{aligned} \tag{9.8}$$

ここに，$|X(f)| = \sqrt{\mathrm{Re}\,(X(f))^2 + \mathrm{Im}\,(X(f))^2}$，$\angle$ は偏角（argument）を表し，次式で定義される．

$$\angle X(f) = \arctan \frac{\mathrm{Im}\, X(f)}{\mathrm{Re}\, X(f)} \tag{9.9}$$

(9.8) 式において，$|X(f)|$ は振幅を表すことから，$|X(f)|$ の分布を**振幅スペクトル**（amplitude spectrum），$\angle X(f)$ の分布を**位相スペクトル**（phase spectrum）という．

次に，時間信号 $x(t)$ の絶対値の 2 乗 $|x(t)|^2$ を全時間区間 $(-\infty < t < \infty)$ に渡り積分したものは，その波形の**全エネルギー**を表すとされる．ただし，この可積分条件は満足するものとする．一方，$X(f) = \mathcal{F}[x(t)]$ について（この可積分条件も満足しているとする）を全周波数区間 $(-\infty < f < \infty)$ に渡り積分したものは，$x(t)$ の全エネルギーに等しい．このことを述べたのが次の定理である．

【パーセバルの定理（Parseval's theorem）】
$$\int_{-\infty}^{\infty} |x(t)|^2 \, dt = \int_{-\infty}^{\infty} |X(f)|^2 \, dt \tag{9.10}$$

(9.10) 式の右辺の積分の意味を考えると，次になる．

被積分関数である $|X(f)|^2$ は単位周波数当たりのエネルギーを表す

これより，$|X(f)|^2$ の f に対する分布を**エネルギースペクトル密度**（ESD：energy spectrum density）という．

ところで，実際の信号で持続する信号などは $\lim_{t \to \pm\infty} x(t) = 0$ を満たさないため，可積分条件を満足しないことが多い（ただし，周期信号はデルタ関数を導入してフーリエ変換できるので除く）．このような信号の全エネルギーは無限大であるから，上記のエネルギースペクトル密度は定義できない．そこで，エネルギースペクトル密度の単位時間時間当たりの平均値を考える．すなわち

$$\mathrm{PSD}_x(f) = \lim_{T \to \infty} \left[\frac{1}{T} |X(f)|^2 \right] \tag{9.11}$$

が定義できたとしよう．ここで，物理の世界では単位時間当たりのエネルギーをパワーと定義していることから，$\mathrm{PSD}_x(f)$ を $x(t)$ の**パワースペクトル密度**（PSD：power spectrum density）という．なお，$x(t)$ がランダム信号の場合には，さらに，期待値操作が導入された PSD が定義され，これは後に説明する．

なお，エネルギースペクトル密度，パワースペクトル密度を簡単に，エネルギースペクトル，パワースペクトルと称することもある．

例題 9.1 図 9.2 に示す孤立した矩形波のフーリエ変換 $X(\omega)$ とエネルギースペクトルを求めよう．

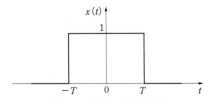

図 9.2　孤立した矩形波

[解説] (9.2) 式より

$$X(\omega) = \int_{-\infty}^{\infty} x(t) \exp(-j\omega t) \, dt = \int_{-T}^{T} \exp(-j\omega t) \, dt$$

$$= \frac{2}{\omega}\frac{1}{2j}\left(\exp(j\omega T) - \exp(-j\omega T)\right) = 2T\frac{2\sin\omega T}{\omega T}$$

となり，これより次が得られる。

$$|X(\omega)|^2 = \left|2T\frac{2\sin\omega T}{\omega T}\right|^2$$

$X(\omega)$ は，係数 $2T$ をもつ sinc 関数である。$T = \omega$ とおいて，これらのグラフを**図 9.3**に示す。

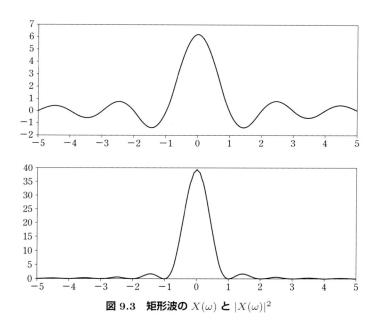

図 9.3 矩形波の $X(\omega)$ と $|X(\omega)|^2$

例題 9.2 $\sin\omega_0$ と $\cos\omega_0$ のフーリエ変換を求めよう。

【解説】 例題の三角関数は見慣れたものであるが，これをフーリエ変換するには，少々やっかいであり，ディラックのデルタ関数を導入する必要がある。デルタ関数は，イメージとして，非常に細い針線が 1 本立っていて，面積は 1 であるという条件のもと，幅が無限小，高さが無限大の関数である。この条件より，次のことがいえる。

$$\int_{-\infty}^{\infty} x(t)\delta(t-a)dt = x(a) \tag{9.12}$$

これを用いて，周期信号のフーリエ変換の方法を説明する。

フーリエ変換ができるためには，絶対可積分の条件が必要であった。一方，サイン波 $x(t) = \sin\omega t$ は

$$\int_{-\infty}^{\infty} |\sin \omega t|\, dt = \infty$$

となり，絶対可積分の条件を満たさないので，フーリエ変換は存在しないことになる．

そこで，少し作為的であるが，信号 $x(t)$ のフーリエ変換が

$$X(\omega) = 2\pi \delta(\omega - \omega_0) \tag{9.13}$$

で与えられるものとする．これをフーリエ逆変換すると，デルタ関数の性質より

$$x(t) = \frac{1}{2\pi} \int_{-\infty}^{\infty} 2\pi \delta(\omega - \omega_0) \exp(j\omega t)\, d\omega = \exp(j\omega_0 t) \tag{9.14}$$

となる．この関係を一般化すると

$$X(\omega) = \sum_{n=-\infty}^{\infty} 2\pi c_n \delta(\omega - n\omega_0) \tag{9.15}$$

のフーリエ逆変換は

$$x(t) = \sum_{n=-\infty}^{\infty} c_n \exp(jn\omega_0 t) \tag{9.16}$$

となる．これは，フーリエ級数表現である（フーリエ級数は他書を参照されたい）．

このように，フーリエ係数 $\{c_n\}$ をもつ周期信号 (9.16) 式のフーリエ変換は，(9.15) 式を見てわかるように，$\{2\pi c_n\}$ を係数とするインパルス列となり，この列は横軸を ω（または，f）にとったグラフを考えると，輝線状の縦棒が並ぶ分布，すなわちスペクトルを表していることになるので，フーリエ係数をスペクトルと呼ぶこともある．

(9.15)，(9.16) 式の結果を踏まえて解を導く．初めに，$x(t) = \sin \omega_0 t$ のとき，このフーリエ級数表現は

$$x(t) = \sin \omega_0 t = \frac{1}{2j} \exp(j\omega_0 t) - \frac{1}{2j} \exp(-j\omega_0 t)$$

であるから，フーリエ係数は次となる．

$$c_1 = \frac{1}{2j}, \quad c_{-1} = -\frac{1}{2j}, \quad c_n = 0 \ (n \neq 1)$$

これより，次の結果を得る．

$$X(\omega) = \mathcal{F}[x(t)] = \frac{2\pi}{2j} \{\delta(\omega - \omega_0) - \delta(\omega + \omega_0)\}$$
$$= -j\pi \{\delta(\omega - \omega_0) - \delta(\omega + \omega_0)\}$$

この $X(\omega)$ を **図 9.4**(a) に示す．ただし，縦軸は虚軸であることに注意されたい．

同様にして，
$$y(t) = \cos\omega_0 t = \frac{1}{2}\exp(j\omega_0 t) + \frac{1}{2}\exp(-j\omega_0 t)$$
であるから，フーリエ係数は次となる。
$$c_1 = c_{-1} = \frac{1}{2}, \quad c_n = 0 \quad (n \neq 1)$$
これより，次の結果を得る。
$$Y(\omega) = \mathcal{F}[y(t)] = \pi\{\delta(\omega - \omega_0) + \delta(\omega + \omega_0)\}$$
この $Y(\omega)$ を図 9.4(b) に示す。この図の縦軸は実軸であることに注意されたい。

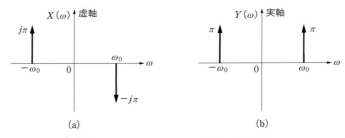

図 9.4 $\sin\omega_0 t$, $\cos\omega_0 t$ **のフーリエ変換**

図 9.4 のようなスペクトルは線として表されることから，これを**線スペクトル**（line spectrum）といい，周期信号は線スペクトルを示す。これと対比するのが**連続スペクトル**（continuous spectrum）であり，先の矩形波がこれを示した。

次に，$x(t) = \sin\omega_0 t$ は奇信号（原点に関して対称）であり，このスペクトルは純虚数となる。一方，$y(t) = \cos\omega_0 t$ は偶信号（縦軸に関して対称）であり，このスペクトルは実数となる。

一方，それぞれの振幅スペクトル $|X(\omega)|$, $|Y(\omega)|$ は
$$|X(\omega)| = |Y(\omega)| = \pi\{\delta(\omega - \omega_0) + \delta(\omega + \omega_0)\} \tag{9.17}$$
となり，$\omega = 0$ の軸を中心に左右対称となる。この対称性は，エネルギースペクトル密度，パワースペクトル密度でも同様である。このため，データに基づく現場のスペクトル分析では右の片側だけを見ることが多い。

9.3 現実の問題点

連続時間信号 $x(t)$ に対してフーリエ変換を施す場合，測定機器などを用いた現実のこと

を考えると，次の二つの問題点がある．

1. サンプリング周波数とエイリアシング
2. 有限長波形のための打切りと漏れ

1番目は，ディジタル計測におけるサンプリングに伴う問題である．2番目は，ディジタル，アナログに関わらず，実際の記録器が有限時間しか観測できないため，波形は有限長であることに起因する問題である．本節では，この二つの問題点について説明する．

9.3.1 サンプリング問題

連続時間信号をサンプリングして離散時間信号を得たとき，このサンプリングがフーリエ変換でどのような影響を生じるかを説明する．

いま，$x(t)$ のフーリエ変換 $X(\omega)$ は，周波数区間 $[-\omega_c, \omega_c]$ の範囲だけに存在すると仮定する．すなわち，次となる．

$$\begin{cases} X(\omega) = \mathcal{F}[x(t)] & |\omega| \leq \omega_c \\ X(\omega) = 0 & |\omega| > \omega_c \end{cases} \tag{9.18}$$

この $X(\omega)$ は，**図 9.5** の実線で示すような関数としよう．

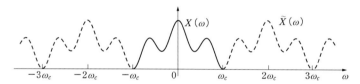

図 9.5 $X(\omega)$ とそれを周期的に拡張した $\tilde{X}(\omega)$

次に，図9.5において，実線に加えて破線も含めた波形 $\tilde{X}(\omega)$ を考える．これは，$|\omega| > \omega_c$ へ周期的になるように拡張した関数である．このようにすると，$\tilde{X}(\omega)$ は周期関数とみなされる．

このことから導かれる定理を次に示す．ただし，ω から f の表記に変えていることに注意されたい．

【**サンプリング定理**（sampling theorem）】

標本化定理ともいう．実関数 $x(t)$ のフーリエ変換 $X(\omega)$ が存在し，$|f| \leq f_c$ 以外の周波数成分を含まないとき，$x(t)$ は $t = k/2f_c$（k は整数）の離散的な時点における信号の標本値から再現できる．$1/2f_c$ を**ナイキスト間隔**（Nyquist interval），$2f_c$ を**ナイキスト周波数**（Nyquist frequency）という．

別の言い方をすると，$x(t)$ が含む成分の最高周波数 f_c の 2 倍の速さでサンプリングを行えば，もとの波形を完全復元できる。

それでは，サンプリング周波数が最高周波数の 2 倍未満のときどうなるかは，次項のエイリアシングで説明する。

9.3.2 エイリアシング

エイリアシング（aliasing[*2]，**折り返し雑音**（folding noise）ともいう）とは，連続信号がサンプリングされて復元されたとき，歪みが生じて別の波形のように見えることである。例えば，**図 9.6** のように周波数 $f = 4$ Hz（周期 0.25）の正弦波を $\Delta T = 0.2$ でサンプリングすると，周期 1 の正弦波に見える。

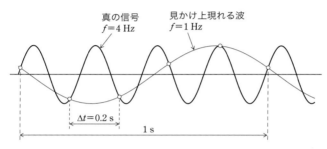

図 9.6　正弦波のサンプリングによるエイリアシング

真の信号を復元しようとするならば，サンプリング定理より，$2 \times 4 = 8$ Hz 以上の周波数でサンプリングを行わなければならない。サンプリング周波数がこれより遅いと，偽の信号が見えることになる。

このことをスペクトル分布で表現したのが，**図 9.7** である。

図 9.7(a) は，エイリアシングを起こしていないので，もとのスペクトル分布を見ることができる。一方，図 9.7(b) は，隣り合うスペクトルが重なり合って，もはや真の $X(2\pi f)$ を見出すことは不可能である。

以上より，エイリアシングを起こさせないためには

- もとの波形が有する最高周波数 f_c の 2 倍以上の速さのサンプリング周波数 f_s を適用する。
- サンプリングした $x(k)$ に，適当な窓関数を乗じる。
- この f_s を達成できないならば，$f_s/2$ を遮断域とするローパスフィルタを用いて，も

[*2] alias は，別名，偽名などの意味がある。

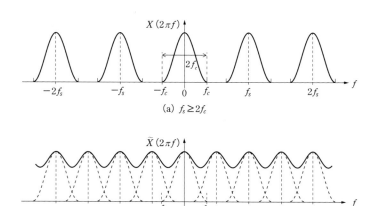

(a) $f_s \geq 2f_c$

(b) $f_s < 2f_c$

図 9.7　サンプリング周波数 f_s とエイリアシングの関係

との波形をフィルタリングする。

などの処置が必要である。2番目の窓関数と3番目のローパスフィルタの方法については，後に説明する。

9.3.3　有限長波形の問題点

　実際の観測は有限時間である．したがって，観測する波形をどこかで打ち切らざるを得ないことになる．**図 9.8** は，$x(t)$ を時間間隔 $[t_1, t_2]$ で観測し，実際に取得するのは切り取られた $x_T(t)$*[3] であることを示している．

　この場合，仮想的に図に示す**矩形窓**（rectangular window）$w(t)$ が $x(t)$ に作用して，すなわち，$x(t)$ を切り出して $x_T(t)$ を生成しているとみなすことができる．9.2.2 項の例題で示したように，孤立した矩形波のフーリエ変換は，正負に振動する連続した波形であっ

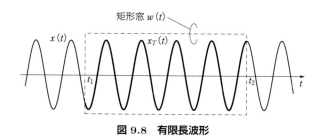

図 9.8　有限長波形

---

*[3] truncate は，切り取る，端を切る，などの意味があり，本文のように波形の切り出しも英語で truncate という．この頭文字を用いて，$x_T(t)$ の添え字に T を用いている．

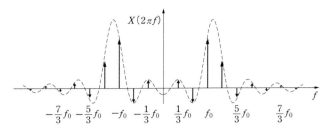

図 9.9 漏れのイメージ図（メインローブとサイドローブ）

た。この波形が $X_T(f) = \mathcal{F}[x(t)]$ に影響を与える。この影響をイメージ図として表現したのが，図 9.9 である。

影響を受けた $X_T(f) = \mathcal{F}[x_T(t)]$ を見ると，もとの基本周波数 f_0 の位置に極大値が現れ，その周りに**サイドローブ**（side-lobe）[*4] と呼ばれる一連の峰が生じる。基本周波数成分は，各サイドローブの大きさに合わせて大きさを変えて，周期的に現れる。このようすは，あたかも，主たるスペクトルが漏れているように見えることから，スペクトルの**漏れ**（leakage）という。この漏れが生じるために，基本周波数以外にいくつもの周波数成分があるような偽（alias）の周波数を認識することになる。この対処策として窓関数をかけることがあり，これは後に説明される。

9.4 離散フーリエ変換（DFT）

9.4.1 DFT の表現

観測したデータは，離散時間信号かつ有限長データであることがほとんどである。このデータに対するフーリエ変換として，**離散フーリエ変換**（**DFT** : discrete Fourier transform）がある。この導出は後回しにして，この表現を次に示す。

【離散フーリエ変換（DFT）と逆離散フーリエ変換（IDFT）】

サンプリング時間を ΔT とし，観測データ数を N とし，観測データは $\{x(k)\}, (k = 0, \cdots, N-1)$ である。このとき，記録長 T と，周波数間隔（周波数分解能ともいう）Δf は次となる。

$$T = N\Delta T, \quad \Delta f = \frac{1}{T} = \frac{1}{N\Delta T} \tag{9.19}$$

この条件のもと，DFT は次式で定義される。

[*4] siderobe（長くてひだのある外衣）と間違えないように。lobe の意味は，原義であるギリシャ語の lobos（耳たぶ）から派生して，丸い突出したものをいうようになり，本項のサイドローブの形状はまさしく lobe である。

$$X(n) = \Delta T \sum_{k=0}^{N-1} x(k) \exp\left(-j2\pi nk/N\right) \tag{9.20}$$

ここに，$n = 0, 1, \cdots, N-1$ の各点は $n\Delta f$ を表す。$X(n)$ は一般に複素数であることに留意されたい。

もしも，初めから離散データ系列を与えられる場合には，$\Delta T = 1$ とおいて計算すればよい。このとき，次の表記を用いる。これは，(9.20) 式と同じである。

$$X(n) = \mathop{\mathrm{DFT}}_{k=0}^{N-1}\left(x(k)\right) \tag{9.21}$$

また，IDFT は次式で定義される。

$$x(k) = \frac{1}{N} \sum_{n=0}^{N-1} X(n) \exp\left(j2\pi kn/N\right) \tag{9.22}$$

フーリエ変換の場合と同様に，$|X(n)|$ を振幅スペクトル，$|X(n)|^2$ をエネルギースペクトル密度とし，エネルギースペクトル密度を

$$\mathrm{PSD}_x(n) = \frac{|X(n)|^2}{T} \tag{9.23}$$

とする。

注意：離散フーリエ変換（DFT）の計算の工夫を施すことで，この計算を高速に行えるものを高速フーリエ変換（FFT：fast Fourier transform）という。そのためか，SciPy は fft という名称を用いて DFT の計算を行っている。しかし，FFT の本質は DFT であるから，本文中では用語 DFT を用いている。DFT と FFT は同じものと見なして読み進めてもらいたい。

9.4.2 サイン波の DFT 例

サイン波の周期に対して，整数倍観測と非整数倍を観測した場合の DFT の計算を考える。

例題 9.3 $x(t) = \sin(2\pi f_0 t)$ の周期の整数倍を観測して，その DFT と PSD を求める。
［解説］ 周波数，観測条件などは次のスクリプトのとおりとして，周期の整数倍を観測するようにした。

File 9.2　DFT_Sine.ipynb

```
f0 = 1.5   # fundamental frequency [Hz]
T = 2/f0   # observation time[s], two means period.
N = 16     # the number of observation
```

```
dt = T/N         # sampling time
df = 1/T         # frequency resolution
A = 2.0
t = np.linspace(0, N-1, N)*dt  # time line
x = A*np.sin(2*np.pi*f0*t)     # observed signal
```

この観測波形に対する計算が次である．

```
dft = scipy.fftpack.fft(x)   # DFT
esd = (np.abs(dft)**2)        # energy spectrum
psd = esd/T                   # power spectrm
```

この結果を**図 9.10**，**9.11** に示す．ただし，$X(\omega)$ は複素数であり，今回の結果では実部はほぼ 0 であったので，虚部のみをプロットした．

この結果が示すように

- サイン波は奇関数であるため，$X(n\Delta f)$ は理論的には虚部のみに値が生じ，原点（中

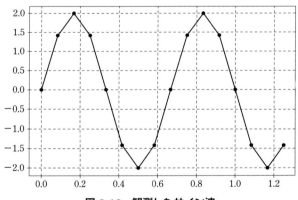

図 9.10 観測したサイン波

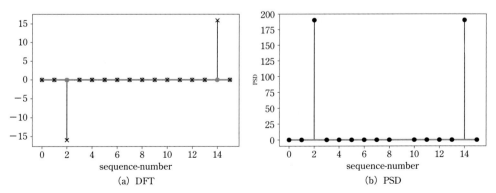

図 9.11 1 周期のサイン波に対する結果

心）対称となる。
- PSD は，$N/2$ を中心にして左右対称である。

なお，整数周期分に対する DFT は，次式で表される。

$$X(n\Delta f) = \mathop{\text{DFT}}_{k=0}^{N-1}(A\sin(2\pi f_0 \Delta T\, k))$$
$$= \frac{NA}{2}\{-j\delta(n\Delta f - f_0) + j\delta((n-N)\Delta f + f_0)\} \quad (9.24)$$

この式と結果を比べて，DFT が正しく計算されていることがわかる。

例題 9.4 サイン波の周期の非整数倍を観測し，その DFT と PSD を求める。

[解説] 周波数，観測条件などは次のスクリプトのとおりとして，周期の非整数倍を得る。

File 9.3 DFT_Sine.ipynb

```
f0 = 1.25      # 基本周波数 [Hz]
T = 1          # 観測時間 [s]
N = 20         # サンプル数
dt = T/N       # サンプリング時間
df = 1/T       # 周波数分解能
t = np.linspace(0, N-1, N)*dt    # 時間軸
x = np.sin(2*np.pi*f0*t)         # 観測信号
```

先の計算と同様にして，PSD を求めた結果を**図 9.12** に示す。この横軸には負の周波数が表示されているが，この表示を両側スペクトルといい，計算の都合で現れる。周波数 0 を中心に左右対称に必ずなるので，周波数が 0 以上の片側だけを見れば十分である。

この結果が示すように，いくつものスペクトルの漏れが認められる。この原因は，9.3.3 項で述べたように，有限長観測で仮想的にかけられる矩形窓のサイドローブの影響が表れ

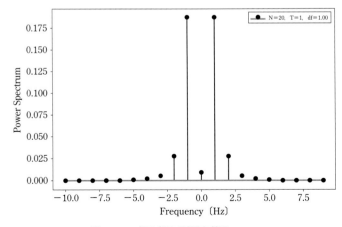

図 9.12 打ち切り影響を伴う PSD

ているためである。

次に，データ数 N と周波数分解能 Δf が PSD に及ぼす影響を見るため，同じ例題に対して N と T を変えた結果を次に示す。ここに

$$T = N\Delta T, \quad \Delta f = \frac{1}{T}$$

であることに留意すると，次のことがいえる。

- T を長くすると，周波数分解能 Δf が細かくなる。また，ΔT が大きくなる。
- N を増やすと，周波数区間 $(= N\Delta f)$ が広がる。

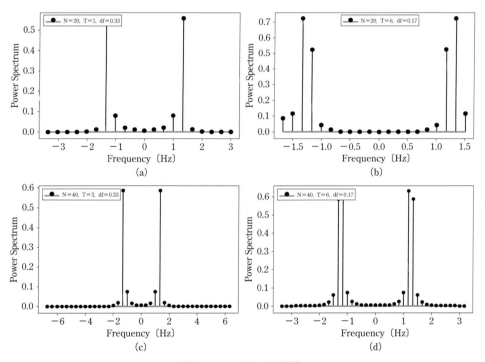

図 9.13 N と T の影響

9.4.3 ゼロ埋込み

ゼロ埋込み（zero padding）とは，データ数が例えば 100 個であるとき，これに 28 個のゼロを後ろに付加することをいう（これを埋込みと称している）。

この効用は次にある。

- もとの周波数成分に影響を与えない。
- 見かけ上，スペクトル分布が滑らかになる。
- PSD 分布が滑らかになるため，周波数成分のありかがわかりやすくなる。
- データ数を 2 のべき乗にできるので，FFT を用いた高速演算を図るのに利用できる。

注意として，もともとの周波数分解能が向上したのではなく，周波数点間を内挿（interpolation）しているだけである。

シミュレーションを通して，ゼロ埋込みの効用を見ることとする。

例題 9.5 三つの周波数成分を有する信号を観測し，この周波数成分を推定する。ここに，周期を非整数倍の観測とする。

[解説] 観測データ数が $N = 16$，信号の三つの周波数成分は $f = 1.1, 1.7, 3.1$ であり，このうちの二つは近接している。このことを次のスクリプトに示す。

File 9.4 DFT_ZeroPadding.ipynb

```
N = 16
T = 1
dt = T/N   # サンプリング時間

t = np.linspace(0, N-1, N)*dt # 時間軸
x = 0.5*np.sin(2*np.pi*1.1*t) \
  + 1.0*np.sin(2*np.pi*1.7*t + np.pi/2) \
  + 0.5*np.sin(2*np.pi*3.1*t)
```

ゼロ埋込みは次で指定できる。すなわち，関数 fft(x, n=Num) は，x.size（1 次元配列 x の大きさ）よりも n のほうが大きければ，大きい分だけゼロを埋め込んで DFT の計算を行う。いま，x の配列の大きさ（x.size）は 16 であり，n=Num に，16, 32, 64, 512 を指定したときの PSD を**図 9.14** に示す。

この結果を見て，データ数 $N = 16, 32, 64$ のときは，どこに真の周波数成分があるかよくわからない。$N = 512$ のときに，ようやく，三つの周波数成分がわかるようになる。

ゼロ埋込みは，見かけ上のデータ数が多くなるから，見かけ上の観測時間が長くなる。このため，見かけ上の周波数分解能は上がることになる。しかし，実際の周波数分解能が上がるわけではなく，あくまでも，もとの周波数間隔の間を補間しているにすぎないということに注意されたい。

9.5 窓関数

9.5.1 窓関数の種類

周期信号を非周期に有限時間で観測する場合に，スペクトルの漏れ（leakage）が生じる。

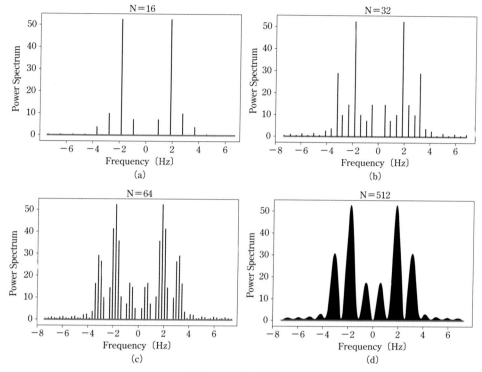

図 9.14 ゼロ埋込み

スペクトルの漏れは，もともと非周期の信号を観測する場合にも生じるもので，後述するランダム信号の信号処理においても問題となる。この漏れを抑圧する方法の一つとして，**窓関数**（window function）がある。

SciPyが提供する窓関数はhttps://docs.scipy.org/doc/scipy/reference/signal.htmlに多数掲載されている。

ここでは，そのうちの一部を紹介する。下記に示す窓関数の表現において，窓関数の幅を $n = 0 \sim N-1$ とし，この区間外では $w(t) = 0$ とする。

矩形窓（rectangular window）：方形窓ともいう。入力信号を単純に切り出してそのまま使用する。周波数分解能は優れているが，サイドローブは大きい。

$$w(n) = 1$$

ハミング窓（Hamming window）：Richard Wesley Hamming（米，1915–1998）が，ハン窓の改良版として考案した。ハン窓より周波数分解能が少し良く，よく使われる窓関数の一つである。区間の両端で0とならず，不連続になるのが特徴である。

$$w(n) = 0.54 - 0.46 \cos\left(\frac{2\pi n}{N-1}\right)$$

ハン窓（Hann window）：Julius von Hann（オーストリア，1839–1921）が考案した。ハミング窓との連想からハニング窓とも呼ばれる。よく使われる窓関数の一つである。

$$w(n) = 0.5 - 0.5 \cos\left(\frac{2\pi n}{N-1}\right)$$

ブラックマン窓（Blackman window）：Ralph Beebe Blackman が考案した。ハン/ハミング窓より周波数分解能が悪いが，ダイナミックレンジが広い。

$$w(n) = 0.42 - 0.5 \cos\left(\frac{2\pi n}{N-1}\right) + 0.08 \cos\left(\frac{4\pi n}{N-1}\right)$$

カイザー窓（Kaiser window）：

$$w(n) = \frac{I_0\left(\pi\alpha\sqrt{1-\left(\frac{2n}{N-1}-1\right)^2}\right)}{I_0(\pi\alpha)}$$

ここに，I_0 は，第 1 種の 0 次の変形ベッセル関数であり，パラメータ α を調整することにより窓の形状を変えられる。$\alpha = 0$ で矩形窓，$\alpha = 1.5$ でハミング窓，$\alpha = 2.0$ でハン窓，$\alpha = 3$ でブラックマン窓に近似する。

各窓の波形を **図 9.15** に示す。いずれも両側の端を抑え込むようにすることでスペクトルの漏れの低減を図っている。

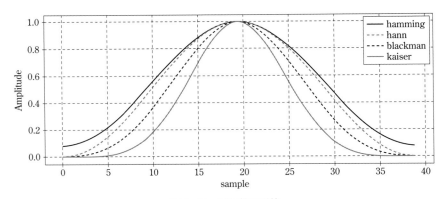

図 9.15　窓関数の形状

9.5.2 窓関数の使用例

ハン窓を用いた例を次に示す。

File 9.5 DFT_WindowFunction.ipynb

```
from scipy import signal

N = 40
w_hann = signal.hann(N)
f0 = 1.25   # 基本周波数 [Hz]
T = 6       # 観測時間 [s]
dt = T/N    # サンプリング時間
df = 1/T    # 周波数分解能
t = np.linspace(0, T-dt, N)
x = np.sin(2*np.pi*f0*t)

xw = w_hann*x   # ハン窓
```

原信号にハン窓を適用した信号波形を**図 9.16**に示す。また，矩形窓とハン窓を適用し

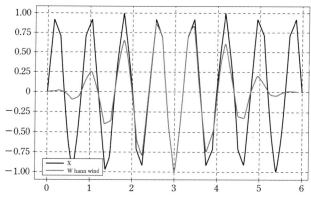

図 9.16　原信号とハン窓を適用した信号

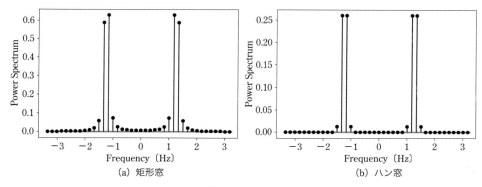

(a) 矩形窓　　　　　　　　(b) ハン窓

図 9.17　PSD

たときの PSD を **図 9.17** に示す.

ハン窓を用いると，サイドローブの影響は低減しており，窓関数の効用が認められる．しかし，周波数成分が二つあるように見える．これは，周波数分解能が粗いためである．これを細かくするには，観測時間 T を伸ばせばよい．周波数が $f = 1.25$ Hz であるから，周波数分解能は最低でも 0.125 Hz が望ましい．したがって，観測時間は少なくとも，$T = 1/\Delta f = 1/0.125 = 8$ 以上であるとよい．先と同じ条件で，$T = 8$ としたときの PSD を **図 9.18** に示す．

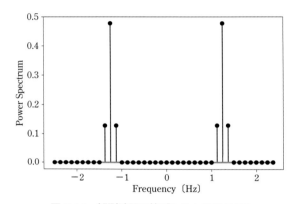

図 9.18 観測時間を伸ばしたときの PSD

この結果を見て，基本周波数が一つであることが示された．ただし，観測時間 T を伸ばすと周波数分解能が細かくなり，その分だけ周波数区間 ($= N\Delta f$) が狭まる．これを避けたいならば，N を増やせばよい．

9.5.3 数学的表現

ここでは，離散フーリエ変換の導出を簡単に説明する．連続時間のフーリエ変換は次式で定義された．ただし，都合上，周波数 f の表現を用いるものとする．

$$X(f) = \int_{-\infty}^{\infty} x(t) \exp(-j2\pi ft)\, dt \tag{9.25}$$

まず，連続時間信号 $x(t)$ をサンプリング時間 ΔT でサンプリングする．ただし，無限長の離散時間系列

$$x(k) = x(k\Delta T), \quad -\infty < k < \infty \tag{9.26}$$

を対象としていることに注意されたい．この条件の下，(9.25) 式の積分は矩形近似により次式で表現される．

$$X'(f) = \int_{-\infty}^{\infty} \left[\sum_{k=-\infty}^{\infty} x(t - k\Delta T) \Delta T \right] \exp(-j2\pi ft) \, dt$$

$$= \Delta T \sum_{k=-\infty}^{\infty} x(k) \exp(-j2\pi f k \Delta T) \tag{9.27}$$

もちろん，(9.27) 式において，$\Delta T \to 0$ ならば，(9.25) 式になる．また，$\Delta T \to 0$ としなくても，$X(f)$ が $-1/(2\Delta T) \leq f \leq 1/(2\Delta T)$ で帯域制限されているならば，この区間内で (9.27) 式の値は (9.25) 式の値と一致する．そして，$X'(f)$ は連続関数であることに注意されたい．

次に，データ系列が $k = 0, \cdots, N-1$ に限定されているものとする．すなわち，データ数は N 個とする．このとき，記録長 T と，周波数間隔 Δf は次の関係がある．

$$T = N\Delta T, \quad \Delta f = \frac{1}{T} = \frac{1}{N\Delta T} \tag{9.28}$$

これより，(9.27) 式は次となる．

$$X(n) = \Delta T \sum_{k=0}^{N-1} x(k) \exp(-j2\pi(n\Delta f) k \Delta T) = \Delta T \sum_{k=0}^{N-1} x(k) \exp(-j2\pi nk/N) \tag{9.29}$$

この結果がよく知られた DFT である．また，逆離散フーリエ変換（IDFT：Inverse DFT）は逆フーリエ変換と同様にして，次で与えられる．

$$x(k) = \frac{1}{N} \sum_{n=0}^{N-1} X(n) \exp(j2\pi kn/N) \tag{9.30}$$

9.6 ランダム信号のパワースペクトル密度

9.6.1 パワースペクトル密度の表現

連続時間の信号 $x(t)$ が次を満たすとき $x(t)$ は有限のパワーをもつという．

$$\int_{-\infty}^{\infty} |x(t)| \, dt < \infty \tag{9.31}$$

しかし，ランダム信号のパワーは一般に有限でない．したがって，そのフーリエ変換は存在しないことに注意されたい．そこで，**図 9.19** に示すように，区間 $[-T/2, T/2]$ にわたって

$$x_T(t) = \begin{cases} x(t) & (|t| \leq T/2) \\ 0 & (|t| > T/2) \end{cases} \tag{9.32}$$

のように定義される $x_T(t)$ を導入する。$x_T(t)$ のフーリエ変換は存在するから，これを $X_T(f)$ で表す。

Parseval の定理より，次が成り立つ。

$$\int_{-\infty}^{\infty} x_T{}^2(t)dt = \int_{-\infty}^{\infty} |X_T(f)|^2 df$$

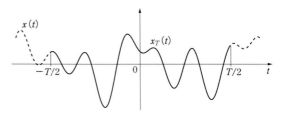

図 9.19 有限区間で定義される $x_T(t)$

上式で，$|X_T(f)|^2$ は $x_T(t)$ のエネルギースペクトル密度である。ところで，$x_T(t)$ の定義から $T \to \infty$ で，$x_T(t) \to x(t)$ であるから，$x(t)$ のエネルギースペクトル密度は，次で定義すればよいように思われる。

$$\lim_{T \to \infty} |X_T(f)|^2$$

しかし，この極限値は存在しない。この極限値が存在するくらいならば最初から $x_T(t)$ を導入する必要はない。そこで，全エネルギーの代わりに，単位時間当たりのエネルギー，すなわち，パワーを考えるために，次式を考える。

$$\lim_{T \to \infty} \frac{1}{T} \int_{-T/2}^{T/2} x_T{}^2(t)dt = \lim_{T \to \infty} \int_{-\infty}^{\infty} \frac{|X_T(f)|^2}{T} df$$

これは，すべての f について極限値は存在するから

$$\lim_{T \to \infty} \frac{|X_T(f)|^2}{T}$$

これをパワースペクトル密度と定義したいところである。しかしながら，上式はランダム信号の見本過程に対して導かれたものであるから，この値は見本過程ごとに異なる確率変数であり不都合である。そのため，ランダム信号（確率過程ともみなせる）のパワースペクトル密度は，その期待値をとり，次と定義する。

$$\text{PSD}_x(f) = \lim_{T \to \infty} E\left[\frac{|X_T(f)|^2}{T}\right] \tag{9.33}$$

この極限が存在するとき，$\text{PSD}_x(f)$ を定常確率過程 $\{x(t)\}$ のパワースペクトル密度という。

[備考] 確定信号とランダム信号の場合のパワースペクトル密度を両方とも同じ記号 PSD で表しているが，どちらの信号に対するものであるかは，文脈より容易に判断がつくと考え，同じ記号を用いた。

9.6.2 PSDは確率変数

SciPyにおけるランダム信号のPSDを求める方法として，scipy.signalの"Spectral Analysis"を見るとペリオドグラム法（periodogram），Wlech法，Lomb-Scargle法が用意されている[*5]。この中で，スペクトル分析器にも利用されていて実用性の高いペリオドグラム法を紹介する。

分析対象とするデータは二つの周波数が隣接し，信号に雑音が重畳しているものとする。この信号の詳細は次のスクリプトに記述している。

File 9.6　PSD_Periodogram.ipynb

```
f1, a1 = 1.2, 1.0 # freq1 [Hz], amp1
f2, a2 = 1.3, 1.0 # freq2 [Hz], amp2
sd = 5.0  # std for noise

dt  = 0.2  # sampling time [s]
T   = 100  # observatin time [s]
Num = 1024 # for zero-padding
df = 1/(dt*Num) #
t = np.linspace(0, Num-1, Num)*dt # time line
freq = np.fft.fftfreq(Num, d=dt) # freq. line

w_hamming = signal.hamming(Num) # hamming window

x = a1*np.sin(2*np.pi*f1*t) + a2*np.sin(2*np.pi*f2*t) + \
np.random.normal(loc=0.0, scale=sd, size=Num) # observation
```

観測波形（図 9.20）を目で見ただけでは，どのような周波成分が含まれているかはわからない。

先のスクリプトの続きで，パワースペクトル密度（PSD）を求めている。ここで，PSD

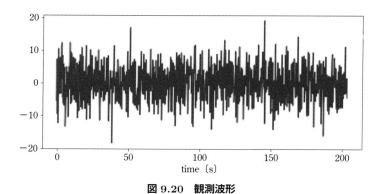

図 9.20　観測波形

[*5] 古典的なPSDを求める方法に，BT法（Blackman-Tukey，自己相関関数を用いる），MEM（Maximum Entropy Method，ARモデルを用いたBurgのアルゴリズムに基づく）もある。

は確率変数であるから，1回PSDを求めただけではよくわからない。そこで，PSDを10回求めた。そのうちのいくつかを図9.21に示す。これを見て，1回だけではどこに周波数成分があるかはわからず，また，毎回，分布が変化しているので，1回だけのPSD計算は有効ではないことがわかる。

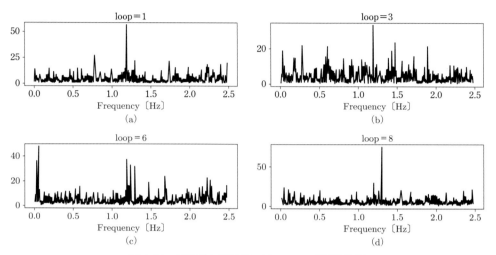

図 9.21　ランダム信号の PSD，loop は試行回数

この10回のPSDを周波数点ごとに算術平均をとった結果を図9.22に示す。この平均操作により，雑音にまぎれた二つの周波数成分を良く抽出できていることが認められる。このシミュレーションより，PSDは確率変数であることがよくわかる。

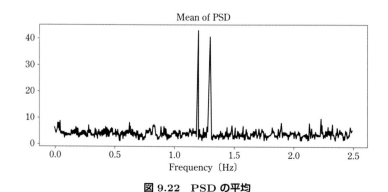

図 9.22　PSD の平均

第10章
ディジタルフィルタ

センサ出力から雑音や外乱を除去して欲しい信号成分だけを伝えるのがフィルタである。フィルタの基本を知るため、初めにアナログフィルタを説明し、この後でディジタルフィルタの基本形（FIR, IIR）を説明する。これを基に、SciPyを用いたディジタルフィルタの設計の仕方を説明する。

10.1 フィルタの概要

10.1.1 フィルタとは

フィルタ（filter）とは、不要物を遮断したり、必要なものだけを通過させるものである。ここで説明するフィルタとは、指定した**周波数帯域**（frequency band）を通過（または阻止）するものをいう。

図 10.1 は、高い周波数成分と低い周波数成分を含んだ信号から、所望の周波数成分を通過（pass）させるフィルタ（filter）を図的に説明している。

ここに、HPF（high pass filter, 高域フィルタ）：高い周波数成分を通過させる、LPF

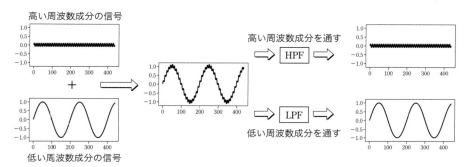

図 10.1　フィルタの役割

(low pass filter，低域フィルタ)：低い周波数成分を通過させる，である。

フィルタの伝達関数を $H(j\omega)$，この振幅特性を $|H(j\omega)|$ としたとき，通過させる信号の周波数帯域を振幅特性で表し，この帯域に基づくフィルタの名称を**図 10.2** に示す。

(a) 低域フィルタ（低域通過フィルタ，low pass filter）
(b) 帯域フィルタ（帯域通過フィルタ，band pass filter）
(c) 高域フィルタ（高域通過フィルタ，high pass filter）
(d) 帯域阻止フィルタ（band stop filter）

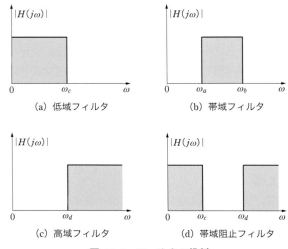

図 10.2　フィルタの役割

10.1.2　フィルタ特性

ローパスフィルタを例にとり（**図 10.3**），フィルタ特性の見方を説明する。

カットオフ周波数

通過域と阻止域の境目を**カットオフ周波数**（cutoff frequency）ω_c で表す[*1]。現実には通過域と阻止域の間は連続的に変化し，ここを遷移域（transition band）という。この連続して減衰する帯域で，例えば，通過するエネルギーが $1/2$ となるところを ω_c とすることが多い。一方，電気工学や情報理論でいうゲイン（gain）は入力と出力の電力やエネルギー

[*1] 正確にはカットオフ"角"周波数と呼ぶべきところ，単にカットオフ周波数と述べている。単位は [rad/s] である。カットオフ周波数 f の場合は [Hz] となる。現場では f が使いやすいが，数学的に式を扱う場合には [rad/s] が都合が良いため，本書では [rad/s] を多用している。

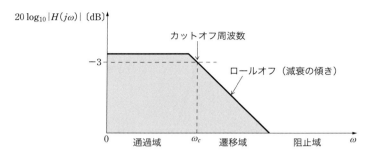

図 10.3　ローパスフィルタのフィルタ特性

比を表すもので，この比のレンジが広いことから対数で表すようにしている．したがって，エネルギーが 1/2 になるとは次の表現となる．

$$10 \log_{10} \frac{1}{2} \simeq -3.01 \rightarrow -3 \text{ dB} \tag{10.1}$$

これより，-3 dB（単位〔dB〕の意味は後述）となる境目をカットオフ周波数 ω_c で表すことが多い．

エネルギーを伝達関数で表現すると

$$\frac{\text{出力エネルギー}}{\text{入力エネルギー}} = (\text{伝達関数})^2$$

であるから，ゲイン線図の縦軸を〔dB〕表示するときには次式の右辺で表すことが多い．

$$10 \log_{10} |H(j\omega)|^2 = 20 \log_{10} |H(j\omega)|$$

ただし，対数をとることは，レンジを広く見たいためであるから，対数をとらずに単に振幅（ここでは絶対値のこと）$|H(j\omega)|$ をゲイン表示として用いることもある．この単位は無次元で扱うこととする．

エネルギー比 1/2 を伝達関数の入出力信号の振幅で考えると，エネルギーの平方根で考えるため，振幅比が $1/\sqrt{2} = 0.707$ となる周波数が ω_c となる．

図 10.3 に示した**ロールオフ**（roll-off）特性は減衰の傾き度合いをいい，これが急であるほうが望ましいとされる．急峻にするほどリップルが大きくなるトレードオフがある（https://en.wikipedia.org/wiki/Filter_(signal_processing)）．

リップル特性

図 10.3 は，まだ，理想的であり，現実のフィルタ特性はさらに**図 10.4** に示すように，ゲインがさざなみ形状を示す**リップル特性**（ripple characteristics）がある．

この図において，次の帯域を考える．

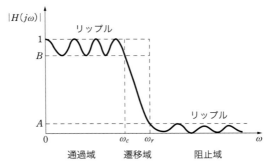

図 10.4　リップルのあるフィルタ特性

通過域（通過帯域，passband）：$0 \leq \omega \leq \omega_c$
遷移域（遷移帯域，transition band）：$\omega_c \leq \omega \leq \omega_r$
阻止域（阻止帯域，stopband）：$\omega_r \leq \omega$

ゲインが振動するの好ましくなく，仕様として通過域では 1，阻止域では 0 にしたいが，現実にはリップルを完全に抑え込むことは難しい。そのため，図 10.4 に示す $1 - B$，および $0 \sim A$ の範囲を狭くするようにフィルタ設計の仕様を与える。この範囲を狭くしようとすると，低次のフィルタでの実現は難しく高次のフィルタにならざるを得ない。このリップルの幅も設計仕様として与えられることが後に説明される。

10.1.3　デシベル〔dB〕

フィルタ性能を見る単位のデシベル〔dB〕について説明する。d は数の接頭語（第 1 章）のデシ（deci），日常ではデシリットルが有名なように，1/10 を表す。B（ベル）は Alexander Graham Bell（スコットランド，科学者，発明家，工学者，1847-1922）の名前が由来である。

信号のエネルギーの伝送比，すなわち，入力と出力のエネルギー比を考えたとき，この比では大きすぎることがある。これを常用対数で見れば，わかりやすい値となる。例えば

$$\frac{\text{出力エネルギー}}{\text{入力エネルギー}} = 1\,000\,000$$

では数字が大きすぎる。そこで，常用対数をとって

$$\log_{10}\left(\frac{\text{出力エネルギー}}{\text{入力エネルギー}}\right) = 3$$

とする。これでは値が小さすぎるということで，10 倍したものを考える。すなわち，次の単位を [dB] とした。

$$10 \log_{10} \left(\frac{\text{出力エネルギー}}{\text{入力エネルギー}} \right) = 30 \text{ dB}$$

> **Tea Break**
>
> ベルは電話機の特許を世界で初めて取得したが，別方式の電話機を発明したエジソンと特許権問題の争いに巻き込まれたりした。1878 年にベル電話会社を設立，これは後に大企業 AT&T に発展する。ベルは，祖父や父の影響を受けて，晩年，ろう者の教育に尽くし，ヘレン・ケラー（Helen A. Keller）に家庭教師アン・サリヴァン（Anne Sullivan）の紹介もしている。サリヴァンは，ヘレン・ケラーの三重障害の克服（発声は後にある程度克服した）に尽力したため，後世に奇跡の人と称された。

10.2　アナログフィルタの設計

アナログフィルタのうち，次の二つのフィルタの設計について説明する。

バターワースフィルタ：通過域をフラットにすることを重視。

チェビシェフフィルタ：通過域にリップルを持たせても，遮断周波数近辺での減衰傾度を重視し，次の 2 種がある。第 1 種：通過域にリップルがある。第 2 種：阻止域にリップルがある。

この設計と周波数応答には，SciPy が提供する次を用いる。

scipy.signal.iirfilter　アナログフィルタ全般の種類に対して共通的に用いられる。
scipy.signal.freqs　アナログフィルタの周波数応答計算に用いられる。

　上記の二つの説明サイトともに，frequency は角周波数〔rad/s〕を意味する。なお，SciPy はほかのフィルタ（ベッセル，エリプティック（楕円）など）も提供しており，興味ある読者は自身で上記サイトを調べられたい。

　ローパスフィルタとバンドパスフィルタの設計例を以下に示す。ハイパスフィルタの設計は読者に委ねる。ローパスフィルタの設計仕様として，カットオフ周波数（設計では角周波数で表す），また，グラフの周波数範囲は次とする。

```
wc = 100 #Cut off  [rad/s]
W_range = np.logspace(0, 3, 100) # [10^0 ,10^3] [rad/s]
```

10.2.1　バターワースフィルタ

　バターワースフィルタ（Butterworth filter, S.Butterworth, 英, 物理学者）の特徴は次が挙げられる。

- 通過域，阻止域が平坦（リップルがない）
- ロールオフがチェビシェフフィルタと比較してなだらか
- 実際の回路で実現しやすい

このゲインは次で与えられる。

$$|H(j\omega)| = \frac{G_0}{\sqrt{1+\left(\dfrac{\omega}{\omega_c}\right)^{2n}}} \qquad (10.2)$$

ここに，n はフィルタ次数，ω_c はカットオフ周波数，G_0 は DC ゲイン（周波数 0 でのゲイン，これ以降 $G_0 = 1$ とする）である。

これを設計して，その周波数応答を求めるスクリプトを次に示す。

File 10.1　AFIL_Design.ipynb

```
from scipy import signal
b, a = signal.iirfilter(N = order, Wn = wc, btype='lowpass',
                        analog=True, ftype='butter' )
w, h = signal.freqs(b, a, W_range)
```

ここに，signal.iirfilter のパラメータは N：フィルタ次数，Wn：カットオフ周波数〔rad/s〕，btype：'lowpass'，'highpass'，'bandpass'，'bandstop' から一つを指定，analog：True（アナログフィルタ設計），False（ディジタルフィルタ設計），ftype：'butter'，'cheby1'，'cheby2'，'ellip'，'bessel' から一つを指定。出力の b，a はそれぞれフィルタ伝達関数の分子，分母の係数を表す。

signal.freqs のパラメータは，W_range：この周波数範囲で計算を行う。出力は，w：計算した角周波数〔rad/s〕の範囲，h：周波数応答 $H(j\omega)$（複素数）である。

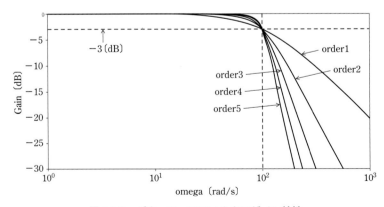

図 10.5　バターワースフィルタのゲイン特性

次数（order）を 1 ～ 5 としたときのフィルタの振幅特性を **図 10.5** に示す。なお，カットオフ周波数のゲイン -3 dB で線を引いた。

この結果を見て指摘できることは，通過域が平坦（リップルがない），次数が多いほどロールオフが大きく（急峻に）なる。さらに，すべての次数の場合で，カットオフ周波数と -3 dB ゲインとの交点をゲイン曲線が通過していることがわかる。なお，横軸の単位〔rad/s〕が見づらい場合には，$2\pi f = \omega$，（f〔Hz〕，ω〔rad/s〕）の関係を用いて，スクリプト中で frq = w/(2*np.pi) とおく。この単位は〔Hz〕であり，plt.plot(frq, gain) とすれば，配列の要素順は変わらないので，横軸が〔Hz〕のグラフとなる。これを **図 10.6** に示す。

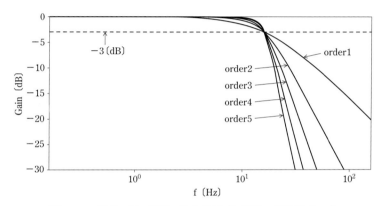

図 10.6　バターワースフィルタのゲイン特性，横軸が〔Hz〕

バンドパスフィルタは，通過域の下限周波数（wc_L）と上限周波数（wc_H）を与え，次のようにスクリプト表現する。

```
wc_L = 500.0
wc_H = 1500.0
b, a = signal.iirfilter(N=order, Wn=[lowcut, highcut], btype='
    bandpass', analog=True, ftype='butter')
```

この結果を **図 10.7** に示す。ただし，縦横ともリニアスケールで表現した。このため，カットオフ周波数のゲイン -3 dB の代わりにゲインが $1/\sqrt{2}$ となる箇所で線を引いた。次数によらず，ゲイン曲線がカットオフ周波数でこの点を通ることが認められる。

この結果を見てわかることは，リップルがない，次数が大きくなるほどロールオフが急峻となるなどがある。

10.2.2　チェビシェフフィルタ

チェビシェフフィルタ（Chebyshev filter）は，チェビシェフ多項式（Chebyshev poly-

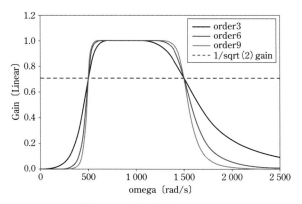

図 10.7　バンドパスフィルタ

nomials, P.Chebyshev, 露, 数学者）を利用したものである．チェビシェフ多項式は，チェビシェフフィルタを示すスクリプトで簡単に説明しているので参照されたい．

フィルタには第 1 種（Type I）と第 2 種（Type II）があり，これらの特徴はすでに述べた．初めに第 1 種の設計例を説明する．第 1 種のゲイン特性は次式で与えられる．

$$|H(j\omega)| = \frac{1}{\sqrt{1 + \varepsilon^2 T_n{}^2\left(\dfrac{\omega}{\omega_c}\right)}} \tag{10.3}$$

ここに，$T_n(x)$ はチェビシェフ多項式，ε はリップル係数，ω_c はカットオフ周波数である．

第 1 種は，通過域にリップルがあり，この振幅の幅を設計仕様として定められる．ここで，通過域では，チェビシェフ多項式は $-1 \sim 1$ の範囲にあるという性質がある．このため，その 2 乗を考えると $0 \sim 1$ の範囲にあるため，ゲイン $|H(j\omega)|$ の最大は 1，最小値は次で与えられる．

$$\text{ripple}[\text{dB}] = 20\log_{10}\frac{1}{\sqrt{1 + \varepsilon^2}} \tag{10.4}$$

この左辺にある ripple を設計パラメータとして与えることになる．例えば，ripple = 3 dB を与えれば，リップルの範囲は $0 \sim 3$ dB の範囲で収まることを意味する．ちなみに，このとき $\varepsilon = 1$ である．

チェビシェフフィルタ（第 1 種）の設計のためのスクリプトを次に示す．ここに，次数 4，ripple = 5 dB とおいた．

```
ripple = 5  # [dB]
b, a = signal.iirfilter(N=4, Wn=wc, rp=ripple,
                        btype='low', analog=True, ftype='cheby1')
```

この結果を図 10.8 に示す．なお，カットオフ周波数のゲイン -3 dB と指定したリップ

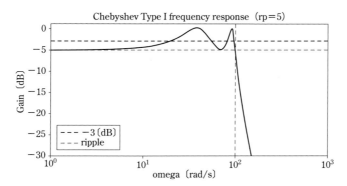

図 10.8　チェビシェフフィルタ（第 1 種）の振幅特性

ルの下限で線を引いた。

この結果を見て，リップルがパラメータ ripple で与えた仕様を満たしていることがわかる．バターワースフィルタの結果と比較して，チェビシェフフィルタのほうが次数が少なくてもロールオフを急峻にできる．しかし，通過域でリップルが生じる．

第 2 種は，阻止域にリップルがあり，この振幅の幅を設計仕様として与えらえる．このゲイン特性は次式に示すように，チェビシェフ多項式の逆数を用いている．

$$|H(j\omega)| = \frac{1}{\sqrt{1 + \dfrac{1}{\varepsilon^2 T_n{}^2 \left(\dfrac{\omega_c}{\omega}\right)}}} \tag{10.5}$$

また，リップル幅は次で与えられる．

$$\mathrm{ripple[dB]} = 20\log_{10}\frac{1}{\sqrt{1 + \dfrac{1}{\varepsilon^2}}} \tag{10.6}$$

フィルタ仕様は同じとし，次数は 4，リップル幅を次のようにとる．

```
ripple = 20 # [dB]
b, a = signal.iirfilter(N=4, Wn=wc, rs=ripple, btype='low', analog
   =True, ftype='cheby2')
```

この結果を **図 10.9** に示す．

この結果を見て，通過域はフラット，阻止域のゲイン特性は大きく変動しているように見えるが，単位が〔dB〕であるから，リニアで見れば小さな変動である．

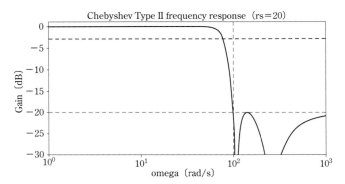

図 10.9　チェビシェフフィルタ（第 2 種）の振幅特性

10.3　ディジタルフィルタの設計

10.3.1　ディジタルフィルタの導入

　信号は，センサ出力，通信・伝送回路などで見られ，離散時間のディジタル信号として表現されることが多い。ディジタル信号には，ノイズや不要な周波数成分の信号が重畳していることがあるため，ディジタルフィルタ（digital filter）が導入される。

　ディジタルフィルタの特長として次が挙げられる。アナログフィルタと比べて，ディジタルフィルタの性能は均質化を図りやすい。これは，アナログフィルタ回路のアナログ素子値の厳密な一定化が難しいためである。また，ディジタルフィルタを線形構造とすれば，ハードウェア回路として実現しやすい。ディジタルフィルタの使用例を**図 10.10** に示す。

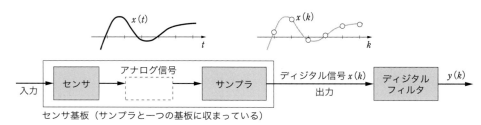

図 10.10　ディジタルフィルタの使用例

この図において，次のようにした。

- 図中の破線枠（センサとサンプラの間）にはアナログフィルタが入る場合があるが，ここでは考えないものとする。
- サンプラは，実際には ZOH（Zero order hold）回路が担うが，ここではインパルスサンプリングとする。

サンプリング時間 ΔT〔s〕とサンプリングを行った時刻 t〔s〕との関係は，順序数 k ($\cdots$, $-2, -1, 0, 1, 2, \cdots$) を導入して，$t = k\Delta T$ となる。この表記を簡単にしたいため，しばしば ΔT を無次元化したいことがある。このため，単位時間（unit time）という考え方を用いる。これは，1 サンプル，2 サンプル，$\cdots$，と表現する。1 サンプル間の時間は実際には ΔT であるが，これを明示しない。この考え方に基づき，ディジタル信号を次のように表記する。

$$\cdots, x(k-2), x(k-1), x(k), x(k+1), x(k+2), \cdots$$

本書では次のように約束する。

- かっこ内が k ならば $x(k)$ はディジタル信号，t ならば連続時間信号

ディジタルフィルタの設計仕様として，通過させたい周波数帯域があり，これはサンプリング時間にも依存する。これについては，後に説明する。

10.3.2 ディジタルフィルタの構造

フィルタは線形構造として，この伝達関数を $H(z^{-1})$ とする。このとき，フィルタの入出力関係とその構造は次で表されるとする。

$$y(k) = H\left(z^{-1}\right) x(k) \tag{10.7}$$

ここに，

$$H\left(z^{-1}\right) = \frac{b_0 + b_1 z^{-1} + \cdots + b_q z^{-q}}{1 + a_1 z^{-1} + \cdots + a_p z^{-p}} \tag{10.8}$$

フィルタの伝達関数は ARMA モデルと同じ構造であるが，動的システムのような次数 p と q の大小に関する制約はない。

フィルタ設計では周波数応答が用いられる。これは，$z^{-1} = \exp(-j\omega \Delta T)$ とおいて，伝達関数を次のように表す。

$$H\left(e^{-j\omega \Delta T}\right) = \left|H\left(e^{-j\omega \Delta T}\right)\right| \angle H\left(e^{-j\omega \Delta T}\right) \tag{10.9}$$

ここに，左辺は複素数であることに注意して，$\left|H\left(e^{-j\omega \Delta T}\right)\right|$ を振幅特性（ゲイン特性ということもある），$\angle H\left(e^{-j\omega \Delta T}\right)$ を位相特性という。この表現は，ω をある値に固定したとき，複素数でいう極形式と考えれば，大きさ（振幅特性）と偏角（位相特性）で表せることを利用したものである。これらの式において，後に述べる正規化角周波数を導入して，$\Delta T = 1$ とおいた表現もある。

このフィルタの見方にはいくつかあり，このうち FIR と IIR を説明する。

FIR（finite impulse response）フィルタ

分母 = 1 の場合をいう。単位インパルス入力のときの出力波形は有限時間で 0 となることから FIR と名づけられた。

IIR（infinite impulse response）フィルタ

分母 ≠ 1 の場合をいう。この場合，単位インパルス入力のときの出力波形は一般に無限に続くことから IIR と名づけられた。分母があると無限列を生むという理由は，例えば，$3/7 = 0.428571\cdots$ のように有理式は無限級数で表されることがあるためである。

これらの構造の違いに伴う理論的な説明は他書に委ねるとして，ここでは二つの特徴を示すことに留める。

FIR フィルタは，分母が 1 のため常にフィルタを安定に設計できる[*2]。また，位相遅れは直線的である。しかし，急峻なフィルタ特性を得るにはタップ数を大きく増やさざるを得ない。このことは，大きな時間遅れとコスト大につながる。ただし，時間遅れは周波数には依存しない。これらより，オフライン処理に向いているともいわれる。

IIR フィルタは，分母があるため安定設計に気を付けなければならない。また，位相遅れは直線的でない。この反面，同じフィルタ特性を得るのに FIR に比べてタップ数を少なくできる。このことはハードウェア回路の素子数を少なくできることにつながる。また，双一次変換を用いると，カットオフ周波数がサンプリング周波数の影響を受ける。

この違いを簡単にまとめたものを**表 10.1** に示す。

表 10.1　FIR, IIR フィルタの比較

	FIR フィルタ	IIR フィルタ
安定性	常に安定	不安定になることがある
位相	直線性を実現可能	直線性の実現困難
次数（コスト）	大きい	小さい
遅延	大きい	小さい

この二つのフィルタの説明を次項に述べる。

10.3.3　FIR フィルタ

FIR フィルタは，(10.8) 式において分母が 1 であるから，次で表現される。

$$y(k) = b_0 x(k) + b_1 z^{-1} x(k) + \cdots + b_q z^{-q} x(k) \tag{10.10}$$

[*2] ARMA モデルにおいて MA モデルだけと考えれば，この理由は明白であろう。

図 10.11　FIR フィルタのインパルス応答

ここに，q をフィルタ次数，また，右辺の各項をタップ (tap) といい $q+1$ のタップ数があるという。

この式より，実際に適当な数値を入れて考えれば，FIR フィルタの単位インパルス応答が有限であることがわかる。これを図示したのが**図 10.11** である。

FIR フィルタをディジタル回路で構成する例を**図 10.12** に示す。これは，直線形構成といい，ほかに格子型 (lattice) などの実現法がある。

この図において，遅延演算子 z^{-1} を回路で実現したものが遅延器である。先に述べたタップの意味を回路で考えると，入力信号に影響を与える部分をタップと考えても差し支えない。これより，**図 10.12** で破線で囲んだ部分を回路全体に適用したときの $q+1$ がタップ数となる。

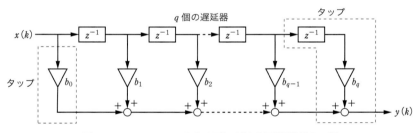

図 10.12　FIR フィルタのディジタル回路構成の一例

10.3.4　IIR フィルタ

IIR フィルタは次で表される。

$$y(k) + a_1 z^{-1} y(k) + \cdots + a_p z^{-p} y(k) = b_0 x(k) + b_1 z^{-1} x(k) + \cdots + b_q z^{-q} x(k) \quad (10.11)$$

この次数は (p, q) である。ディジタル回路構成では $p = q$ とすることが多い。IIR フィルタの単位インパルス応答は，**図 10.13** に示すように，一般に無限に続く。

IIR フィルタをディジタル回路で構成する例として，直接型を**図 10.14** に示す。図の二つの構成は同じ伝達関数であり，タイプ II のほうが素子数が少なくて済む。ただし，実際

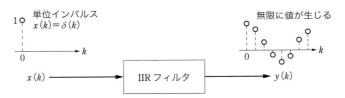

図 10.13　IIR フィルタのインパルス応答

のディジタル回路で直接型を実現した場合，演算誤差や係数の量子化誤差の影響が比較的大きく，カスケード型などがよく用いられる．ここでは，ソフトウェアで IIR フィルタを考えるために，理解のしやすい直接型を示した．

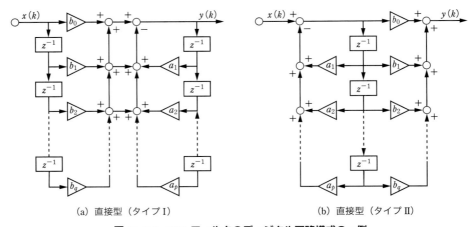

(a) 直接型（タイプ I）　　　　　(b) 直接型（タイプ II）

図 10.14　IIR フィルタのディジタル回路構成の一例

10.3.5　正規化角周波数

連続時間系の場合と異なり，離散時間系の表現，特に角周波数の見方がわかりにくいので，このことを説明する．

まず，次のようにおく．

- （通常の）周波数：f [Hz]　（1 秒当たりの周期数）
- （通常の）角周波数：ω [rad/s]　（1 秒当たりに進む位相 [rad]）
- サンプリング時間：ΔT [s]
- サンプリング周波数：$f_s = \dfrac{1}{\Delta T}$　（単位時間当たりのサンプル数）
- ナイキスト周波数：$f_{Nyq} = \dfrac{f_s}{2}$

初めに，$(\omega \Delta T)$ の単位は〔rad/s〕〔s〕=〔rad〕であることに留意して，この増減により

$$z^{-1} = \exp(-j\omega\Delta T) = \cos(\omega\Delta T) - j\sin(\omega\Delta T)$$

は[*3]，複素平面上の単位円周上をグルグル回るため，$0 \sim 2\pi$ の周期性があることがわかる。このため，$H(z^{-1})$ の振幅（絶対値のこと）$|H(z^{-1})|$ も $0 \sim 2\pi$ の周期性がある。しかも，$0 \sim \pi$ と $\pi \sim 2\pi$ で振幅は対称性があるため，見るのは $0 \sim \pi$ の区間だけで十分である。

ここで問題は，この $0 \sim \pi$ をどのように周波数 f〔Hz〕と対応させればよいか，ということである。これに答えるため，1サンプル当たり何 rad 位相が進むかを表す量を定義したい。これを**正規化角周波数**（normalized angular frequency）ω_{Nrm}〔rad/sample〕と名づけるものとする。

この定義から次となる。

$$\omega_{Nrm} = \omega\Delta T = 2\pi f\Delta T = 2\pi \frac{f}{f_s} = 2\pi f_{Nrm} \tag{10.12}$$

ここに，$f_{Nrm} = f/f_s$ とおいた。f_{Nrm} は1サンプル当たりの周期数となり，正規化周波数（normalized frequency）といい，周期は1である。これらをまとめたのが**表 10.2**である。

表 10.2

正規化周波数 f_{Nrm}	正規化角周波数 ω_{Nrm}
1サンプル当たりの周期数	1サンプル当たりに進む位相〔rad〕
1周期は1	1周期は 2π
単位は無次元	単位は〔rad/sample〕

ここまでの説明で，$(\omega\Delta T)$ を考慮すれば，$|H(z^{-1})|$ をグラフで表したとき，横軸が正規化角周波数 ω_{Nrm} となることがわかるであろう。しかも，この見るべき範囲が π まででよいことと，これはナイキスト周波数 f_{Nyq} に相当するので，ω_{Nrm} を周波数 f〔Hz〕に対応させたときの関係は次のように表される。

$$\omega_{Nrm} : 0 \sim \pi \text{〔rad/sample〕}$$
$$f : 0 \sim f_{Nyq} \text{〔Hz〕}$$

この関係を知っておけば，以降に示すディジタルフィルタの周波数特性のグラフを理解できるであろう。

[*3] これはオイラーの公式（Euler's formula）である。

10.4 FIRフィルタの設計

10.4.1 窓関数を用いた設計法

FIR フィルタの設計方法のうち，窓関数を用いた方法を**図 10.15** を用いて説明する．この説明ではローパスフィルタの場合を考えている．

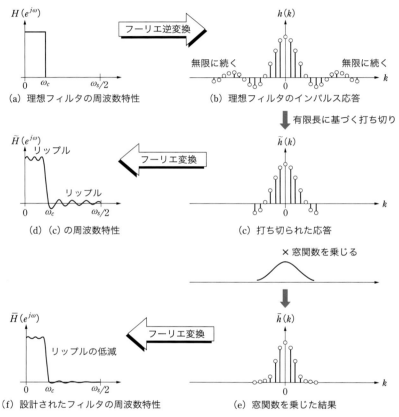

図 10.15 窓関数方法の概要

理想的なローパスフィルタの周波数特性を図 (a) としたとき，そのフーリエ逆変換を行って得られるインパルス応答は無限に続く（図 (b)）．コンピュータ処理ではこれを有限長で打ち切るため，矩形窓を乗じることと同じである（図 (c)）．そのフーリエ変換にはリップルが生じることが知られている（図 (d)）．また，この有限長を伸ばすためにフィルタ次数を大きく取りすぎるとギブス現象が生じたり，コストが大きくなるなどの悪影響が生じる．

上記の問題の解決案として窓関数を導入する．これは，図 (c) に対して，両端を滑らか

に打ち切る窓関数を乗じる，という考え方である．これにより，遮断特性は犠牲になるもののリップルを抑えることができる．窓関数の種類は，スペクトル分析で述べたものと同じものが用いられる．ある窓関数を乗じたようすを図 (e) に示す．このフィルタの周波数特性は図 (f) に示すようにリップルを低減されている．

SciPy が提供する窓関数には，ハミング，blackman, kaiser などがある（参照：scipy.signal.get_window）．

10.4.2 設計例

FIR フィルタ設計に，scipy.signal.firwin の Type I を用いる．Type I のタップ数は，フィルタ構造の都合上，奇数となる．さらなる説明は SciPy のドキュメントを参照されたい．これの設計は，窓関数を用いたものであり，次のように各種フィルタを設計できる．左辺の b には，FIR フィルタの係数が与えられる．

```
b = scipy.signal.firwin(numtaps, fc_L) # Low-pass
b = scipy.signal.firwin(numtaps, fc_H, pass_zero=False) # High-pass
b = scipy.signal.firwin(numtaps, [fc_L, fc_H], pass_zero=False) # Band
    -pass
b = scipy.signal.firwin(numtaps, [fc_L, fc_H]) # Band-stop
```

得られたフィルタの周波数応答を見るために次を用いる．

```
w, h = scipy.signal.freqz(b)
```

離散時間系ゆえ，$w = [0, \pi]$〔rad/sample〕が返される．また，h には複素数での周波数応答が返される．

設計例として，フィルタの設計条件を次のとおりとする．信号の周波数成分は次の二つがあるとする（このように述べたとき二つのサイン波が重なっており，位相のずれがあったとしても考慮しなくてよい）．

$$f_1,\ f_2 = 1.0,\ 5.0\ 〔\text{Hz}〕$$

この信号に観測雑音が重畳している．すなわち，低域に f_1 の信号，中域に f_2 の信号，高域には雑音の周波数成分があると考えるものとする[*4]．ここで，次のようなフィルタを設計したいとする．

[*4] 雑音に正規乱数を用いるとすべての周波数帯域に雑音が存在するが，これは，雑音のパワーが信号のそれに比べて十分小さい場合には，話を簡単にするために，よく "高域には" という仮定をおく．

- f_1 の信号だけを抽出したい → ローパスフィルタを設計，カットオフ周波数（fc_L）を 2 Hz とする．
- f_2 の信号だけを抽出したい → バンドパスフィルタを設計，3 ～ 7 Hz（[fc_L, fc_H]）の通過域とする．

FIR フィルタ用の窓関数としてハミング窓を用いる．これに加えて，周波数などに関するフィルタ仕様を次のスクリプトのように定めた．注意として，アナログフィルタの場合と異なり，周波数の要件は〔Hz〕で与えている．

File 10.2　DFIL_FIR_Design.ipynb

```
fc_L    = 2.   # cut off frequency[Hz]
fc_H    = 6.   # upper cut off frequency [Hz]
fsmp    = 50.  # sampling frequency [Hz]
fnyq    = fsmp/2.0 # Nyquist frequency [Hz]

Ntaps = 127   # the number of tap, odd is required
```

ローパスフィルタとバンドパスフィルタの設計をスクリプトで表現したものが次である．

```
from scipy import signal

#Low pass filter
b1 = signal.firwin(numtaps=Ntaps, cutoff=fc_L,
window='hamming', pass_zero=True, fs = fsmp)
w, h = signal.freqz(b1)
gain = 20*np.log10(abs(h))
#Band pass filter
b2 = signal.firwin(numtaps=Ntaps, cutoff=[fc_L, fc_H],
window='hamming', pass_zero=False, fs = fsmp)
w, h = signal.freqz(b2)
gain = 20*np.log10(abs(h))
```

これと異なるパラメータの与え方に次がある．

```
b1 = signal.firwin(numtaps=Ntaps, cutoff=fc_L/fnyq,      window='
   hamming', pass_zero=True)
```

上記との違いは，パラメータ cutoff に，ナイキスト周波数で規格化した fc_L/fnyq を与え，パラメータ fs（サンプリング周波数）をなくしたことにある．fs はディフォルトで 2 が与えられるので，ナイキスト周波数は 1 となる．これを基準としたカットオフ周波数が fc_L/fnyq であり，初めに示した方法と同じ結果を得る．

得られたローパスフィルタとバンドパスフィルタの周波数応答を**図 10.16** に示す．図 (a), (b) ともに，上図は縦軸はゲイン〔dB〕，横軸が〔rad/sample〕である．下図は縦軸がリニアに表現したゲイン，横軸が〔Hz〕である．リニアのゲインを見て，カットオフ周波数でゲインは $1/\sqrt{2}$ を下回っており，フィルタ仕様を満足していることがわかる．また，

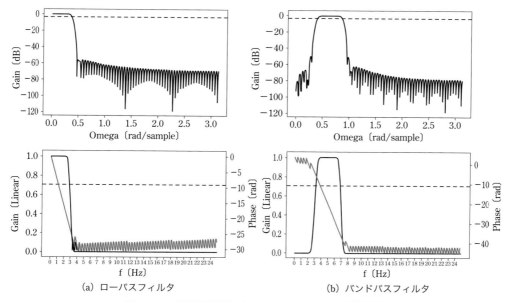

(a) ローパスフィルタ　　　　　(b) バンドパスフィルタ

図 10.16　窓関数を用いた FIR フィルタの周波数特性

位相特性は通過域で直線性を示していることがわかる。

設計したフィルタの性能を確かめるため，二つの周波数成分をもつ信号に観測雑音が重畳している観測信号を作成する。

```
frq1 , frq2 = 1.0, 5.0
Num = 256      # the number of data
dt  = 1/fsmp       # sampling time
t = np.linspace(0, (Num-1)*dt, Num)
y1 = np.sin(2*np.pi*frq1*t)
y2 = np.sin(2*np.pi*frq2*t)
y = y1 + y2 + 0.2*np.random.randn(t.size)
```

この観測信号に対して，フィルタリングを次のように行う。

```
y_filt1 = signal.lfilter(b1,1,y)   # low pass filter
y_filt2 = signal.lfilter(b2,1,y)   # band pass filter
```

ローパスフィルタの結果を**図 10.17**，バンドパスフィルタの結果を**図 10.18** に示す。ここに，図 10.17 の実線（黒）が観測信号である。線色の確認は Notebook で行ってほしい。

両方の結果とも，フィルタの出力信号（緑）と通過させたい信号成分のサイン波を破線（赤）で描いた。ただし，FIR フィルタのタップ数に伴う遅れが出力信号にあるので，サイン波をこれに合わせるように位相をずらして描画している。出力信号は厳密には一つの周波数成分からなるサイン波ではなく，もちろん，振幅もわずかながらの変動がある。この

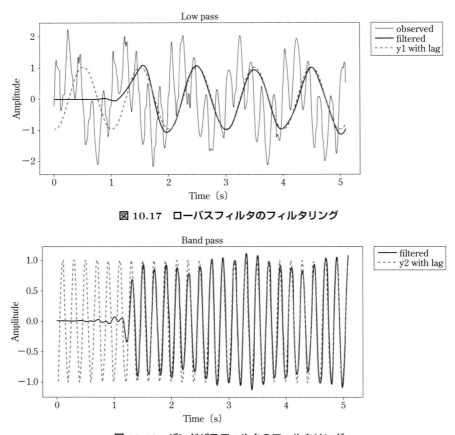

図 10.17　ローパスフィルタのフィルタリング

図 10.18　バンドパスフィルタのフィルタリング

ためフィルタリング結果が良いか否かの評価は，このフィルタの用途や要件を考慮して行われるものである。

10.5　IIR フィルタの設計

10.5.1　アナログフィルタに基づく方法

　IIR フィルタの設計方法のうち，アナログフィルタをプロトタイプとする方法を説明する。これを何らかの離散化を行うことでディジタルフィルタを得る。ここで，離散化は分母分子のある有理多項式を産み出す。すなわち，IIR フィルタが得られることになる。

離散化方法

離散化方法として，インパルス不変変換と双一次変換について触れる。

インパルス不変（impulse invariance）は，アナログフィルタの伝達関数のインパルス応答（無限に続く）の離散化式を Z 変換して求めるという方法である。アナログフィルタの特性がナイキスト周波数以下に帯域制限されていないと，アナログフィルタの周波数特性とは異なる特性のフィルタが得られることに注意を要する。

双一次変換（bilinear transform）は，次の双一次変換を用いる。

$$s = \frac{2}{\Delta T} \frac{1 - z^{-1}}{1 + z^{-1}} \tag{10.13}$$

この変換式をアナログフィルタの伝達関数に代入することで，ディジタルフィルタの伝達関数を求めることができるため，インパルス応答を経由しなくてもよいという利点がある。

ここで，s 領域の角周波数を Ω，z 領域の角周波数を ω とおいたとき，(10.13)式より次の関係がいえる。

$$\Omega = \frac{2}{j\Delta T} \frac{1 - e^{-j\omega}}{1 + e^{-j\omega}} = \frac{2}{j\Delta T} \frac{e^{\frac{j\omega}{2}} - e^{-\frac{j\omega}{2}}}{e^{\frac{j\omega}{2}} + e^{-\frac{j\omega}{2}}} = \frac{2}{j\Delta T} \frac{2j\sin\frac{\omega}{2}}{2\cos\frac{\omega}{2}} = \frac{2}{\Delta T} \tan\frac{\omega}{2} \tag{10.14}$$

この変換は**図 10.19**に示すように，無限の範囲を有限の範囲に対応づけようとしたため，Ω が大きい領域でのひずみが大きい

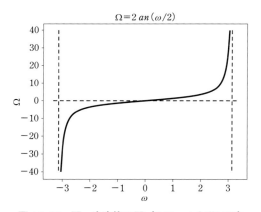

図 10.19 双一次変換の図（$\Delta T = 1$ とおいた）

このひずみはカットオフ周波数のずれを導くので，この補正を行う必要がある。

(10.14)式で，等号が成り立つとき，アナログフィルタとディジタルフィルタの周波数特性は同じとなるので，カットオフ周波数などをあらかじめ補正することができる。これを**プリワーピング**（prewarping）という。

ここでは，双一次変換を用いた離散化を用いて IIR フィルタの設計を次に述べる。

10.5.2 設計例

IIR の設計例と同じフィルタ仕様の FIR フィルタ設計を行う。ここに，バターワースフィルタを用い，この離散化は双一次変換を用いることとする。設計に用いるパッケージはアナログフィルタのときと同じ scipy.signal.iirfilter を用いる。

File 10.3　DFIL_IIR_Design.ipynb

```
Ndeg = 6  # filter order
b1, a1 = signal.iirfilter(N=Ndeg, Wn=fc_L/fnyq,
        btype='lowpass', analog=False, ftype='butter')
w, h = signal.freqz(b1, a1)
gain = 20*np.log10(abs(h))
```

【スクリプトの説明】

- 1 行目：フィルタ次数，IIR フィルタより小さいことに注目されたい。
- 2～3 行目：Wn は，ディジタルフィルタの場合，0～1 の範囲をとり，1 はナイキスト周波数 fnyq に相当する。このため，カットオフ周波数 fc_L を fnyq で正規化した値を渡す。analog=False はディジタルフィルタ設計を意味する。左辺の b1, a1 はそれぞれフィルタ伝達関数の分子，分母の係数が与えられる。

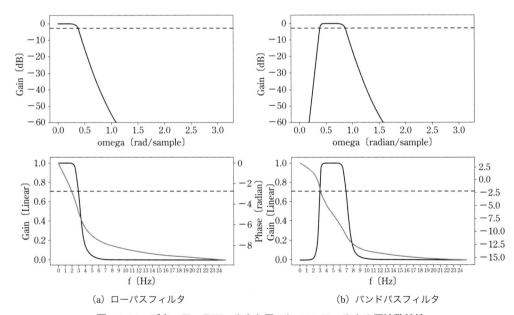

(a) ローパスフィルタ　　　　　(b) バンドパスフィルタ

図 10.20　バターワースフィルタを用いた IIR フィルタの周波数特性

設計した IIR フィルタの周波数特性を**図 10.20** に示す。

図 (a), (b) ともに, 上図と下図はスケールが異なるだけでゲインは同じものをプロットしている。この結果を見ると, カットオフ周波数におけるゲインの条件（−3 dB）を満足していることと, 位相特性が直線状でないことがわかる。

IIR と同じ雑音が重畳した観測信号のフィルタリングを**図 10.21**, **10.22** に示す。IIR と同じように, 基準とするサイン波は位相をずらしてフィルタの出力信号の位相に合わせるようにしている。

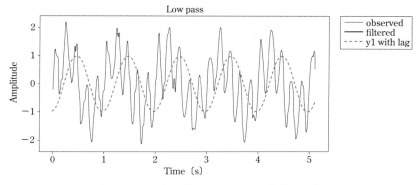

図 10.21　ローパスフィルタのフィルタリング

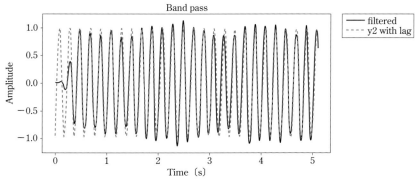

図 10.22　バンドパスフィルタのフィルタリング

両方の結果とも, 周波成分はよくフィルタリングされているが, 若干の変動の混入や振幅の変動が認められ, この評価は使用条件などに依存することとなる。また, タップ数が FIR フィルタよりも比べて少ないので, 過渡現象期間が短いことがわかる。

Tea Break

　本章では，3人の名前，ベル，バタワース，チェビシェフ，が現れる。ベルについては既に述べたが，加えて，ベルは特許申請時には電話のことを acoustic telegraph と称していた。初めて telephone という用語を用いたのは，ヨハン・フィリップ・ライス（独，1834-1874，発明家・科学者）であると言われていて，ベルよりも10年以上も前に telephone のプロトタイプを開発して実験に成功した。しかし，実用的には問題が多く，世に認められなかった。ドイツでは今でも電話の発明者はライスとし，その他の技術的功績も含めて彼を称えたライス賞を設けている。

　バタワース（Stephen Butterworth，英，1885-1958，物理学者）は日本では馴染みが薄い研究者である。これは，彼が軍事に関する研究所に勤めていたため，彼の多くの研究成果の公開が禁じられたためであろう。しかし，一流の研究成果をいくつも輩出し，この功績が認められて大英帝国勲章を授与された。

　チェビシェフ（Pafnuty Chebyshev，露，1821-1894，数学者）の名前は日本の数学によく現れる。例えば，チェビシェフ多項式のほかにチェビシェフの不等式（大数の法則の証明などで用いられる），チェビシェフ方程式（二階線形常微分方程式），チェビシェフ距離（L無限距離）などがある。幼少の頃は貧しく障碍も抱えていたが，優れた学問功績により晩年はいくつもの重職を担った。

　この3人の功績は，当初アナログシステムに生かされた。これが現代のディジタルフィルタ論に繋がった。ディジタルフィルタは当然のことながらディジタル回路で発揮されるものである。現在のディジタル回路はトランジスタや CMOS（complementary metal-oxide-semiconductor）というアナログ素子で構成される。また，超高速計算を図るため将来において用いられるであろうジョセフソン素子，光コンピューティング，量子コンピュータも本質はアナログで論じられる。昨今，古いことをアナログという言い方を耳にするが，実は最先端技術の基盤はアナログであることが再認識される。

第11章 画像処理

　画像処理（image processing）は，画像データの加工，特徴量を抽出するための方法をいい，現代社会ではデータサイエンスの重要領域をなす。本章では，OpenCV 3 を用いて，基本的な画像処理を説明する。ただし，使い方に重点を置いており，詳細なアルゴリズムや理論は他書を参照されたい。画像データの表現を説明したのちに，2 値化，エッジ検出，周波数フィルタ，特徴量抽出について述べる。この後に，いくつかの認識法についても述べる。

11.1　画像処理の概要

　画像処理は，次に示すように，現代社会で数多く実用化されている。

身の回り：カメラ，ビデオ，PC，車載カメラ，インターホン，ほか
公共空間：不審者監視（ATM，マンション，繁華街），N システム，河川観測，ほか
科学・工業・医療：気象予報，環境観測，製品検査，農作物分別，身元照合（バイオメトリクス），医療でのレントゲン・CT・MRI 検査，ほか

　これらは，画像データから特徴量を抽出し，それを用いて分類，認識を行うことで，価値ある判断が行っている。画像データドリブンの考えは，まさしくデータサイエンスの範疇にあるといえる。この基本をなすのが画像処理である。
　画像データの表現には，いくつかの見方があり，これらを説明する。

11.1.1　表色系

　色を表現するにはさまざまな方法があり，これを**表色系**（color coordinate system）と呼ぶ。それぞれの表色系の色要素で構成される空間を**色空間**（color space）と呼ぶ。代表的な表色系を表 11.1 に示す。

表 11.1　代表的な表色系（チャンネル数は色要素の数をいう）

表色系	チャンネル数	色要素
RGB	3	Red（赤，700 nm），Green（緑，546.1 nm），Blue（青，435.8 nm），この波長は CIE（国際照明委員会）の定めた値。ほかの分野では色の波長は幅がある。PC のディスプレイで最も採用されている。
HSV	3	Hue（色相），Saturation（彩度），Value（明度），CG でよく用いられている。デザイン分野でよく用いられる。
XYZ	3	Y（輝度），Z（青み），X（それ以外），光の陰影変化に比較的強く，ロボットビジョンでよく採用されている。
CMYK	4	Cyan，Magenta，Yellow，Key Plate，印刷でよく用いられる。

　本書で扱うカラー画像データは RGB 系とする。ディスプレイは，光の 3 原色（RGB）に基づいている。すなわち，3 色が同輝度で混じり合うと白色になる。このデータ表現について，次がいえる。

- RGB がそれぞれ 8 ビット（8 ビットは 0〜255 の 256 階調となる）で，その強度を表現するとき，$256 \times 256 \times 256 = 16\,777\,216 \simeq 1\,670$ 万色 の色を表現できる。
- この場合，黒は $R = G = B = 0$，白は $R = G = B = 255$ である。これを各色の 256 階調ともいう。また，0〜255 を規格化して 0〜1 で表すものもある。
- RGB 系では，すべての色を表現しにくいことから，XYZ 表色系などほかの表色系が定義されている。

ピクセル（pixel）

　ピクセルは，コンピュータで画像を扱うときの最小単位を表し，色情報（色調や階調）をもつ画素のことで，pix（pic＝写真，画像の意の複数形）＋ element（要素）の造語である。一方，ドット（dot）は単なる点情報を意味し，ピクセルとは異なることに注意されたい。1 ピクセルに 1 ビットの情報しか割り当てなければ，2 色しか表現できない。RGB のチャンネルに各 8 ビット，計 24 ビットの情報を割り当てれば，約 1 670 万色の色表現が行える。なお，ピクセルの配置は，イメージセンサとディスプレイとでは異なる（**図 11.1**）。

　グレースケール（gray scale）とは，黒-灰色-白と明暗が段階的に変わるものをいう。グレースケールで 8bit 階調というのは黒が 0，白が 255 で表される。これをプログラム上で規格化して 0〜1 という表現もある。

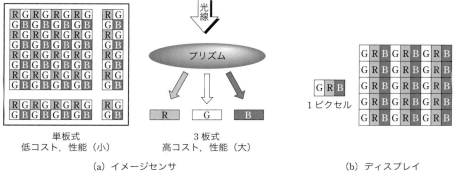

(a) イメージセンサ (b) ディスプレイ

図 11.1 ピクセルの配置

11.1.2 数値としての表現

数値として画像データがどのように表現されるかについて，グレースケールを例にとって説明する。**図 11.2** は，縦横6分割，各ピクセルが2ビット（4階調，0〜3）のデータを表している。この例では，黒：0，灰色（暗）：1，灰色（明）：2，白：3 と対応づけられる。また，図 (a) のかっこ内は2進数を表している。図 (b) はこの階調を仮想的に高さで表現したイメージ図である。図 (c) はディスプレイの表示であり視認できるものである。

(a) 数値データ (b) 階調を高さで表現したイメージ (c) ディスプレイの表示

図 11.2 グレースケールの数値表現

図 (c) で線と見える箇所であっても，図 (b) を見るとその境界部分が急峻なものとなだらかなところがあり，どこが境界なのかの判別が難しく，このことがコンピュータ処理における2値化，エッジ検出の難しさの一因となっている。

11.1.3 標本化と量子化

画像データにも，時系列データと同じように，**標本化** (sampling) と**量子化** (quantization) がある。

図 11.3 を見てわかるように，標本化は定められたサイズの縦横を何分割するかという

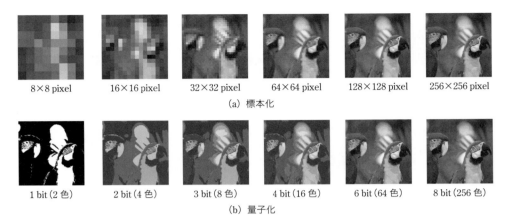

図 11.3　標本化と量子化

ことになる．分割数が大きいほど精密な画像を表現できる．これと類似の尺度に**解像度**（resolution）がある．この単位として dpi（dots per inch），ppi（pixel per inch）があり，1 インチ当たりの画素数をいう．この数が大きいほど精密な画像を表現できることになる．

　量子化は 1 画素当たりの階調を表す．bit がその単位となる．図 (b) は，1 画素当たりの階調を bit で表し，その階調を見やすいように色の数で表している．階調はグレースケールで表現してもよく，8bit 階調ならば，256 段階のグレーで表現される．この図の例では，カラーの色数を階調としている（本書の紙面刷りはグレーにせざるを得ない）．類似の例として，電気電子工学の A/D 変換器で 10 V フルスケールに対する N ビット分解能がある．これは，10 V を 2^N に分解することを意味する．

11.1.4　画像データの入手

　各人が考案した画像処理・認識プログラムの性能評価には，共通的な画像データが求められる．この一つに，**標準画像データベース SIDBA**（Standard Image Data-BAse）があり，世界的な標準画像である．入手しやすい Web サイトとして次がある．

- 南カリフォルニア大学 SIPI：http://sipi.usc.edu/database/
- CIPR Still Images：http://www.cipr.rpi.edu/resource/stills/
- 京都大学：http://vision.kuee.kyoto-u.ac.jp/IUE/IMAGE_DATABASE/STD_IMAGES/

ほかの無料で用いることのできる画像データを掲載している Web サイトとして次がある．ただし，2 次使用においてはその所属機関を明示するなど，著作権の遵守は必須である．

- 上田市イメージデータベース（上田市にある写真・映像・PDF 資料を提供）：
  http://museum.umic.jp/imgdb/
- 長崎大学電子化コレクション（幕末・明治期の日本の各種写真，ガラパゴス諸島画像など）：
  http://www.cipr.rpi.edu/resource/stills/

11.1.5 OpenCV のドキュメント

OpenCV の各種ドキュメントのありかは，紙面で述べるのではなく，読者自身が検索して見ることとする。この方法を説明する。まず，"**OpenCVdoc**" は次を意味する。

OpenCVdoc：公式 HP (https://opencv.org/) → "Online documentation" → Doxygen HTM の中で最も新しいバージョン（$n.n.n$ 表記）をクリックして現れる Web ページ

例えば，cvtColor（カラー画像の変換を行う関数）のドキュメントのありかは次のように表す。

OpenCVdoc → "cvtColor"

この意味は，OpenCVdoc のページにある検索入力欄から "cvtColor" で検索し，この適当な検索結果にジャンプして見ることを表す。

これとは別に，OpenCV のドキュメントとして有用なサイトを次にリストアップする。

OpenCV Wiki　https://github.com/opencv/opencv/wiki
OpenCV-Python Tutorials　http://opencv-python-tutroals.readthedocs.io/en/latest/py_tutorials/py_tutorials.html
OpenCV-Python Tutorials's documentation　http://opencv-python-tutroals.readthedocs.io

11.1.6 実行方法

本書で用いる OpenCV は ver.3 であるが，Python スクリプトでは次のように "cv2" とする。

```
import cv2
```

本章の画像処理は実時間処理を含むため，スクリプトファイルの拡張子を ".py" として実行する。このため，jupyter notebook を用いない。実行方法は，次の 2 通りを紹介する。

コマンド入力：コマンドプロンプトから次のコマンドを入力する。

```
$ python filename.py
```

Spyder Anaconda が有する統合開発環境であり，この使い方は次を参照されたい．
https://sites.google.com/site/datasciencehiro/ → Python 開発環境 → Python スクリプト (.py) の開発方法

11.2 画像処理の例

11.2.1 2値化

2値化（binarization）は，主にグレースケール（例：0 ～ 255）の画像データを対象として，あらかじめ定めたしきい値（threshold）より下ならば黒（0），上ならば白（255）にすることである．[0, 1] に規格化した考え方ならば次の表現となる．ただし，Y は輝度（グレースケール）である．

$$Y \in [0,1] = \begin{cases} 0 & if\ Y < threshold \\ 1 & if\ Y \geq threshold \end{cases} \tag{11.1}$$

カラー画像をグレースケールに変換する方法はいくつかあり，OpenCV の標準的な方法は OpenCVdoc → "Color conversions" に次とある．

$$Y = 0.299R + 0.587G + 0.114B \tag{11.2}$$

次のスクリプトは，2値化処理を行うものである．初めに，オリジナル画像を入力，それをグレースケールに変換，サイズを調整して表示することを示す．

File 11.1　IMG_Gray2Bin.py

```
VIEW_SCALE = 1.0            # scale factor for window size
DEFAULT_THRESH_VAL = 128
MAX_VAL = 255               # max value for 8bit image

img_org = cv2.imread('data/lena_std.tif') # original image
img_gry = cv2.cvtColor(img_org, cv2.COLOR_BGR2GRAY) # convert to
    gray scale

h = int(img_gry.shape[0]*VIEW_SCALE)
w = int(img_gry.shape[1]*VIEW_SCALE)

cv2.imshow('Input image', cv2.resize(img_org,(h,w)))
cv2.imshow('Grayscale image', cv2.resize(img_gry,(h,w)))
```

画像データの場合，階調をいくつにするか，また画像サイズがまちまちであるから，サ

イズのスケール調整を行うなどの手続きが必要である。

次に，しきい値をあらかじめ設定することは難しいので，視認のもとで行えるように，トラックバー（trackbar）でしきい値を変えられるようにした。

```
def update(threshVal):
    retVal, img_bin = cv2.threshold(img_gry, threshVal, MAX_VAL,
        type=cv2.THRESH_BINARY)
    h = int(img_gry.shape[0]*VIEW_SCALE)
    w = int(img_gry.shape[1]*VIEW_SCALE)
    cv2.imshow(WIN_Titile, cv2.resize(img_bin,(h,w)))

cv2.createTrackbar('threshold', WIN_Titile, DEFAULT_THRESH_VAL,
    MAX_VAL, update)
```

2 値化処理の結果を**図 11.4** に示す。

オリジナル画像

グレースケール

threshold＝50

threshold＝80

threshold＝128

threshold＝164

図 11.4　2 値化

この結果のように，threshold の値を調整したとしても，光の陰影やコントラストが画像の各領域により異なるため，画像全体に一定のしきい値を用いた 2 値化では，人物や帽子の抽出は難しいことがわかる。

2 値化の有用な用途として，白地に黒の文字が光線の影響でぼけているものをくっきりと抽出する，などがある。この用途ならば，陰影やコントラストを一定にしやすい。しかし，上記の例に見るように，これらが一定でない場合には，しきい値をこれらに合わせて適応的に変化させるという考え方もある。

11.2.2 エッジ検出

エッジ（edge）の意味は，境界，（二つの線の接する）縁，（刃物の）刃などとなる。画像では，輝度が大きく変化している箇所（境界）を指し，人間は画像データの輝度変化を捉えることができる。これは，人間の視覚細胞で特定のエッジ方向に発火するニューロンがあるためである。

画像処理での**エッジ検出**（edge detection）は，この物体の輪郭を求めることにある。ここでは，輝度変化を捉える考え方に基づく方法を説明する。

輝度変化は微分により検出が容易になるという考え方がある。例えば，画像データが連続かつ一次元と想定した場合，この微分を**図 11.5** に示す。この微分が示すように，変化しているところがエッジと見なせる。また，2 階微分を行い，振れの間のゼロとなる箇所をエッジとして抽出してもよい。画像データは離散データであるから，微分の代わりに差分を用いても同様の結果が得られる。

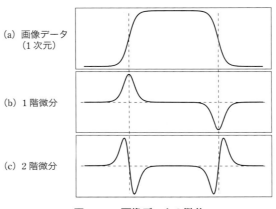

図 11.5　画像データの微分

離散である画像データにこの考え方を適用したときの問題として，次が挙げられる。

- 抽出したエッジは，一般に幅がある。したがって，抽出したエッジをそのまま輪郭線としてみなしてよいか否かは，用途に関わる。幅のあるエッジを線とみなすために 1 ピクセルまでにする細線化処理がある（細線化処理は他書を参照）。
- 微分はノイズに敏感に反応する。すなわち，ノイズを画像の一部とみなすことがある。
- 図に示す微分（差分）は一方向（x 軸，または，y 軸のみ）である。一方，画像データは 2 次元であるため，x 方向の傾きがあっても y 方向の傾きがない場合ある。この場合，y 方向の微分は傾きを検出できない。このため，2 次元に対応できるエッジ抽出器を選ぶ必要がある。

OpenCV は，エッジ検出方法を複数提供している。そのうちの一部を紹介する。

Sobel 法：1 次微分ゆえ，エッジ検出に方向性がある。
Laplacian 法：2 次微分で，2 方向（縦横）に対応できる。
Canny 法：比較的性能が良く，よく用いられる方法。画像中のノイズ影響を低減するため，ガウシアンフィルタを用いた平滑化を行った後に，複数ステップによるエッジ抽出を行う（https://en.wikipedia.org/wiki/Canny_edge_detector）。

これらの OpenCV による実装を次のスクリプトに示す。関数の使い方はスクリプト中に URL で示している。

File 11.2 　IMG_EdgeDetection.py
```
edge_sob_x = cv2.Sobel(img,cv2.CV_32F,1,0,ksize=5)
edge_lapl  = cv2.Laplacian(img, cv2.CV_32F)
edge_cann  = cv2.Canny(img, 80, 120)
```

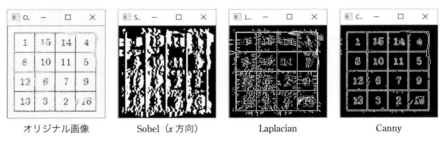

図 11.6 　エッジ検出

この結果（図 11.6）について述べる。オリジナル画像には，若干のノイズ（正規乱数）をわざと重畳させており，かつ，にじみを与えている。Soble 法（x 方向）の結果は，縦線の検出はできるが，横線の検出はできていないことを示している。Laplacian 法の結果は，縦横の枠線はよく検出できているが，ノイズに敏感に反応して数字の検出が不十分である。Canny 法の結果は，比較的ノイズに頑強で，かつ，縦横方向の検出もできている。ただし，数字を見ると線分の抽出はできておらず，二つの境界線，すなわち幅のあるエッジとして検出されている。我々が学校で学んだ線は，数学の意味で幅のないものと習った。しかし，眼に映る以上は幅がある。それも線であると認識する。しかし，画像データの表現で示したように，物体の輪郭とは線ではなく階調の差であり，これをエッジとして抽出すると，幅があるだけでなく二つの境界線で表されることとなる。

輪郭線という線は，実は人間の心理的概念で，実在空間には数学の意味での線は存在しない。この概念と画像処理との狭間をさらに埋めることの研究は読者に委ねる。そういえば，筆者が中学校で人物像を描く授業のとき，美術教師から輪郭線で表すのではなく明暗

や色彩で人物像を表すように，との言葉をいまになって思いだす．

11.2.3　周波数フィルタリング
周波数領域上の表現

　時間領域の波形は，フーリエ変換により周波数領域に移され，周波数成分で表現された．2 次元画像データは空間領域にあるといえる．これに 2 次元離散フーリエ変換（2D-DFT）を行い周波数領域に移されたものは空間周波数で表現される．空間周波数で表すことも画像の特徴量となる．空間周波数に対するローパスフィルタ，ハイパスフィルタを施すことで，画像がどのように変化するかを見る．なお，DFT（ここでは，FFT と同じ意味として用いる）は，numpy と OpenCV の両方が提供しており，両方の使用を示す．

　2D-DFT および 2D-IDFT（離散フーリエ逆変換）は次式で与えられる．

$$F(u,v) = \frac{1}{NM} \sum_{y=0}^{M-1} \sum_{x=0}^{N-1} f(x,y) \exp\left\{\frac{-j2\pi xu}{N}\right\} \exp\left\{\frac{-j2\pi yv}{M}\right\} \quad (11.3)$$

$$f(x,y) = \sum_{v=0}^{M-1} \sum_{u=0}^{N-1} F(u,v) \exp\left\{\frac{j2\pi xu}{N}\right\} \exp\left\{\frac{j2\pi yv}{M}\right\} \quad (11.4)$$

　2 次元の DFT の概要は，画像データを横方向に 1 次元の DFT を施し，次に縦方向に 1 次元の DFT を施すこととなる．この図的説明を **図 11.7** に示す．

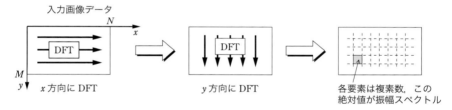

図 11.7　2D-DFT の概要

　時系列データ（9 章）で説明した振幅スペクトルを用いて，画像データの周波数領域での表現を考える．**図 11.8** は，画像データに対して 2D-DFT を施し，その絶対値を表現したものである．これは，矩形領域の中心が高周波，離れるほど低周波を表すこととなり，このままでは扱いにくいので，シフト操作により，中心付近が低周波，離れるほど高周波を表現するように，データを組み替える．

　シフトされた振幅スペクトルに対して，フィルタリング操作（後述）を行い，これに対して逆シフト操作（ISHIFT）を行ったデータに対して 2D-IDFT を施すと空間領域での画像データを得ることができる．numpy の FFT を用いた振幅スペクトルを求めるスクリプトを次に示す．

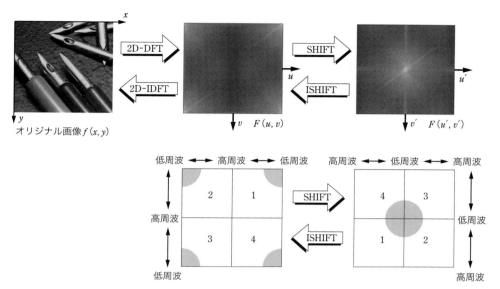

図 11.8 振幅スペクトルの表現とシフト操作

File 11.3 IMG_FFT.py

```
img1 = cv2.imread('data/Canon_cornfield.png',0)
f = np.fft.fft2(img1)
fshift = np.fft.fftshift(f)
mag1 = 20*np.log(np.abs(fshift))
```

　この結果，**図 11.9** において，明るいほうが振幅スペクトルの強度が強いことを表す。Corn Field の結果は，低周波成分から高周波成分までを一様に有している。これは，膨大な数の葉の影響と考えられる。Pens の結果は，比較して低周波成分を多く含んでいる。これは，刃先のエッジ数は Corn の葉の数より非常に少ないため高周波成分は比較的に少ないと考えられる。それよりも，ペン本体の直線形状が低周波成分を多く発生しているものと考えられる。

周波数フィルタリングの例

　先の振幅スペクトルを用いた周波数フィルタリングについて，この図的説明を**図 11.10**に示す。

　図中のローパスフィルタやハイパスフィルタを実現するために mask 操作を行う。この mask は，0,1 で表現され，ローパスフィルタは中心部の矩形領域が 1，この外側が 0 である。ハイパスフィルタは，この逆の重みをもつ。この mask と振幅スペクトルを乗じることでフィルタリングが行える。ここでは，mask 形状を矩形としたが，矩形窓は，もともとは無い波がのったような画像となるリンギング現象が生じるので注意を要する。mask に

図 11.9 振幅スペクトル

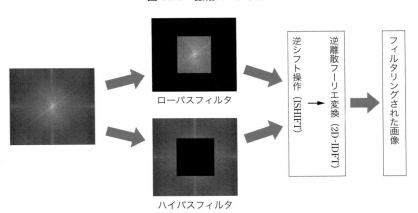

図 11.10 画像データの周波数フィルタリング手順

は，ほかに円形や Gaussian 窓がよく用いられる。

OpenCV の DFT を用いたスクリプトを次に示す。

File 11.4　IMG_DFT_Filter.py

```
isize=10 # half size of mask
# mask for low pass filter
mask = np.zeros((rows,cols,2),np.uint8)
mask[crow-isize:crow+isize, ccol-isize:ccol+isize] = 1
# apply mask and inverse DFT
fshift = dft_shift*mask
f_ishift = np.fft.ifftshift(fshift)
```

```
img_back1 = cv2.idft(f_ishift)
img_back1 = cv2.magnitude(img_back1[:,:,0],img_back1[:,:,1])
```

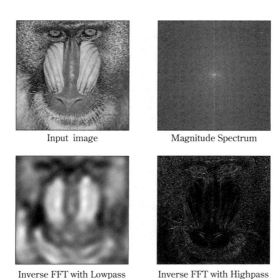

図 11.11　画像データのフィルタリング結果

図 11.11 において，Input image は，512×512 ピクセルである。これを OpenCV 提供のDFT で周波数領域に変換し，振幅スペクトルの 2D データの原点中心で 1 辺 20 ピクセル（＝isize×2）の正方形窓をマスクとして設けた。ローパスフィルタの結果は，低周波成分で表される大まかな輪郭が抽出されている。ハイパスフィルタの結果は，毛やひげが抽出され，高周波成分が残っていることが認められる。

ここで，マスクサイズ（2×isize）の値を画像サイズよりも小さい範囲にしておけば，画像データ量の低減化を図ることが可能である。

11.2.4　特徴点抽出

物体の特徴点（feature point）の抽出は，物体認識や追跡などに用いられる。例えば，**図 11.12** では，人物の顔，服装の柄などで画像処理上の特徴点を抽出し，画像フレームが進行しても，同じ特徴量を有する特徴点を対応づけることで追跡を行っているようすを示している。

特徴点には，複数の特徴量を含む。特徴量には，画像の色，輝度，輪郭，コーナー，固有値などがあり，これらを特徴ベクトルとして表現し，これを特徴点が有する。したがって，異なる画像フレームで同じ特徴量を有するとは，この特徴ベクトルを見ていることと

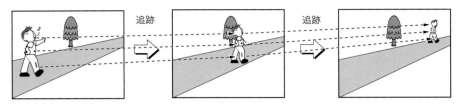

図 11.12　特徴点を用いた人物追跡

なる。この概要について

OpenCVdoc → "Feature Detection and Description"

ここに "Understandings Features"，各種コーナー検出，特徴量マッチングなどが説明されている。また，この概要の動画が次にあり，参考になる。

- OpenCV GSOC2015：https://youtu.be/OUbUFn71S4s
- OpenCV GSOC2017：https://youtu.be/b6nJbE1KK7Y

OpenCV が提供する特徴点抽出法には，FAST，ORB，BRISK，AKAZE，SHIFT などがある。このうち，AKAZE（Accelerated Kaze）を用いた例を示す。KAZE は SIFT や SURF の欠点を解決したアルゴリズムである。このさらなるロバスト性の向上と高速化を図ったのが AKAZE[1] である。OpenCV の説明は次にある。

OpenCVdoc → "AKAZE"

特徴点のマッチング

特徴点のマッチングとは，二つの画像から多数の中から類似の特徴ベクトルを見出し，これを対応づける（マッチング）ことである。マッチングの考え方として次がある。

総当たり探索（Brute-force）：全探索空間を総当たり探索するため時間がかかるが，確実に最近傍の特徴量を検索することができる（https://en.wikipedia.org/wiki/Brute-force_search）。

高速近似最近傍探索（FLANN：fast library for approximate nearest neighbors）：探索対象の特徴点と近い空間のみを探索する。探索空間が減るので高速に検索することができる。ただし，探索のパラメータの指定が適切でないと，探索空間の選択を誤ることとなり，最近傍の特徴点が含まれていない探索空間だけを探索することとなる（https://www.cs.ubc.ca/research/flann/）。

---

[1] P.G.Alcantarilla, J.Nuevo and A.Bartoli：Fast Explicit Diffusion for Accelerated Features in Nonlinear Scale Spaces, In British Machine Vision Conference (BMVC), Bristol, UK, 2013, http://www.robesafe.com/personal/pablo.alcantarilla/kaze.html

ここでは，Brute-force の kNN マッチングを採用する。すでに述べた kNN は，探索空間から最近傍のラベルを k 個選択し，多数決でクラスラベルを割り当てるアルゴリズムである。$k=2$ を指定すれば，画像間それぞれ一つずつを選択することとなる。この説明は次にある。

    OpenCVdoc → "Feature Matching"

AKAZE + BF（kNN）を用いた例を次のスクリプトに示す。

File 11.5 IMG_FeatureDetectionAKEZE.py

```python
# Create A-KAZE detector
# https://docs.opencv.org/3.4.1/d8/d30/classcv_1_1AKAZE.html
akaze = cv2.AKAZE_create()

# Extraction of features and calculate feature vectors
kp1, des1 = akaze.detectAndCompute(img1, None)
kp2, des2 = akaze.detectAndCompute(img2, None)

# Create Brute-Force Matcher
bf = cv2.BFMatcher()

# Matching between feature vectors with Brute-Force+kNN
matches = bf.knnMatch(des1, des2, k=2)

# ratio v.s. connected lines between feature points
ratio = 0.6
good = []
for m, n in matches:
    if m.distance < ratio * n.distance:
        good.append([m])
```

ここに，特徴点はいくつ生成されるかわからないので，ratio を増減させることで特徴点の数を増減できる。すなわち，特徴点を結びつける連結線の数も調整できることになる。

図 11.13 の左図と右図それぞれの特徴点を求め，Brute-force+kNN でマッチングした結果を示す。この結果を見るように，右図で対象となる本が回転かつ縮小され，ほかの本の中にあっても特徴点の対応づけができている。この対応づけが正しいものとすれば，物体追跡が可能となる。

11.3 その他

動画処理・認識に関する方法をいくつか紹介する。紙面の制約上，紹介だけに留め，詳しい内容はほかの成書や論文を参照されたい。なお，スクリプトや概要に関するドキュメントは，次のサイトの検索窓から調べることができる。

Welcome to OpenCV-Python Tutorials's documentation!（http://opencv-python-

図 11.13　特徴点の対応づけの結果

tutroals.readthedocs.io/）

　ドキュメントのありかは，上記サイトの省略語を用いて，"OpenCV-Python Tutorials" → "検索語"，というように表記する．

11.3.1　カメラからの動画取得

　初めに，カメラから動画取得の説明は次にある．

　　　　　OpenCV-Python Tutorials → "Capture Video from Camera"

　この説明は，グレースケールである．一方，提供するスクリプト "IMG_Video.py" はカラー画像であり，グレースケールの用い方はスクリプトに書いてあるので，これを参照されたい．

11.3.2　オプティカルフロー

　画像の特徴点の動く速度ベクトル（大きさと方向）に合わせたベクトル表示（これが optical flow）することで，動きの流れ（flow）を可視化したものである．OpenCV は Lucas-Kanade 法を提供している．この説明は次にある．

　　　　　OpenCV-Python Tutorials → "Optical Flow"

　このスクリプトは，"IMG_OpticalFlow.py" として提供している．

11.3.3　顔認識

　ここでの顔認識の意味は，人の顔が画像上どこにあるかを認識することで，人の同定を行うわけではない。このアルゴリズムは，Haar cascade を用いている。これは，顔の各部を Harr like 特徴量（https://en.wikipedia.org/wiki/Haar-like_feature）で表し，検出精度の異なる複数の識別器を連結した Harr cascade で顔か否かの判別を行うものである。この概要は次に記載されている。

　　　　　OpenCV-Python Tutorials → "Face Detection"

　静止画像の顔認識を行うスクリプトは "IMG_FaceDetection.py"，カメラからの動画像を用いた顔認識は "IMG_FaceDetectionFromCamera.py" である。

参 考 文 献

　本書はさまざまなコンテンツを参照して，一部は本文中に記載するなどしたが，すべてを列挙することはできない．しかし，読者が自ら学ぶことのできる道しるべが必要であろうとの配慮から，下記の参考文献をあげる．

第 1 章
- 伊理 正夫，藤野 和建：数値計算の常識，共立出版，1985
- 橋本 洋志，ほか：図解 コンピュータ概論［ハードウェア］（改訂 4 版），オーム社，2017

第 2 章
- 山本 義郎，飯塚 誠也，藤野 友和：統計データの視覚化，R で学ぶデータサイエンス，共立出版，2013

第 3 章，第 4 章
- 東京大学教養学部統計学教室編集：統計学入門（基礎統計学 I），東京大学出版会，1991
- 石村 貞夫：入門はじめての統計解析，東京図書，2006
- A. G. ピアソル，J. S. ベンダット：ランダムデータの統計的処理，培風館，1976
- 無料で読める統計の良書を次のサイトにまとめて掲載
  https://sites.google.com/site/datasciencehiro/freebooks

第 5 章
- 竹澤 邦夫：シミュレーションで理解する回帰分析，R で学ぶデータサイエンス，共立出版，2012
- 粕谷 英一：一般化線形モデル，R で学ぶデータサイエンス，共立出版，2009
- 久保 拓弥：データ解析のための統計モデリング入門——一般化線形モデル・階層ベイズモデル・MCMC，岩波書店，2012

第 6 章
- 平井 有三：はじめてのパターン認識，森北出版，2012
- 金森 敬文，竹之内 高志，村田 昇：パターン認識，R で学ぶデータサイエンス，共立出版，2012

- C. M. ビショップ：パターン認識と機械学習（上・下巻），丸善出版，2012
- 神嶌 敏弘：http://www.kamishima.net/jp/

第7章

- 牧野 浩二，西崎 博光：Python による深層強化学習入門 Chainer と OpenAI Gym ではじめる強化学習，オーム社，2018
- 牧野 浩二，西崎 博光：算数&ラズパイから始める ディープ・ラーニング，ボード・コンピュータ・シリーズ，CQ 出版社，2018

第8章

- A. G. ピアソル，J. S. ベンダット：ランダムデータの統計的処理，培風館，1976
- 足立 修一：ユーザのためのシステム同定理論，計測自動制御学会，1993
- 足立 修一：システム同定の基礎，東京電機大学出版局，2009
- 谷萩 隆嗣：ARMA システムとディジタル信号処理，ディジタル信号処理ライブラリー，コロナ社，2008
- 赤池 弘次，中川 東一郎：ダイナミックシステムの統計的解析と制御，サイエンス社，2000
- 樋木 義一：確率システム制御の基礎，日新出版，2000
- 大住 晃，亀山 建太郎，松田 吉隆：カルマンフィルタとシステムの同定 動的逆問題へのアプローチ，森北出版，2016

第9章，第10章

- S. M. Kay and S. L. Marple: Spectrum Analysis - A Modern Perspective, Proc. IEEE, Vol.69, No.11, pp.1380-1419, 1981
- A. G. ピアソル，J. S. ベンダット：ランダムデータの統計的処理，培風館，1976
- 谷萩 隆嗣：ディジタル信号処理と基礎理論，ディジタル信号処理ライブラリー，コロナ社，1996
- 谷萩 隆嗣：ディジタルフィルタと信号処理，ディジタル信号処理ライブラリー，コロナ社，2001
- 日野 幹：スペクトル解析，朝倉書店，2010

第11章

- 画像情報教育振興協会：ディジタル画像処理（改訂新版），画像情報教育振興協会，2015
- G. Bradski, A. Kaehler：詳解 OpenCV 3 ―コンピュータビジョンライブラリを使った画像処理・認識，オライリー・ジャパン，2018

跋

［跋（ばつ），序の反対語］

本書はデータサイエンティストになるためのドアの手前まで導いたに過ぎない．このドアの先には，次に示すような分野において，データサイエンティストとしての活躍の場がある．

【スポーツ】 選手やボールの動きなどを分析し，戦略・戦術のみならずマーケティングに活用する．映画「マネーボール」が有名であり，いまでは，ラグビー，サッカー，ベースボールなどで選手にGPSを付けての行動分析，ボールの軌道測定などが戦略戦術の立案やコーチングのみならず，貴重なビジネス資源として活用されている．

【気象】 台風，大雨洪水予測で人命，社会資源を守ることや減災を図る．天候予測により農作物の安定供給やアトラクション施設やコンビニでの飲食品の供給量調整管理による経営の安定化を図る．

【社会問題】 人口予測に基づく福祉医療システムの見直し，人的能力を超える膨大な数の老朽化した土木・建造物（主にインフラ）の診断などがある．

【サービス】 現代のサービス学に基づく顧客満足度の推定や，人と環境とサービスのインタラクションの工学的計測に基づく付加価値の評価などがある．なお，現代のサービス学は，従来のサービスの定義を拡張できることを立証し，顧客行動・心理の工学的センシングを駆使し，ビジネス学と科学的手法を融合させたサービス論を発展させている．

【モノづくり】 コネクテッド・インダストリーでは，IoTをインフラ基盤としており，その成功の鍵の一つに，多数の種類のセンサからのセンシングデータの分析がある．さらに，ロジスティックスから製造生産，流通，販売，顧客調査までの一気通貫（監視と分析と評価）を果たす役目を担っている．

読者の方々にはこれらの分野で活躍されるのみならず，新しい分野を開拓されることを願う．活躍すればするほどに，多数の制約条件に囲まれた中で膨大なデータと向き合うこととなり，そのような困難な状況下で，データサイエンティストとしての直感が求められるシーンに出くわすことになるであろう．そのような場面に向き合う前に，次の言葉を最後に送りたい．

　　　正しい直観力を養うには，正しい知識と正しい数多くの反復練習が必要である．

2018年10月

執筆者を代表して　橋本洋志

索　引

◆数字・英字◆

1 次遅れ要素 ································· 242
1 次システム ··································· 242
2 次システム ··································· 244
2 値化 ·· 346

AE ·· 186
Anaconda ··· 9
AND 論理演算子 ····························· 193
ARIMA モデル ································ 273
ARMA モデル ································· 251
AR モデル ······································ 251

batchsize ·· 198
BIBO 安定性 ··································· 256

Chainer ································· 190, 191
ChainerRL ····································· 191
CNN ·· 186
CSV ·· 36

DNN ·· 186
DQN ·· 187

endog ··· 16
epoch ·· 198
ESD ·· 296
exog ··· 16
ExOR 論理演算子 ···························· 201

FIR フィルタ ·································· 328
F 検定 ··· 114
F 値 ··· 139

gym ··· 193

IIR フィルタ ·································· 328
Iris データ ····································· 205

Jupyter Notebook ··························· 11
kNN ··· 165
k 最近傍法 ···································· 165
k 平均法 ······································· 171

L^1 ノルム ······································ 24
L^2 ノルム ······································ 24
Leakly ReLU 関数 ··························· 200
LSTM ·· 190

matplotlib ······································ 42
MA モデル ····································· 251
MXNet ··· 191

NN ·· 185
norm.cdf ··· 62
norm.interval ·································· 62
norm.isf ·· 62
norm.pdf ··· 62
norm.ppf ··· 62
norm.rvs ··· 62
numpy.ndarray ································ 35

one-vs-all ····································· 155
one-vs-one ···································· 155
OpenAI ··· 192

pandas.DataFrame ·························· 36
Patsy ·· 105
pdf ··· 56
PE 性 ·· 252
pmf ·· 55
PSD ·· 296
PSFL ··· 4

QL ··· 187
Q 値 ··· 218
Q ラーニング ································· 187

索引

ReLU 関数 ･････････････････････････ 199
RNN ･･････････････････････････････ 186

SARIMAX モデル ･････････････････ 278
scikit-learn ････････････････････････ 205
Shift_JIS ･･･････････････････････････ 14
SIDBA ････････････････････････････ 344
SI 単位系 ･･････････････････････････ 28
SVM ･･････････････････････････････ 141

TensorFlow ････････････････････････ 191
The Microsoft Cognitive Toolkit ･････ 191

USB カメラ ･･････････････････････ 210
utf-8 ･･･････････････････････････････ 14

ε-greedy 法 ･･･････････････････････ 224

◆ア　行◆

位相スペクトル ･･････････････････ 295
一対一分類器 ････････････････････ 155
一対他分類器 ････････････････････ 155
一致推定量 ･･･････････････････････ 80
一般化線形モデル ････････････････ 122
移動平均 ････････････････････････ 283
色空間 ･･････････････････････････ 341
因果性 ･･････････････････････････ 240

ウェルチの t 検定 ････････････････ 94

エイリアシング ･･････････････････ 301
エッジ ･･････････････････････････ 348
エネルギー ･･･････････････････････ 30
エネルギースペクトル密度 ････････ 296
エポック ････････････････････････ 190

オートエンコーダ ････････････････ 186
オーバーフィッティング ･･･････20,195
オープンデータ ･･･････････････････ 34

◆カ　行◆

回　帰 ･･･････････････････････････ 99
解　析 ･･･････････････････････････ 21
解像度 ･･････････････････････････ 344
科学的な方法 ･･････････････････････ 1

角周波数 ････････････････････････ 292
確　率 ･･･････････････････････････ 53
確率質量関数 ･････････････････････ 55
確率分布 ･････････････････････････ 53
確率変数 ･････････････････････････ 53
確率密度関数 ･････････････････････ 56
仮説検定 ･････････････････････････ 86
片側検定 ･････････････････････････ 88
活性化関数 ･･････････････････････ 190
カットオフ周波数 ････････････････ 318
可同定性 ････････････････････････ 252
過渡状態 ････････････････････････ 241
カーネル関数 ････････････････････ 162
株価データ ･･････････････････････ 283
カメラ画像の入力 ････････････････ 215
関　数 ････････････････････････････ 5
観測値 ･･･････････････････････････ 18

機械イプシロン ･･･････････････････ 25
危険率 ･･･････････････････････････ 87
季節性変動 ･･････････････････････ 278
期待値 ･･･････････････････････････ 58
帰無仮説 ･････････････････････････ 86
逆関数法 ･････････････････････････ 71
逆離散フーリエ変換 ･･････････････ 303
強化学習 ････････････････････････ 187
教師あり学習 ････････････････････ 138
教師付き学習 ････････････････････ 188
教師なし学習 ････････････････････ 138
凝集型階層クラスタリング ････････ 177
共分散 ････････････････････････22,59
行　列 ･･･････････････････････････ 22
極 ･････････････････････････････ 255
距　離 ･･･････････････････････24,170
距離行列 ････････････････････････ 178

区間推定 ･････････････････････････ 80
矩形窓 ･･････････････････････････ 302
クラスタリング ･･････････････････ 138
クラス分類 ･･････････････････ 19,137
グリッドサーチ ･･････････････････ 152
グレースケール ･･････････････････ 342

計数データ ･･････････････････････ 124
ゲイン ･･････････････････････････ 318

欠損値	45	深層学習	185
決定境界	144	振幅スペクトル	295
決定係数	104	信頼区間	81
厳密解	27	信頼度	81
高域フィルタ	318	推定	18
交差検証	140, 150	ステップ応答	242
行動	218	ストライド	190, 212
誤差	23, 194	スペクトル	292, 295
混同行列	139	スペクトルの漏れ	308
		スライス	39

◆サ 行◆

再現率	139	正規化角周波数	330
最適化関数	190	正規分布	60
サイドローブ	303	精度	194
サポートベクタマシン	141	正答率	139
散布図	95	説明変数	16
サンプラ	326	ゼロ埋め込み	307
サンプリング	17	遷移域	318
サンプリング定理	300	線形予測子	123
サンプル	17	線スペクトル	299
時間系列	40	双一次変換	337
シグモイド関数	199	相関	22, 95
試行	53	相関係数	95
試行錯誤	188	総和	23
仕事	30	測定値	18
仕事率	31	ソフトマージン	164
事象	53	損失関数	190

◆タ 行◆

指数分布	69	第1種の過誤	87
システム	16	第2種の過誤	87
システム工学	16	帯域阻止フィルタ	318
システム同定	250	帯域フィルタ	318
質的データ	33	ダイナミクス	17
時定数	243	対立仮説	86
重回帰分析	113	多クラス分類	154
周期	292	多項式	23
自由度	79	多項式回帰分析	111
周波数	291	多項式モデル	111
周波数帯域	317	多重共線性	115
出力	16	畳み込み	190
出力層	186	畳み込みニューラルネットワーク	186
状態	218	畳み込みフィルタサイズ	212
信号	16		
人工データ	34		

単位 ･････････････････････････････ 28
単位円 ････････････････････････ 257
単位時間 ･･････････････････････ 327

遅延演算子 ････････････････････ 249
中間層 ･･･････････････････････ 186
中心極限定理 ････････････････････ 64
超平面 ･･･････････････････････ 143

低域フィルタ ･･････････････････ 318
ディジタルフィルタ ････････････ 326
定常状態 ･･････････････････････ 241
ディープ Q ネットワーク ･･････ 187
ディープニューラルネットワーク ････ 186
適合率 ･･･････････････････････ 139
デシベル ･･････････････････････ 320
テストデータ ･･････････････ 20,189
データ数 ･･････････････････････ 18
データセットの数 ･･････････････ 18
点推定 ････････････････････････ 78
伝達関数 ････････････････ 250,255
転　置 ････････････････････････ 23
デンドログラム ････････････････ 179

統　計 ････････････････････････ 77
統計量 ････････････････････････ 78
動的システム ････････････････････ 17
特徴点抽出 ････････････････････ 353
トレーニングデータ ･････････ 20,189
トレンド ･････････････････････ 272
ドロップアウト ････････････････ 190

◆ナ　行◆

ナイキスト間隔 ････････････････ 300
ナイキスト周波数 ･･････････････ 300

入　力 ････････････････････････ 16
入力層 ･･･････････････････････ 186
ニューラルネットワーク ･･･････ 185

ノード ･･･････････････････････ 186
ノルム ･･･････････････････ 24,170

◆ハ　行◆

バイアスパラメータ ････････････ 101

ハイパボリックタンジェント関数 ････ 199
白色雑音 ･･････････････････････ 253
白色性検定 ････････････････････ 265
パーセバルの定理 ･･････････････ 296
パーセプトロン ････････････････ 186
パーセント点 ････････････････････ 56
パッケージ ･･････････････････････ 5
バッチ ･･･････････････････････ 190
パディング ･･･････････････ 190,212
ハードマージン ････････････････ 142
ばね・ダンパ・質量システム ････ 244
パラメータ ･････････････････････ 57
パラメータ推定 ････････････････ 259
パワー ････････････････････････ 31
パワースペクトル密度 ･･････････ 296
半教師付き学習 ････････････････ 188

ピクセル ･･････････････････････ 342
標準誤差 ･･････････････････････ 82
標準正規分布 ･･････････････････ 62
標準偏差 ･･････････････････････ 58
表色系 ････････････････････････ 341
標　本 ･････････････････････ 17,77
標本化 ･････････････････ 17,77,343
標本点 ････････････････････････ 53
瓶取りゲーム ･･････････････････ 225

フィルタ ･･････････････････････ 317
フィルタ数 ････････････････････ 212
複素共役 ･･････････････････････ 255
複素平面 ･･････････････････････ 256
浮動小数点数 ･･･････････････････ 25
不偏推定量 ･････････････････････ 78
フーリエ逆変換 ････････････････ 294
フーリエ変換 ･･････････････････ 294
プーリング ････････････････････ 190
プーリングフィルタサイズ ･･････ 212
ブロック線図 ･････････････ 16,240
プロパー ･･････････････････････ 241
分　散 ････････････････････････ 58
分　析 ････････････････････････ 21

平滑化係数 ････････････････････ 284
平　均 ････････････････････････ 58
ベクトル ･･････････････････････ 22

ベータ係数	101
偏回帰係数	100
変　数	21
ポアソン到着	69
ポアソン分布	65
報　酬	218
母集団	57, 77
母　数	57, 77
母分散	77
母平均	77
ボリンジャーバンド	286
ホールドアウト	140

◆マ　行◆

マージン最大化	142, 160
待ち行列	68
窓関数	308
マンハッタン距離	25
無相関の検定	96
迷路探索	221
目的変数	16
モジュール	5
モデル	16, 189
モデル次数	241
漏　れ	303

◆ヤ　行◆

有意水準	87
有効数字	23
有理数	23
有理多項式	24
予　測	18
予測値	271

◆ラ　行◆

ライブラリ	6
ランダム変数	53
リカレントニューラルネットワーク	186
離散化	246
離散確率変数	54
離散フーリエ変換	303
リップル特性	319
両側検定	88
量子化	343
量的データ	33
リンク	186
リンク関数	123
零　点	255
連続確率変数	54
連続スペクトル	299
ロジスティック回帰モデル	129
ロジスティック関数	130
ロジット関数	130
ローソク足チャート	287
ロールオフ	319

〈著者略歴〉

橋本洋志（はしもと　ひろし）
1988年　早稲田大学大学院理工学研究科博士課程単位取得退学
現　在　産業技術大学院大学創造技術研究科・教授
　　　　工学博士（早稲田大学）
〈おもな著書〉
・『図解コンピュータ概論［ハードウェア］（改訂4版）』オーム社（2017），共著
・『図解コンピュータ概論［ソフトウェア・通信ネットワーク］（改訂4版）』オーム社（2017），共著
・『Scilabで学ぶシステム制御の基礎』オーム社（2007），共著
・『電気回路教本』オーム社（2001），ほか著書多数

牧野浩二（まきの　こうじ）
2008年　東京工業大学大学院理工学研究科制御システム工学専攻修了
現　在　山梨大学大学院総合研究部工学域・助教
　　　　博士（工学）（東京工業大学）
〈おもな著書〉
・『PythonによるDeep深層強化学習入門 ChainerとOpenAI Gymではじめる強化学習』オーム社（2018），共著
・『算数&ラズパイから始めるディープ・ラーニング』CQ出版社（2018），共著
・『たのしくできる Intel Edison 電子工作』東京電機大学出版局（2017）
・『たのしくできる Arduino 電子制御』東京電機大学出版局（2015）
・『たのしくできる Arduino 電子工作』東京電機大学出版局（2012）

- 本書の内容に関する質問は，オーム社書籍編集局「（書名を明記）」係宛に，書状またはFAX（03-3293-2824），E-mail（shoseki@ohmsha.co.jp）にてお願いします．お受けできる質問は本書で紹介した内容に限らせていただきます．なお，電話での質問にはお答えできませんので，あらかじめご了承ください．
- 万一，落丁・乱丁の場合は，送料当社負担でお取替えいたします．当社販売課宛にお送りください．
- 本書の一部の複写複製を希望される場合は，本書扉裏を参照してください．

JCOPY ＜(社)出版者著作権管理機構　委託出版物＞

データサイエンス教本
Pythonで学ぶ統計分析・パターン認識・深層学習・信号処理・時系列データ分析

平成30年11月30日　　第1版第1刷発行

著　者　橋本洋志・牧野浩二
発行者　村上和夫
発行所　株式会社オーム社
　　　　郵便番号　101-8460
　　　　東京都千代田区神田錦町3-1
　　　　電　話　03（3233）0641（代表）
　　　　URL　https://www.ohmsha.co.jp/

© 橋本洋志・牧野浩二 2018

印刷　中央印刷　製本　協栄製本
ISBN978-4-274-22290-0　Printed in Japan

オーム社の機械学習／深層学習シリーズ

実装 ディープラーニング

株式会社フォワードネットワーク 監修
藤田一弥・高原 歩 共著

定価（本体3,200円【税別】）
A5／272頁

ディープラーニングを概念から実務へ
― Keras、Torch、Chainerによる実装！

「数多のディープラーニング解説書で概念は理解できたが、さて実際使うには何から始めてよいのか―」
本書は、そのような悩みを持つ実務者・技術者に向け、画像認識を中心に**「ディープラーニングを実務に活かす業」**を解説しています。
世界で標準的に使われているディープラーニング用フレームワークである Keras(Python)、Torch(Lua)、Chainer を、そのインストールや実際の使用方法についてはもとより、必要な機材・マシンスペックまでも解説していますので、本書なぞるだけで実務に応用できます。

Pythonによる機械学習入門

株式会社システム計画研究所 編

定価（本体2,600円【税別】）
A5／248頁

初心者でもPythonで機械学習を実装できる！

本書は、今後ますますの発展が予想される人工知能の技術のうち機械学習について、入門的知識から実践まで、できるだけ平易に解説する書籍です。「解説だけ読んでもいまひとつピンとこない」人に向け、プログラミングが容易な Python により実際に自分でシステムを作成することで、そのエッセンスを実践的に身につけていきます。
また、読者が段階的に理解できるよう、「導入編」「基礎編」「実践編」の三部構成となっており、特に「実践編」ではシステム計画研究所が展示会「Deep Learning 実践」で実際に展示した「手形状判別」を実装します。

もっと詳しい情報をお届けできます．
◎書店に商品がない場合または直接ご注文の場合は右記宛にご連絡ください．

ホームページ https://www.ohmsha.co.jp/
TEL／FAX TEL.03-3233-0643 FAX.03-3233-3440

（定価は変更される場合があります）

F-1611-205